Div+CSS
网页样式与布局
从入门到精通

刘西杰　夏晨　著

人民邮电出版社

北京

前　言

　　熟练掌握了 Dreamweaver 的基本功能后，可能会发现制作的网页有些问题，例如文字不能添加在图片上、段落之间不能设置行距。有时即使懂得一些 HTML 标记，但是还不能随意改变网页元素的外观，无法随心所欲地编排网页。因此 W3C 协会颁布了一套 CSS 语法，用来扩展 HTML 语法的功能。CSS 是网页设计的一个突破，它解决了网页界面排版的难题。可以这么说，HTML 的标记主要是定义网页的内容，而 CSS 决定了这些网页内容如何显示。CSS 和 Div 的结构被越来越多的人采用，很多人都抛弃了表格而使用 CSS 来布局页面，目前绝大多数网站已经开始使用 Div+CSS 来布局制作，因此，学习 Div+CSS 布局制作网站已经成为网页设计制作人员的必修课。它的好处很多，可以使结构简洁，定位更灵活，CSS 布局的最终目的是搭建完善的页面架构。

本书读者对象

- 网页设计与制作人员
- XHTML 和 CSS 开发初学者和前端开发爱好者
- 喜欢网页设计的大中专院校的学生
- 各种培训学校的相关学生
- 前端开发工程师
- 网站重构工程师
- 从事后端开发但对前端开发感兴趣的人员
- 网页设计人员、站长、网站编辑或网站运营

　　本书是集体的结晶，参加本书编写的人员均为从事网页教学工作的资深教师和具有大型商业网站建设经验的资深网页设计师。由于时间所限，书中疏漏之处在所难免，恳请广大读者朋友批评指正。

编　者

目　录

第1章

怎样开发设计网站

怎样才能设计开发一个吸引人的网站，除了需要设计师的聪明才智之外，网页设计和开发知识也是设计师应该注重和掌握的方面。为了能够使网页制作初学者对设计和开发网站有一个总体的认识，本章讲解一些基础知识。

学习目标

☑ 了解网站开发设计需要什么

☑ 通过 Dreamweaver 开发 Div+CSS

☑ 一个简单的网页需要包含什么

1.1 网站开发设计需要什么

仅仅学会了网页制作工具是不能制作出好的网站的,还需要了解网页标记语言HTML(超文本置标语言)、网页脚本语言 JavaScript、CSS（层叠样式表）样式表等。

1.1.1 需要 HTML 文件

HTML 作为一种标记语言，它本身不能显示在浏览器中。标记语言经过浏览器的解释和编译，才能正确地反映 HTML 标记语言的内容。HTML 从 HTML1.0 到 HTML5 经历了巨大的变化，从单一的文本显示功能到多功能互动。许多特性经过多年的完善，HTML 已经成为了一种非常成熟的标记语言。

HTML 不是一种编程语言，而是一种描述性的标记语言，用于描述超文本中内容的显示方式。如文字以什么颜色、大小来显示等，这些都是利用 HTML 标记完成的。其最基本的语法就是<标记符>内容</标记符>。标记符通常都是成对使用，有一个开头标记和一个结束标记。结束标记只是在开头标记的前面加一个斜杠"/"。当浏览器收到 HTML 文件后，就会解释里面的标记符，然后把标记符相对应的功能表达出来。如在 HTML 中用<I></I>标记符来定义文字为斜体字，用<B></B>标记符来定义文字为粗体字。当浏览器遇到<I></I>标记时，就会把<I></I>标记中的所有文字以斜体样式显示出来,遇到<B></B>标记时,就会把<B></B>标记中的所有文字以粗体样式显示出来。

完整的 HTML 文件包括标题、段落、列表、表格以及各种嵌入对象，这些统称为 HTML元素。一个 HTML 文件的基本结构如下。

```
<html>文件开始标记
<head>文件头开始的标记
……文件头的内容
</head>文件头结束的标记
<body>文件主体开始的标记
……文件主体的内容
</body>文件主体结束的标记
</html>文件结束标记
```

从上面的代码可以看出，在 HTML 文件中，所有的标记都是相对应的，开头标记为<>，结束标记为</>，在这两个标记中间添加内容。

1.1.2　需要 Div 来布局

Div 最大的优势在于其灵活性，它可以放置到页面中的任何一个位置，甚至可以隐藏在页面的边线内。因此，使用 Div 比使用表格可以更方便地实现页面的排版，而且 Div 有许多功能是表格不能实现的。

最初的页面排版是完全平面式的，在 HTML2.0 以后，表格得到了广泛的应用，设计者可以精确地布置页面上的元素。但是随着页面的复杂程度的增加，设计者越想精确布局，页面的表格就越复杂，这给设计者和浏览者都带来了一定的困难，设计者无法随心所欲地放置页面元素，而表格的复杂化带来了浏览器解释时间的增加，用户等待时间加长。

为了解除这些困扰，W3C（万维网联盟）在新的 CSS 中包含了一个绝对定位的特性，它允许设计者将页面上的某个元素定位到任何地方，而且除了平面上的并行定位，还增加了三维空间的定位 z-index，因为 z-index 定义了堆叠的顺序，类似于图形设计中使用的图层，所以拥有了 z-index 属性的元素被形象地称为 Div。

Div 主要有以下功能。

⚪　Div 的好处在于样式与主体内容分离，大量减少了网页代码量，使网页下载速度更快。而且对于后期网站维护来说，也是相当便捷的，这是 Div 最大的优势。

⚪　有了 Div 以后可以将元素置于 Div 中，因为 Div 可以重叠，所以也就产生了许多重叠效果。

⚪　可以利用 Div 来精确定位网页元素。它可以包含文本、图像甚至其他 Div，凡是 HTML 文件可包含的元素均可包含在 Div 中。

⚪　Div 可以转换成表格，为不支持 Div 的浏览器提供了解决方法。

⚪　Div 可以显示和隐藏，利用这一功能可以实现网页导航中的下拉菜单。

1.1.3　需要 CSS 来定义样式

CSS 是 Cascading Style Sheets（层叠样式表）的缩写，它可以与 HTML 或 XHTML 超文本标记语言配合来定义网页的外观。

当熟练掌握了 Dreamweaver 的基本功能后，可能会发现制作的网页有些问题，例如文字不能添加在图片上、段落之间不能设置行距。有时即使懂得一些 HTML 标记，但是还不能随意改变网页元素的外观，无法随心所欲地编排网页。因此 W3C 协会颁布了一套 CSS 语法，用来扩展 HTML 语法的功能。CSS 是网页设计的一个突破，它解决了网页界面排版的难题。

可以这么说，HTML 的标记主要是定义网页的内容，而 CSS 决定了这些网页内容如何显示。

在网页设计中通常需要统一网页的整体风格，统一的风格大部分涉及网页中的文字属性、网页背景色以及链接文字属性等，如果我们应用 CSS 来控制这些属性，会大大提高网页的设计速度，使网页总体效果更加统一。例如图 1-1 和图 1-2 所示的网页分别为使用 CSS 前后的效果。

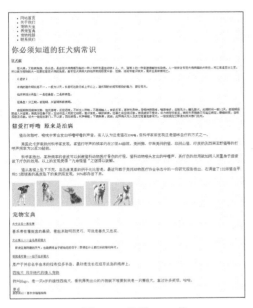

图 1-1　使用 CSS 前

图 1-2　使用 CSS 后

1.1.4　需要 JavaScript

使用 JavaScript 等简单易懂的脚本语言，结合 HTML 代码可快速地完成网站的应用程序。脚本语言（JavaScript、VBScript 等）介于 HTML 和 C、C++、Java、C#等编程语言之间。脚本是使用一种特定的描述性语言，依据一定的格式编写的可执行文件，又称作宏或批处理文件。脚本通常可以由应用程序临时调用并执行。各类脚本目前被广泛地应用于网页设计中，因为脚本不仅可以减小网页的规模和提高网页浏览速度，而且可以丰富网页的表现，如动画、声音等。

脚本同 VB、C 语言的区别主要如下。

● 脚本语法比较简单，容易掌握。

● 脚本与应用程序密切相关，所以包括相对应用程序自身的功能。

● 脚本一般不具备通用性，所能处理的问题范围有限。

● 脚本多为解释执行。

1.2　通过 Dreamweaver 开发 Div+CSS

使用记事本手写 CSS 好还是使用工具 Dreamweaver 开发 CSS 好？记事本因为系统自带

无需安装即可使用，具有体积小、无需安装、简便、方便新建等优点，对于 Div+CSS 开发来说无提示、无语法属性变色区别等特点。Dreamweaver 是被称为网页三剑客之一的网页制作开发工具，缺点是需要安装、体积稍大，优点是比记事本多了 CSS 代码输入时具有的提示、语法单词变色等功能。

1.2.1　通过 Dreamweaver 在 HTML 页面里插入 Div

Div 是 CSS 中的定位技术，在 Dreamweaver 中将其进行了可视化操作。文本、图像和表格等元素只能固定其位置，不能互相叠加在一起，而使用 Div 功能，可以将其放置在网页中的任何位置，还可以按顺序排放网页文档中的其他构成元素。

插入 Div 的具体操作步骤如下。

（1）启动 Dreamweaver CC，选择【文件】|【新建】命令，在弹出的【新建文档】对话框中选择"空白页"，如图 1-3 所示。

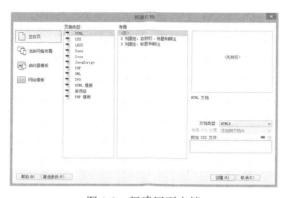

图 1-3　新建网页文档

（2）单击【创建】按钮，新建一空白网页文档，如图 1-4 所示。

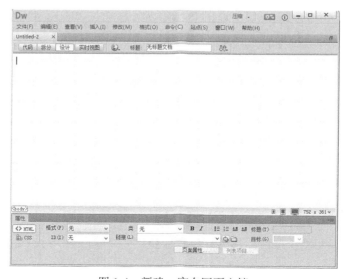

图 1-4　新建一空白网页文档

（3）将光标置于页面中，选择【插入】|【Div】命令，弹出【插入 Div】对话框，设置插入点的位置和 ID，如图 1-5 所示。

图 1-5 【插入 Div】对话框

（4）单击【确定】按钮后，插入 Div，如图 1-6 所示。

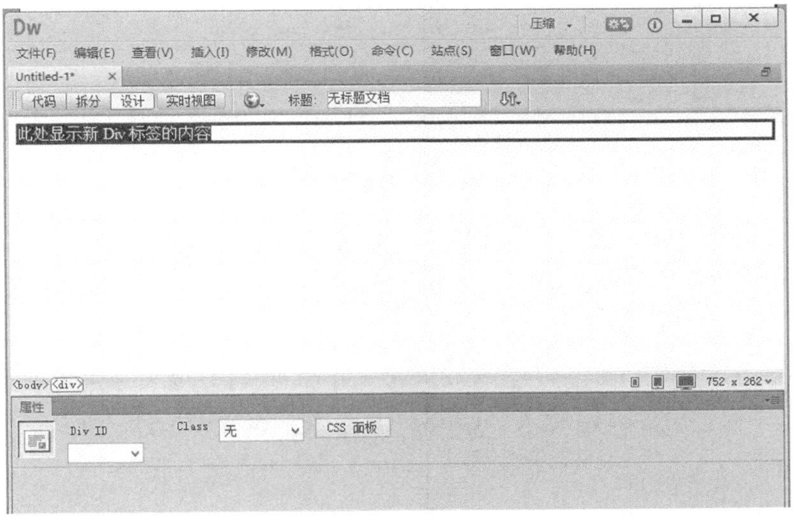

图 1-6 插入 Div

1.2.2 Dreamweaver 的 CSS 代码支持

Dreamweaver CC 提供了对 CSS 的全面支持，在 Dreamweaver 中可以方便地创建和应用 CSS 样式表，设置样式表属性。

要在 Dreamweaver 中添加 CSS 语法，需要先在 Dreamweaver 的主界面中将编辑界面切换成"拆分"视图，使用"拆分"视图能同时查看代码和设计效果。编辑语法在"代码"视图中进行。

Dreamweaver 这款专业的网页设计软件在代码模式下对 HMTL、CSS 和 JavaScript 等代码有着非常好的语法着色以及语法提示功能，对 CSS 的学习很有帮助。

在 Dreamweaver 编辑器中，对于 CSS 代码，在默认情况下都采用粉红色进行语法着色，而 HTML 代码中的标记则是蓝色，正文内容在默认情况下为黑色。而且对于每行代码，前面都有行号进行标记，以方便对代码的整体规划。

无论是 CSS 代码还是 HTML 代码，都有很好的语法提示。在编写具体 CSS 代码时，按

Enter 键或空格键都可以触发语法提示。例如，当光标移动到 "color: #000;" 一句的末尾时，按空格键或者 Enter 键都可以触发语法提示的功能。如图 1-7 所示，Dreamweaver 会列出所有可以供选择的 CSS 样式属性，以方便设计者快速进行选择，从而提高工作效率。

图 1-7　代码提示

当已经选定某个 CSS 样式，例如上例中的 color 样式，在其冒号后面再按空格键时，Dreamweaver 会弹出新的详细提示框，让用户对相应 CSS 的值进行直接选择。图 1-8 所示的调色板就是其中的一种情况。

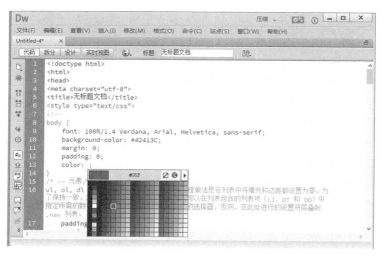

图 1-8　调色板

1.3　一个简单的网页需要包含什么

一个完整的 HTML 文档必须包含三个部分：一个用<html>元素定义的文档版本信息，一个用<head>定义各项声明的文档头部和一个由<body>定义的文档主体部分。<head>作为各种声明信息的包含元素，出现在文档的顶端，并且要先于<body>出现。而<body>用来显示文档主体内容。

1.3.1　head 部分

在 HTML 语言的头部元素中，一般需要包括标题、基础信息和元信息等。HTML 的头部元素是以<head>为开始标记，以</head>为结束标记的。

语法：

```
<head>……</head>
```

说明：

<head>元素的作用范围将是整篇文档。<head>元素中可以有<meta>元信息定义、文档样式表定义和脚本等信息，定义在 HTML 语言头部的内容往往不会在网页上直接显示。

实例代码：

```
<html>
<head>
文档头部信息
</head>
<body>
文档正文内容
</body>
</html>
```

1.3.2　body 部分

网页的主体部分包括了要在浏览器中显示处理的所有信息。在网页的主体标记中有很多的属性设置，包括网页的背景设置、文字属性设置和链接设置等。

下面的这个例子是一个很简单的 HTML 文件，使用了尽量少的 HTML 标签。它演示了 body 元素中的内容是如何在浏览器中显示的。

```
<html>
<head>
<title>我的第一个 HTML 页面</title>
</head>
<body>
<p>body 元素的内容会显示在浏览器中。</p>
<p>title 元素的内容会显示在浏览器的标题栏中。</p>
</body>
</html>
```

1.3.3　编写注释

注释标签用于在源代码中插入注释，注释不会显示在浏览器中。

可使用注释对代码进行解释，这样做有助于以后对代码进行编辑，当编写了大量代码时尤其有用。使用注释标签来隐藏浏览器不支持的脚本也是一个好习惯。

```
<script type="text/javascript">
```

```
<!--
function displayMsg()
{
alert("Hello World!")
}
//-->
</script>
```

注释：注释行结尾处的两条斜杠（//）是 JavaScript 注释符号，这可以避免 JavaScript 执行--> 标签。

第2章

HTML 入门基础

在当今社会，网络已成为人们生活的一部分，网页设计技术已成为学习计算机的重要内容之一。目前大部分网页都是采用可视化网页编辑软件来制作的，但是无论采用哪一种网页编辑软件，最后都是将所设计的网页转化为 HTML。HTML 是搭建网页的基础语言，如果不了解 HTML，就不能灵活地实现想要的网页效果。本章就来介绍 HTML 的基本概念和编写方法以及浏览 HTML 文件的方法，使读者对 HTML 有个初步的了解，从而为后面的学习打下基础。

学习目标

- ☐ HTML 标签
- ☐ HTML5 简介
- ☐ HTML5 新增的主体结构元素
- ☐ HTML5 新增的非主体结构元素

2.1 HTML 标签

由于 HTML 是网页制作的标准语言，所以无论什么样的网页制作软件都提供直接以 HTML 的方式来制作网页的功能。即使用所见即所得的编辑软件来制作网页，最后生成的也都是 HTML 文件。HTML 语言有时可以实现所见即所得工具所不能实现的功能。

2.1.1 段落标签

为了文本排列的整齐和清晰，文字段落之间经常用<P>和</P>来做标签。段落的开始由<P>来标记，段落的结束由</P>来标记，</P>是可以省略的，因为下一个<P>的开始就意味着上一个<P>的结束。<P>标签还有一个属性 align，它用来指明字符显示时的对齐方式，一般值有 center、left 和 right 三种。下面是一个段落标签<P>的实例，在浏览器中的预览效果如图 2-1 所示。

```
<!doctype html>
<html>
<head>
<meta http-equiv="Content-Type" content="text/html; charset=gb2312" />
```

```
<title>段落</title>
</head>
<body>
<table width="90%" border="0" align="center" cellpadding="0" cellspacing="0">
<tr>
<td height="240" align="center">
<p>五台山位于山西省忻州市五台县境内，位列中国佛教四大名山之首。五台山位于山西省东北部，与浙江
普陀山、安徽九华山、四川峨眉山共称&ldquo;中国佛教四大名山&rdquo;。</p>
<p>五台山所在的山西处于黄土高原，其中五座高峰，山势雄伟，连绵环抱，方圆达 250 公里，总面积 592.88
平方公里。</p>
<p>五台山最低处海拔仅 624 米，最高处海拔达 3061.1 米，为山西省最高峰。台顶雄旷，层峦叠嶂，峰
岭交错，挺拔壮丽，大自然为其造就了许多独特的景观。<BR>
</p>
</p>
</td>
</tr>
</table>
</body>
</html>
```

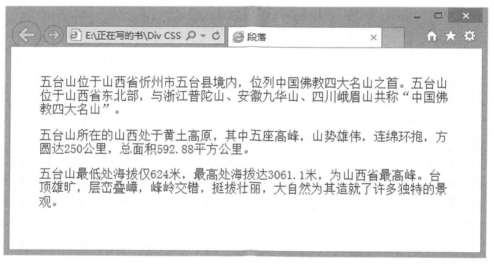

图 2-1　段落效果

2.1.2　文本标签

　　<font></font>是一对很有用的标签，它可以对输出文本的字号大小、颜色进行随意改变，这些改变主要是通过对它的两个属性 size 和 color 的控制来实现的。size 属性用来改变字体的大小，color 属性则用来改变文本的颜色。

　　用于文字大小设置的标签是 font，font 有一个属性 size，通过指定 size 属性可以设置字号大小。可以在 size 属性值之前加上"+"、"−"字符，来指定相对于字号初始值的增量或减量。其属性及属性值如表 2-1 所示。

表 2-1　　　　　　　　　　　　　　　文字标签

属性名称	说明	取值
face	字体名称	字体名称，如"宋体""幼圆""隶属"等，默认为宋体
color	字体颜色	可以用英文单词表示，也可以用颜色的十六进制数表示，例如可以用 red，也可以用#FF0000
size	字号大小	属性值为 1~7 的数字，默认值为 3
<b></b>	粗体	使文本成为粗体
<i></i>	斜体	使文本成为斜体
<u>和</u>	下画线	给文本加上下画线
^和	上标体	以上标显示文本（HTML 3.2+）
_和	下标体	以下标显示文本（HTML 3.2+）
<s>和</s>	删除画线	以删除画线的形式显示文本

下面是一个文字标签<font>的实例，在浏览器中的预览效果如图 2-2 所示。

```
<!doctype html>
<html>
<head>
<meta http-equiv="Content-Type" content="text/html; charset=gb2312" />
<title>文本</title>
</head>
<body>
<table width="90%" border="0" align="center" cellpadding="5" cellspacing="0">
  <tr>
<td><font color="#CC3300" size="+3" face="宋体"><b>18 号字体</b></font></td>
</tr>
  <tr>
<td><font color="#669900" size="+4" face="宋体"><i>24 号字体</i></font></td>
</tr>
  <tr>
<td><font color="#00CCFF" size="+5" face="宋体"><b>36 号字体</b></font></td>
</tr>
</table>
</body>
</html>
```

图 2-2　文本效果

2.1.3　超链接标签

HTML 文件中最重要的应用之一就是超链接，超链接是一个网站的灵魂，Web 上的网页是互相链接的，单击被称为超链接的文本或图形就可以链接到其他页面。超文本具有的链接能力，可层层链接相关文件，这种具有超级链接能力的操作，即称为超级链接。超级链接除了可链接文本外，也可链接各种媒体，通过它们可享受丰富多彩的多媒体世界。

```
<a href=""></a>
```

本标签对应的属性"href"无论如何都是不可缺少的，可在标签对之间加入需要链接的文本或图像。href 的值可以是 URL 形式，即网址或相对路径，也可以是 Mailto 形式，即发送 E-mail 形式。

对于第一种情况，其语法为<a href="URL"></a>，这就能创建一个超文本链接了，例如，<a href="123.html">大家好！</a>。对于第二种情况，其语法为<a href="Mailto: Email"></a>，这就创建了一个自动发送电子邮件的链接，Mailto:后边紧跟想要发送的电子邮件的地址（即 E-mail 地址），例如，<a href="Mailto:ll@163.com">发电子邮件给我吧！</a>。

此外，<a href=""></a>还具有 target 属性，此属性用来指明浏览的目标帧。如果不使用 target 属性，当浏览者单击了链接之后将在原来的浏览器窗口中浏览新的 HTML 文档。若 target 的值等于_blank，单击链接后将会打开一个新的浏览器窗口来浏览新的 HTML 文档，例如，<a href="123.html" target="_blank">大家好！</a>。超链接标签的属性说明如表 2-2 所示。

表 2-2　　　　　　　　　　　　　　　　超链接标签

属性名称	说明	取值
href	超链接 URL 地址	可以是本地网站一个文件，也可以是一个网址，也可以是一个 E-mail 信箱
target	指定打开超链接的窗口	属性值有： _blank：在新窗口打开链接 _parent：在当前窗口的上一级窗口打开链接 _self：在当前窗口打开链接，默认值为_self _top：在整个浏览器窗口中打开链接
title	当鼠标移动到链接上时显示的说明文字	属性值可以是字符串，一般是链接网页比较详细的说明

下面是一个超链接标签< href>的实例，在浏览器中的预览效果如图 2-3 所示。

```
<!doctype html>
<html>
<head>
<meta http-equiv="Content-Type" content="text/html; charset=gb2312" />
<title>超链接</title>
</head>
<body>
<table width="90%" border="0" align="center" cellpadding="0" cellspacing="0">
<tr>
<td height="40">
<p><a href="123.html" target="_blank">大家好！</a></p>
```

```
<p><a href="Mailto:28607100@QQ.com">发电子邮件给我吧! </a></p>
</td>
</tr>
</table>
</body>
</html>
```

图 2-3　超链接效果

2.1.4　图像标签

　　<img>标签并不是真正地把图像加入到 HTML 文档中，而是将标签对的 src 属性赋值，这个值是图像文件的文件名，当然包括路径，这个路径可以是相对地址，也可以是绝对地址。实际上，<img>标签就是通过路径将图像文件嵌入到文档中。所谓相对路径是指所要链接或嵌入到当前 HTML 文档的文件与当前文件的相对位置所形成的路径。假如 HTML 文件与图像文件（文件名假设是 tu.gif）在同一个目录下，则可以将代码写成<img src="tu.gif">；如图像文件放在当前的 HTML 文档所在目录的一个子目录（子目录名假设是 images）下，则代码应为<img src="images/ tu.gif">。

　　src 属性在<img>标签中是必须赋值的，是标签中不可缺少的一部分。除此之外，<img>标签还有 alt、align、border、width 和 height 属性。

- align 属性是图像的对齐方式。
- border 属性是图像的边框，可以取大于或者等于 0 的整数，默认单位是像素。
- width 和 Height 属性是图像的宽和高，默认单位也是像素。
- alt 属性是当鼠标移动到图像上时显示的文本。

　　下面是一个图像标签<img>的实例，在浏览器中的预览效果如图 2-4 所示。

```
<!doctype html>
<html>
<head>
<meta http-equiv="Content-Type" content="text/html; charset=gb2312" />
<title>图像</title>
</head>
<body>
<img  src="images/tu.gif"  alt="图像"  width="400"  height="304"  border="0"
align="middle">
</body>
</html>
```

图 2-4　图像效果图

2.1.5　表格标签

表格标签对于制作网页是很重要的，现在很多网页都使用多重表格。利用表格可以实现各种不同的布局方式，而且可以保证当浏览者改变页面字号大小的时候保持页面布局，还可以任意地进行背景和前景颜色的设置。<table></table>标签用来创建表格，表格标签的属性和用途如表 2-3 所示。

表 2-3　　　　　　　　　　　　　　　　表格标签

属性	用途
<table bgcolor="">	设置表格的背景色
<table border="">	设置边框的宽度，若不设置此属性，则边框宽度默认为 0
<table bordercolor="">	设置边框的颜色
<table bordercolorlight="">	设置边框明亮部分的颜色（当 border 的值大于等于 1 时才有用）
<table bordercolordark="">	设置边框昏暗部分的颜色（当 border 的值大于等于 1 时才有用）
<table cellspacing="">	设置表格格子之间空间的大小
<table cellpadding="">	设置表格格子边框与其内部内容之间空间的大小
<table width="">	设置表格的宽度，单位用像素或百分比

下面是一个表格标签<table>的实例，在浏览器中的预览效果如图 2-5 所示。

```
<!doctype html>
<html>
<head>
<meta http-equiv="Content-Type" content="text/html; charset=gb2312" />
<title>表格</title>
</head>
<body>
<table width="400" border="1" align="center" cellpadding="4" cellspacing="1"
bordercolor="#996600">
<tr>
```

```
<td height="30" align="center" bgcolor="#FFFF66">省份</td>
<td align="center" bgcolor="#66CCFF">山东</td>
<td align="center" bgcolor="#66CCFF">广东</td>
<td align="center" bgcolor="#66CCFF">浙江</td>
<td align="center" bgcolor="#66CCFF">江苏</td>
</tr>
<tr>
<td height="30" align="center" valign="middle" bgcolor="#FFFF66">城市</td>
<td align="center" bgcolor="#FFCCFF">济南</td>
<td align="center" bgcolor="#FFCCFF">广州</td>
<td align="center" bgcolor="#FFCCFF">杭州</td>
<td align="center" bgcolor="#FFCCFF">南京</td>
</tr>
</table>
</body>
</html>
```

图 2-5　表格效果图

2.2　HTML5 简介

　　HTML5 自诞生以来，作为新一代的 Web 标准，越来越受开发人员及设计师的欢迎。HTML5 有强大的兼容性，可以一次开发、到处使用，因此大大减少了跨平台开发人员的数量及成本，特别是在如今日新月异的移动时代。

2.2.1　HTML5 基础

　　HTML5 是 2010 年正式推出的，引起了世界上各大浏览器开发商的极大热情,如 Fire Fox、Chrome、IE9 等。那 HTML5 为什么会如此受欢迎呢？

　　在新的 HTML5 语法规则当中，部分 JavaScript 代码将被 HTML5 的新属性所替代，部分 Div 的布局代码也将被 HTML5 变为更加语义化的结构标签，这使得网站前段的代码变得更加的精炼、简洁和清晰，让代码所要表达的意思也更一目了然。

　　HTML5 是一种设计来组织 Web 内容的语言，其目的是通过创建一种标准的和直观的标记语言来把 Web 设计和开发变得容易起来。HTML5 提供了各种切割和划分页面的手段，允许创建的切割组件不仅能用来逻辑地组织站点，而且能够赋予网站聚合的能力。这是 HTML5 富于表现力的语义和实用性美学的基础，HTML5 赋予设计者和开发者各种层面的能力来向外发布各式各样的内容，从简单的文本内容到丰富的、交互式的多媒体无不包括在内。如图

2-6 所示，HTML5 技术用来实现动画特效。

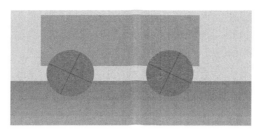

图 2-6　HTML5 技术用来实现动画特效

HTML5 提供了高效的数据管理、绘制、视频和音频工具，促进了 Web 上和便携式设备的跨浏览器应用的开发。HTML5 具有更大的灵活性，支持开发非常精彩的交互式网站。其还引入了新的标签和增强性的功能，其中包括了优雅的结构、表单的控制、API、多媒体、数据库支持和显著提升的处理速度等。

HTML5 中的新标签都是高度关联的，标签封装了它们的作用和用法。HTML 的过去版本更多的是使用非描述性的标签，然而，HTML5 拥有高度描述性、直观的标签，其提供了丰富的能够立刻让人识别出内容的内容标签。例如，被频繁使用的<Div>标签已经有了两个增补进来的<section>和<article>标签。<video>、<audio>、<canvas>和<figure>标签的增加也提供了对特定类型内容的更加精确的描述。

2.2.2　向后兼容

我们之所以学习 HTML5，最主要的原因之一是现今的绝大多数浏览器都支持它。即使在 IE6 上，你也可以使用 HTML5 并慢慢转换旧的标记。你甚至可以通过 W3C 验证服务来验证 HTML5 代码的标准化程度（当然，这也是有条件的，因为标准仍在不断演进）。

如果你用过 HTML 或 XML，肯定会知道文档类型（doctype）声明。其用途在于告知验证器和编辑器可以使用哪些标签和属性，以及文档将如何组织。此外，众多 Web 浏览器会通过它来决定如何渲染页面。一个有效的文档类型常常通知浏览器用"标准模式"来渲染页面。

以下是许多网站使用的相当冗长的 XHTML 1.0 Transitional 文档类型。

```
<!DOCTYPE html PUBLIC "-//W3C//DTD XHTML 1.0 Transitional//EN"
"http://www.w3.org/TR/xhtml1/DTD/xhtml1-transitional.dtd">
```

相对于这一长串，HTML5 的文档类型声明出乎意料地简单。

```
<!doctype html>
```

把上述代码放在文档开头，就表明在使用 HTML5 标准。

2.2.3　更加简化

在 HTML5 中，大量的元素得以改进，并有了更明确的默认值。我们已经见识了文档类型的声明是多么简单，除此之外还有许多其他输入方面的简化。例如，以往我们一直这样定义 JavaScript 的标签。

```
<script language="javascript" type="text/javascript">
```

但在 HTML5 中，我们希望所有的<script>标签定义的都是 JavaScript，因此，你可以放心地省略多余的属性（指 language 和 type）。

如果想要指定文档的字符编码为 UTF-8 方式，只需按下面的方式使用<meta>标签即可。

```
<meta charset="utf-8">
```

上述代码取代了以往笨拙的，通常靠复制粘贴方式来完成处理的方式。

```
<meta http-equiv="Content-Type" content="text/html; charset=utf-8">
```

2.2.4　HTML 5 语法中的 3 个要点

HTML5 中规定的语法，在设计上兼顾了与现有 HTML 之间最大程度的兼容性。下面就来看看具体的 HTML5 语法。

1．可以省略标签的元素

在 HTML5 中，有些元素可以省略标签，具体来讲有三种情况.

（1）必须写明结束标签

area、base、br、col、command、embed、hr、img、input、keygen、link、meta、param、source、track、wbr

（2）可以省略结束标签

li、dt、dd、p、rt、rp、optgroup、option、colgroup、thead、tbody、tfoot、tr、td、th

（3）可以省略整个标签

HTML、head、body、colgroup、tbody

需要注意的是，虽然这些元素可以省略，但实际上却是隐形存在的。

例如，"<body>"标签可以省略，但在 DOM 树上它是存在的，可以永恒访问到"document.body"。

2．取得 boolean 值的属性

取得布尔值（boolean）的属性，例如 disabled 和 readonly 等通过默认属性的值来表达"值为 true"。

此外，在属性值为 true 时，可以将属性值设为属性名称本身，也可以将值设为空字符串。

```
<!--以下的 checked 属性值皆为 true-->
<input type="checkbox" checked>
<input type="checkbox" checked="checked">
<input type="checkbox" checked="">
```

3．省略属性的引用符

在 HTML4 中设置属性值时，可以使用双引号或单引号来引用。

在 HTML5 中，只要属性值不包含空格、"<"、">""'""""`""="等字符，都可以省略属性的引用符。

实例如下。

```
<input type="text">
<input type='text'>
<input type=text>
```

2.3　新增的主体结构元素

为了使文档的结构更加清晰明确，容易阅读，HTML5 中增加了很多新的结构元素，如页眉、页脚、内容区块等结构元素。

2.3.1　实例应用——article 元素

article 元素代表文档、页面或应用程序中独立的、完整的、可以独自被外部引用的内容。它可以是一篇博客或报刊中的文章、一篇论坛帖子、一段用户评论或独立的插件，或其他任何独立的内容。除了内容部分，一个 article 元素通常有它自己的标题（一般放在一个 header 元素里面），有时还有自己的脚注。

下面以一篇文章为例讲述 article 元素的使用方法，具体代码如下。

```html
<article>
    <header>
        <h1>学生掌握学习方法很必要</h1>
        <p>发表日期: <time pubdate="pubdate">2014/12/09</time></p>
    </header>
    <p>        有很多小学生上学期间，白天在学校读书，晚上还要参加各种各样的补习班，既浪费了精力
又浪费了财力，其结果成绩进步不明显；也有很多家长都有这样那样的疑惑，自己的孩子并不比别人家的孩子笨，
为什么成绩就不如人家呢？<br>
        同样的学校、同样的老师、同样的课本、同样的试卷，为什么别的孩子轻松拿名次，自己的孩子却
停滞不前，名次总在中下游徘徊？英国生物学家、进化论的奠基人达尔文做了很好的回答："最有价值的知识是
关于方法的知识。"学生感觉学习吃力，成绩不理想，归根结底就是学习方法出了问题。 </p>
    <footer>
        <p><small>版权所有@信诚教育</small></p>
    </footer>
</article>
```

在 header 元素中嵌入了文章的标题部分，在 h1 元素中的是文章的标题"学生掌握学习方法很必要"，文章的发表日期在 p 元素中。在标题下部的 p 元素中的是文章的正文，在结尾处的 footer 元素中的是文章的版权。对这部分内容使用了 article 元素，在浏览器中的效果如图 2-7 所示。

图 2-7　article 元素

article 元素也可以用来表示插件，它的作用是使插件看起来好像内嵌在页面中一样。

```
<article>
<h1>article 表示插件</h1>
<object>
<param name="allowFullScreen" value="true">
<embed src="#" width="500" height="400"></embed>
</object>
</article>
```

一个网页中可能有多个独立的 article 元素，每一个 article 元素都允许有自己的标题与脚注等从属元素，并允许对自己的从属元素单独使用样式。如一个网页中的样式如下所示。

```
header{
display:block;
color:green;
text-align:center;
}
aritcle header{
color:red;
text-align:left;
}
```

2.3.2　实例应用——section 元素

section 元素用于对网站或应用程序中页面上的内容进行分块。一个 section 元素通常由内容及其标题组成。section 元素并非是一个普通的容器元素，当一个容器需要被直接定义样式或通过脚本定义行为时，推荐使用 Div 而非 section 元素。

```
<section>
<h3>广州</h3>
 <p>广州，简称穗，别称羊城、花城，是广东省会、副省级市，中国国家中心城市，世界著名的港口城市，
国家重要的经济、金融、贸易、交通、会展和航运中心。从秦朝开始，广州一直是郡治、州治、府治的行政中心。
两千多年来一直都是华南地区的政治、军事、经济、文化和科教中心。... ...</p>
</section>
```

下面是一个带有 section 元素的 article 元素例子。

```
<!DOCTYPE html>
<html lang="en">
<head>
<meta charset="utf-8"/>
<title>section 元素</title>
</head>
<body>
<article>
    <h1>广东</h1>
    <p>广东省，以岭南东道、广南东路得名，简称"粤"，省会广州，是中国大陆南端沿海的一个省份，
位于南岭以南，南海之滨，下辖21个省辖市。广东省也是中国人口最多，社会、文化最开放的省份，广东省已
成为中国第一经济大省，经济总量占全国的1/8。... ...</p>
    <section>
        <h3>广州</h3>
        <p>广州，简称穗，别称羊城、花城，是广东省会、副省级市，中国国家中心城市，世界著名的港
```

口城市，国家重要的经济、金融、贸易、交通、会展和航运中心。从秦朝开始，广州一直是郡治、州治、府治的行政中心。两千多年来一直都是华南地区的政治、军事、经济、文化和科教中心。... ...</p>

```
        </section>
        <section>
            <h3>深圳</h3>
            <p>深圳，别称鹏城，广东省辖市，中国国家区域中心城市（华南），地处广东省南部，珠江口东岸，与香港一水之隔，东临大亚湾和大鹏湾；西濒珠江口和伶仃洋；南边深圳河与香港相连；北部与东莞、惠州两城市接壤。
            深圳是中国改革开放以来所设立的第一个经济特区，是中国改革开放的窗口。... ...</p>
        </section>
        <section>
            <h3>珠海</h3>
            <p>珠海，珠江口西岸的核心城市，经济特区，珠江三角洲南端的一个重要城市，位于广东省珠江口的西南部，区位优越，是珠三角中海洋面积最大、岛屿最多、海岸线最长的城市，素有"百岛之市"之称。... ...</p>
        </section>
    </article>
    </body>
    </html>
```

从上面的代码可以看出，首页整体呈现的是一段完整独立的内容，所有内容用 article 元素包起来。这其中又可分为四段，每一段都有一个独立的标题，使用了三个 section 元素为其分段，这样可以使文档的结构显得清晰。在浏览器中的效果如图 2-8 所示。

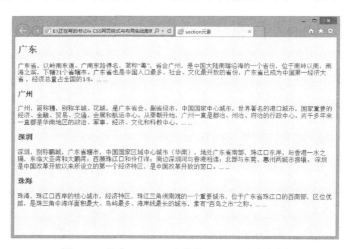

图 2-8　带有 section 元素的 article 元素实例

section 元素的作用是对页面上的内容进行分块，或者说是对文章进行分段，不要与"有着自己的完整的、独立的内容"的 article 元素混淆。article 元素和 section 元素有什么区别呢？

在 HTML 5 中，article 元素可以看成是一种特殊种类的 section 元素，它比 section 元素更强调独立性。即 section 元素强调分段或分块，而 article 强调独立性。如果一块内容相对来说比较独立、完整的时候，应该使用 article 元素，但是如果想将一块内容分成几段的时候，应该使用 section 元素。

2.3.3　实例应用——nav 元素

nav 元素代表页面中的导航区域。它由一个链接列表组成，这些链接指向本站或本应用内的其他页面或版块。

一直以来，习惯于使用形如<Div id="nav">或<ul id="nav">这样的代码来编写页面的导航。在 HTML5 中，可以直接将导航链接列表放到<nav>标签中。

```
<nav>
<ul>
<li><a href="index.html">Home</a></li>
<li><a href="#">关于我们 </a></li>
<li><a href="#">联系我们</a></li>
</ul>
</nav>
```

导航，顾名思义，就是引导的路线，那么具有引导功能的都可以认为是导航。导航可以是页与页之间导航，也可以是页内的段与段之间导航。

```
<!doctype html>
<title>页面之间导航</title>
<header>
    <h1>网站页面之间导航<h1>
      <nav>
       <ul>
         <li><a href="index.html">返回首页</a></li>
         <li><a href="about.html">关于我们</a></li>
         <li><a href="lianxi.html">联系我们</a></li>
       </ul>
      </nav>
   </header>
```

这个实例是页面之间的导航，nav 元素中包含了三个用于导航的超级链接，即"返回首页""关于我们"和"联系我们"。该导航可用于全局导航，也可放在某个段落中作为区域导航。其运行结果如图 2-9 所示。

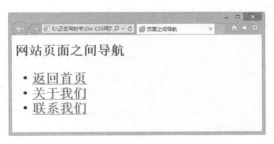

图 2-9　页面之间导航

下面的实例是页内导航，其运行结果如图 2-10 所示。

```
<!doctype html>
<title>段内导航</title>
<header>
```

```
</header>
<article>
    <h2>文章的标题</h2>
    <nav>
        <ul>
            <li><a href="#p1">段一</a></li>
            <li><a href="#p2">段二</a></li>
            <li><a href="#p3">段三</a></li>
        </ul>
    </nav>
    <p id=p1>段一</p>
    <p id=p2>段二</p>
    <p id=p3>段三</p>
</article>
```

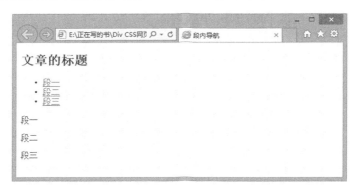

图 2-10　页内导航

nav 元素使用在哪些位置呢？

顶部传统导航条：现在的主流网站上都有不同层级的导航条，其作用是将当前页面跳转到网站的其他主要页面上去。图 2-11 所示的是顶部传统网站导航条。

图 2-11　顶部传统网站导航条

侧边导航：现在的很多企业网站和购物类网站上都有侧边导航，图 2-12 所示的是左侧导航。

图 2-12 左侧导航

页内导航：页内导航的作用是在本页面几个主要的组成部分之间进行跳转，图 2-13 所示的是页内导航。

图 2-13 页内导航

在 HTML5 中不要用 menu 元素代替 nav 元素。过去有很多 Web 应用程序的开发员喜欢用 menu 元素进行导航，menu 元素是用在 Web 应用程序中的。

2.3.4 aside 元素

aside 元素用于标记文档的相关内容，比如醒目引用、边条和广告等。<aside>元素的内容应与元素周围内容相关。

aside 元素主要有以下两种使用方法。

（1）包含在 article 元素中作为主要内容的附属信息部分，其中的内容可以是与当前文章有关的参考资料、名词解释等。

```
<article>
 <h1>…</h1>
<p>…</p>
<aside>…</aside>
</article>
```

（2）在 article 元素之外使用作为页面或站点全局的附属信息部分。最典型的是侧边栏，其中的内容可以是友情链接、文章列表、广告单元等。代码如下所示，运行代码的结果如图 2-14 所示。

```
<aside>
<h2>新闻信息</h2>
<ul>
<li>公司新闻</li>
<li>业内信息</li>
</ul>
<h2>产品类型</h2>
<ul>
<li>棉衣外套</li>
<li>时尚裙子</li>
<li>鞋帽内衣</li>
</ul>
</aside>
```

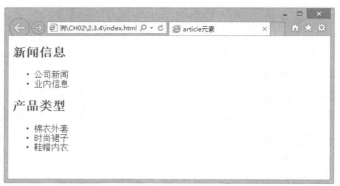

图 2-14　aside 元素实例

2.4　新增的非主体结构元素

除了以上几个主要的结构元素之外，HTML5 中还增加了一些表示逻辑结构或附加信息的非主体结构元素。

2.4.1　实例应用——header 元素

header 元素是一种具有引导和导航作用的结构元素，通常用来放置整个页面或页面内的一个内容区块的标题，header 内也可以包含其他内容，例如表格、表单或相关的 Logo 图片，并且确实在 Web 上被反复使用。

在架构页面时，整个页面的标题常放在页面的开头，header 标签一般都放在页面的顶部。可以用如下所示的形式书写页面的标题。

```
<header>
<h1>页面标题</h1>
</header>
```

在一个网页中可以拥有多个 header 元素，可以为每个内容区块加一个 header 元素。

```
<header>
    <h1>网页标题</h1>
</header>
<article>
    <header>
        <h1>文章标题</h1>
    </header>
    <p>文章正文</p>
</article>
```

在 HTML5 中，一个 header 元素通常包括至少一个 headering 元素（h1～h6），也可以包括 hgroup、nav 等元素。

下面是一个网页中的 header 元素使用实例，运行代码的结果如图 2-15 所示。

```
<header>
    <hgroup>
        <h1>佛教名山之首五台山</h1>
        <p>五台山位于山西省忻州市五台县境内，位列中国佛教四大名山之首。五台山位于山西省东北部，隶属忻州市五台县，西南距省会太原市 230 公里，与浙江普陀山、安徽九华山、四川峨眉山共称&ldquo;中国佛教四大名山&rdquo;。……</p>
    </hgroup>
    <nav>
    <ul>
        <li>地质地貌</li>
        <li>气候特点</li>
        <li>自然资源</li>
        <li>人文历史</li>
        <li>旅游信息</li>
    </ul>
    </nav>
</header>
```

图 2-15 header 元素使用实例

2.4.2　实例应用——hgroup 元素

hgroup 元素用于组织具有一些逻辑联系的多级标题，例如次级标题、副标题以及标语口号等。hgroup 元素通常会将 h1～h6 元素进行分组，一个内容区块的标题及其子标题算一组。

通常，如果文章只有一个主标题，是不需要 hgroup 元素的。但是，如果文章有主标题，主标题下有子标题，就需要使用 hgroup 元素了。如下所示的是 hgroup 元素的实例代码，运行代码的结果如图 2-16 所示。

```
<article>
    <header>
        <hgroup>
            <h1>北京旅游景点介绍</h1>
            <h2>北京植物园</h2>
        </hgroup>
        <p>
            <time datetime="2013-05-20">2014 年 12 月 20 日</time></p>
        <p>北京植物园位于西山卧佛寺附近，1956 年经国务院批准建立，面积 400 公顷，是以收集、展示和
保存植物资源为主，集科学研究、科学普及、游览休憩、植物种质资源保护和新优植物开发功能为一体的综合植
物园。北京植物园由植物展览区、科研区、名胜古迹区和自然保护区组成，园内收集展示各类植物 10000 余种（含
品种）150 余万株。</p>
    </header>
</article>
```

如果有标题和副标题，或在同一个 header 元素中加入了多个标题，那么就需要使用 hgroup 元素。

图 2-16　hgroup 元素实例

2.4.3　实例应用——footer 元素

footer 通常包括其相关区块的脚注信息，如作者、相关阅读链接及版权信息等。footer 元素和 header 元素的使用方法基本一样，可以在一个页面中使用多次，如果在一个区段后面加入 footer 元素，那么它就相当于该区段的尾部了。

在 HTML5 出现之前，通常使用类似下面的代码来写页面的页脚。

```
<!DOCTYPE html PUBLIC "-//W3C//DTD XHTML 1.0 Transitional//EN"
"http://www.w3.org/TR/xhtml1/DTD/xhtml1-transitional.dtd">
```

```
<html xmlns="http://www.w3.org/1999/xhtml">
<meta charset="gb2312">
<title><span class="wp_keywordlink_affiliate">
<a href="" target="_blank"> footer 元素</a></span></title>
<style type="text/css">
body{
    background-color:#9ACDCD;
}
Div{
    display: -moz-box;
    display: -webkit-box;
    -moz-box-pack:center;
    -webkit-box-pack:center;
    width:100%;
}
ul{
    display: -moz-box;
    display: -webkit-box;
    list-style:none;
    list-style-image: url(side.gif);
}
li{
    width:100px;
}
</style>
</head>
<Div id="footer">
    <ul>
        <li>交通路线</li>
        <li>站点地图</li>
        <li>联系方式</li>
    </ul>
<Div>
```

在 HTML5 中，这种方式将不再使用，而用更加语义化的 footer 来写。

```
<!DOCTYPE html>
<meta charset="utf-8">
<title>footer<span class="wp_keywordlink_affiliate"><title>
<a href=" " target="_blank">footer 元素</a></span>
<style type="text/css">
body{
    background-color:#9ACDCD;
}
footer{
    display: -moz-box;
    display: -webkit-box;
    -moz-box-pack:center;
```

```
    -webkit-box-pack:center;
    width:100%;
}
ul{
    display: -moz-box;
    display: -webkit-box;
    list-style:none;
    list-style-image: url(side.gif);
}
li{
    width:100px;
}
</style>
<footer>
    <ul>
        <li>交通路线</li>
        <li>站点地图</li>
        <li>联系方式</li>
    </ul>
</footer>
```

footer 元素既可以用作页面整体的页脚，也可以作为一个内容区块的结尾，例如可以将 <footer>直接写在<section>或<article>中。

在 article 元素中添加 footer 元素。

```
<article>
    文章内容
    <footer>
        文章的脚注
    </footer>
</article>
```

在 section 元素中添加 footer 元素。

```
<section>
    分段内容
    <footer>
        分段内容的脚注
    </footer>
</section>
```

2.4.4　实例应用——address 元素

address 元素用于标记 article 元素或者整个文档的联络信息。address 元素通常位于文档的末尾，用来在文档中呈现联系信息，包括文档创建者的名字、站点链接、电子邮箱、真实地址、电话号码等。address 不只是用来呈现电子邮箱或真实地址这样的"地址"概念，而应该包括与文档创建人相关的各类联系方式。

下面是 address 元素实例。

```
<!DOCTYPE html>
```

```
<html>
<head>
<meta http-equiv="Content-Type" content="text/html; charset=gb2312" />
<title>address 元素实例</title>
</head>
<body>
<address>
<a href="mailto:webmaster001@example.com">webmaster</a><br />
北京时尚科技公司<br />
电话：010-12345678<br />
</address>
</body>
</html>
```

在浏览器中显示地址的方式与其周围的文档不同，在 IE、Firefox 和 Safari 等浏览器中以斜体显示地址，如图 2-17 所示。

图 2-17　address 元素实例

第3章

CSS 样式设计基础

CSS 是为了简化 Web 页面的更新工作而诞生的，它的功能非常强大，可以让网页变得更加美观，维护更加方便。CSS 跟 HTML 一样，也是一种标记语言，甚至很多属性都来源于 HTML，它也需要通过浏览器解释执行。任何懂得 HTML 的人都可以非常容易地掌握 CSS。

学习目标

☐ 初识 CSS
☐ CSS 选择器
☐ CSS 属性和属性值

3.1 初识 CSS

现在 CSS 已经被广泛应用于各种网页的制作当中。在 CSS 的配合下，HTML 语言能够发挥出更大的效应。

3.1.1 CSS 基本语法

CSS（Cascading Style Sheet，层叠样式表）是一种制作网页的新技术，现在已经为大多数浏览器所支持，成为网页设计必不可少的工具之一。

CSS 的语法结构仅由三部分组成：选择符、样式属性和值。其基本语法如下。

选择符{样式属性：取值；样式属性：取值；样式属性：取值；…… }

◉　选择符（Selector）是指这组样式编码所要针对的对象，可以是一个 XHTML 标签，如 body、hl；也可以是定义了特定 id 或 class 的标签，如#lay 选择符表示选择<Div id=lay>，即一个被指定了 lay 为 id 的对象。浏览器将对 CSS 选择符进行严格的解析，每一组样式均会被浏览器应用到对应的对象上。

◉　属性（Property）是 CSS 样式控制的核心，对于每一个 XHTML 中的标签，CSS 都提供了丰富的样式属性，如颜色、大小、定位、浮动方式等。

◉　值（Value）是指属性的值。其形式有两种，一种是指定范围的值，如 float 属性，只可能应用 left、right、none 三种值；另一种为数值，如 width 能够使用 0～9999px、或其他数学单位来指定。

在实际应用中，往往使用以下类似的应用形式。

```
body {background-color: red}
```

该形式表示选择符为 body，即选择了页面中的<body>这个标签，属性为 background-color，这个属性用于控制对象的背景色，而值为 red。页面中的 body 对象的背景色通过使用这组 CSS 编码，被定义为了红色。

除了单个属性的定义，同样可以为一个标签定义一个甚至更多个属性定义，每个属性之间使用分号隔开。

3.1.2 添加 CSS 的方法

添加 CSS 有四种方法：链接外部样式表、内部样式表、导入外部样式表和内嵌样式，下面分别进行介绍。

1. 链接外部样式表

链接外部样式表就是在网页中调用已经定义好的样式表来实现样式表的应用，它是一个单独的文件，然后在页面中用<link>标记链接到这个样式表文件，这个<link>标记必须放到页面的<head>区内。这种方法最适合于大型网站的 CSS 样式定义。举例如下。

```
<head>
…
<link rel=stylesheet type=text/css href=slstyle.css>
…
</head>
```

上面这个例子表示浏览器从 slstyle.css 文件中以文档格式读出定义的样式表。rel=stylesheet 是指在页面中使用外部的样式表，type=text/css 是指文件的类型是样式表文件，href=slstyle.css 是文件所在的位置。

一个外部样式表文件可以应用于多个页面。当改变这个样式表文件时，所有页面的样式都随着改变。在制作大量相同样式页面的网站时，链接外部样式表非常有用，它不仅减少了重复的工作量，而且有利于以后的修改、编辑，浏览时也减少了重复下载代码的操作。

2. 内部样式表

这种 CSS 一般位于 HTML 文件的头部，即<head>与</head>标签内，并且以<style>开始，以</style>结束。这样，定义的样式就应用到页面中了。下面的实例就是使用<style>标记创建的内部样式表。

```
<head>
<style type="text/css">
<!--
body {
margin-left: 0px;
margin-top: 0px;
margin-right: 0px;
margin-bottom: 0px;
}
.style1 {
```

```
color: #fbe334;
font-size: 13px;
}
-->
</style>
</head>
```

3．导入外部样式表

导入外部样式表是指在内部样式表的<style>里导入一个外部样式表，导入时用@import，看下面这个实例。

```
<head>
…
<style type=text/css>
<!-
@import slstyle.css
其他样式表的声明
→
</style>
…
</head>
```

此例中@import slstyle.css 表示导入 slstyle.css 样式表。注意在使用导入外部样式表时，外部样式表的路径、方法和链接外部样式表的方法类似，但导入外部样式表的输入方式更有优势。实质上，它是相当于存在于内部样式表中的。

4．内嵌样式

内嵌样式是混合在 HTML 标记里使用的，用这种方法可以很简单地对某个元素单独定义样式，主要是在 body 内实现。内嵌样式的使用是直接在 HTML 标记里添加 style 参数，而 style 参数的内容就是 CSS 的属性和值，在 style 参数后面的引号里的内容相当于在样式表大括号里的内容。

如：

```
<table style=color:red; margin-right: 220px>
这是个表格
</p>
```

这种方法使用起来比较简单，显示也很直观，但无法发挥样式表的优势，因此不推荐使用。

3.1.3　设计第一个实例

以 Div+CSS 为主流技术的 Web 页面技术现在的发展正如日中天，与表格相比，Div 具有加载速度快、利于搜索引擎优化的特点。本实例就以 Div+CSS 技术设计一个简单的网站页面，具体操作步骤如下。

（1）在站点根目录中创建名为 CSS 和 imgs 的文件夹，分别用于存放 CSS 文件和图像资源文件，如图 3-1 所示。

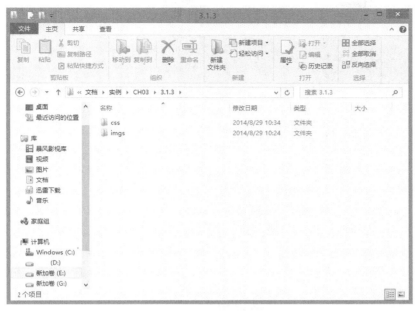

图 3-1 创建文件夹

（2）在 imgs 文件夹中存放本实例要用到的图像文件 banner.gif，如图 3-2 所示。

图 3-2 图像文件 banner.gif

（3）用 Dreamweaver 创建一个网页文件，将其命名为 index.html，其中的代码如下所示。

```
<!doctype html>
<html >
<head>
<meta http-equiv="Content-Type" content="text/
html; charset=gbk" />
<title>旅游天地</title>
<link rel="stylesheet" type="text/css" href="css/style.css"/>
</head>
<body>
<Div id="container">
  <Div id="header_line">
    <Div id="header">
      <h1>可爱的小乌龟</h1>
      <ul>
        <li><a href="#">首页</a></li>
        <li><a href="#">我的日志</a></li>
```

```
        <li><a href="#">我的相册</a></li>
        <li><a href="#">给我留言</a></li>
      </ul>
    </Div>
  </Div>
  <Div id="body">
    <Div id="banner">
      <Div id="site_discription">旅游天地</Div>
    </Div>
    <Div id="main">
      <Div class="log">
        <h3>美丽的长岛</h3>
        <Div class="content">
          <p>长岛县，是山东省烟台市辖县，由 32 个岛屿组成，是山东省唯一的海岛县。这里海域辽阔，
周围海域一直保持着国家一类海水标准，水产资源丰富，特别是海参、鲍鱼、海胆等海珍品，在国内外享有盛誉，
是我国重要的海珍品出口基地。</p>
        </Div>
        <Div class="log_descr">2014-8-30 17:54</Div>
      </Div>
      <Div class="log">
        <h3>美丽海滨城市青岛</h3>
        <Div class="content">
          <p>黄海之滨的明珠，万国建筑的经典，啤酒飘香的名城，对外开放的热土。而唯有来青岛了，
你才知道什么是"红瓦绿树，碧海蓝天"。夏季海水温暖，沙滩细软，无烈日高温，是旅游的黄金季节。</p>
        </Div>
        <Div class="log_descr">2014-10-25 10:21</Div>
      </Div>
    </Div>
    <Div id="sidebar">
      <h2>内容搜索</h2>
      <input />
      <button type="submit">搜索</button>
      <h2>自我介绍</h2>
      <p>我叫孙喜讯<br />
        今年 12 岁<br />
        现在上小学六年级<br />
        我喜欢旅游，也喜欢小动物</p>
    </Div>
  </Div>
  <Div id="footer"> Copyright &copy; 2014 孙喜讯
<a href="#">海岛之旅</a> </Div>
</Div>
</body>
</html>
```

（4）在创建的名为 CSS 的文件夹中创建一个文本文件，将其命名为 style.css。用 Dreamweaver 编辑 style.css 文件，添加如下内容。

```
@charset "utf-8";
/* -- Global -- */
html,body,Div{ margin:0; padding:0; }
body{ font-size:13px; font-family:"宋体", Arial;
line-height:21px; }
/* -- #container -- */
#container{ background-color:#95BA46; padding-
bottom:20px; background-position:bottom;
background-repeat:repeat-x; }
/* -- #header -- */
#header_line{ background-repeat:repeat-x; }
#header{ height:59px; width:740px; margin:auto; }
#header h1{ margin:0; color:#95BA46; font-size:
30px; padding:20px 0 0 0; float:left; }
#header ul{ list-style:inline; float:right; }
#header ul li{ display:inline; }
#header ul li a{ padding:17px 5px; color:#FFF;
font-size:17px; text-decoration:none; }
#header ul li a:hover,#header ul li a:active
{ background-color:#5f6e42; }
/* -- #body -- */
#body{ background-color:#FFF; padding:15px;
width:710px; margin:auto; }
#body:after { content: "."; display: block;
clear: both; height: 0; visibility: hidden; }
/* -- #banner -- */
#banner{ width:708px; height:182px; border:solid
1px #333; background-image:url(../imgs/banner.jpg); }
#site_discription{ margin:70px 0 0 30px; font-size:14px;}
/* -- #main -- */
#main{ width:430px; float:left; padding-right:20px; }
.log h3{ border-bottom:solid 1px #95BA46; }
.log .log_descr{ text-align:right; color:#888; }
/* -- #sidebar -- */
#sidebar{ width:240px; float:right; padding-left:20px; }
#sidebar h2{ border-bottom:solid 1px #95BA46; }
/* -- #footer -- */
#footer{ width:738px; font-size:14px; color:#FFF;
background-color:#45444D; text-align:center;
margin:auto; border:#fff solid 1px; padding:2px 0; }
#footer a{ color:#FFF; background-color:#45444D;
text-decoration:none; }
```

（5）至此，网页的编辑工作都已完成，下面运行代码，网页效果如图 3-3 所示。可以看到，纯正的 Div+CSS 布局的效果非常漂亮，页面结构也很简单。

图 3-3　网页效果

3.2　CSS 选择器

一些新手对选择器一知半解，不知道在什么情况下运用什么样的选择器，这是一个让新手比较头疼的问题。准确而简洁地运用 CSS 选择器会达到非常好的效果。我们不必通篇给每一个元素定义类（class）或 ID，通过合适的组织，可以用最简单的方法实现同样的效果。

3.2.1　CSS 选择器概述

实际上，选择器是 CSS 知识中的重要部分之一，也是 CSS 的根基。利用 CSS 选择器能在不改动 HTML 结构的情况下，通过添加不同的 CSS 规则得到不同样式的网页。CSS3 选择器在常规选择器的基础上新增了属性选择器、伪类选择器、过滤选择器，可以帮助开发人员在开发中减少对 HTML 类名或 ID 名的依赖，以及对 HTML 元素的结构依赖，使代码编写变得更加简单轻松。

要使某个样式应用于特定的 HTML 元素，首先需要找到该元素。在 CSS 中，执行这一任务的表现规则称为 CSS 选择器。它为获取目标元素之后施加样式提供了极大的灵活性。

使用不同选择器的原则如下。

第一，准确地选到要控制的标签。

第二，使用最合理优先级的选择器。

第三，HTML 和 CSS 代码尽量简洁美观。

通常在使用 CSS 选择器时需要注意如下事项。

（1）最常用的选择器是类选择器。

（2）li、td、dd 等经常大量连续出现，并且样式相同或者是相类似的标签，采用类选择器与标签选择器相结合的方式。

（3）极少情况下会用 ID 选择器，当然很多前端开发人员喜欢将 header、footer、banner、content 设置成 ID 选择器，因为相同的样式在一个页面里不可能有第二次。

3.2.2 标签选择器

顾名思义，标签选择器是直接将 HTML 标签作为选择器，可以是 p、h1、dl、strong 等 HTML 标签。例如 P 选择器，下面就是用于声明页面中所有<p>标签的样式风格。

```
p{
font-size:14px;
color:blue;
}
```

以上这段代码声明了页面中所有的<p>标签，文字大小均是 14px，颜色为#蓝色。在后期维护中，如果想改变整个网站中<p>标签文字的颜色，只需要修改 color 属性就可以了！

一个完整的 HTML 页面是由很多个不同的标签组成的，而标签选择器则决定哪些标签采用相应的 CSS 样式。

3.2.3 类选择器

类选择器更容易理解，就是使页面中的某些标签具有相同的样式。标签选择器一旦声明，则页面中所有的该标签都会相应地产生变化，如声明了<p>标签为红色时，则页面中所有的<p>标签都将显示为红色，如果希望其中的某一个标签不是红色，而是蓝色，则仅依靠标签选择器是远远不够的，所以还需要引入类别（class）选择器。定义类型选择器时，在自定义类的名称前面要加一个 "."号。

类别选择器的名称可以由用户自定义，属性和值跟标记选择器一样，也必须符合 CSS 规范，举例如下。

```
<p class="one">此处为 p 标签内的文字</p>
```

例如，当页面同时出现 3 个<P>标签时，如果想让它们的颜色各不相同，就可以通过设置不同的 class 选择器来实现。一个完整的案例如下所示。

```
<!doctype html>
<html>
<head>
<meta http-equiv="Content-Type" content="text/html; charset=gb2312" />
<title>类选择器</title>
<style type="text/css">
.red{ color:red; font-size:18px;}
.bule{ color: #06F; font-size:30px;
.green{ color: #090; font-size:20px;}
</style>
</head>
<body>
<p class="red">类选择器 1</p>
<p class="bule">类选择器 2</p>
<h3 class="green">h3 同样适用</h3>
</body>
</html>
```

其显示效果如图 3-4 所示。从图中可以看到两个<P>标记分别呈现出了不同的颜色和字体大小，而且任何一个 class 选择器都适用于所有 HTML 标记，只需要用 HTML 标记的 class 属性声明即可。

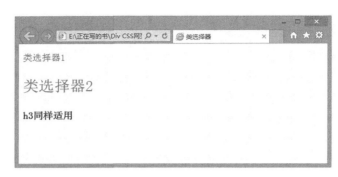

图 3-4　类别选择器实例

在上面的例子中仔细观察还会发现，最后一行<h3>标记显示效果为粗字，这是因为在没有定义字体的粗细属性的情况下，浏览器采用默认的显示方式，<P>默认为正常粗细，<h3>默认为粗字体。

3.2.4　ID 选择器

ID 选择器的使用方法跟类选择器基本相同，不同之处在于 ID 选择器只能在 HTML 页面中使用一次，因此其针对性更强。在 HTML 标记中只需要利用 id 属性，就可以直接调用 CSS 中的 ID 选择器，但这种选择器应该尽量少用，因为它具有一定的局限性。一个 ID 选择器的指定要有指示符#在名字前面。

下面举一个实际案例，其代码如下。

```
<!doctype html>
<html>
<head>
<title>ID 选择器</title>
<style type="text/css">
<!--
#one{
    font-weight:bold;          /* 粗体 */
}
#two{
    font-size:30px;            /* 字体大小 */
    color:#009900;             /* 颜色 */
}
-->
</style>
  </head>

<body>
    <p id="one">ID 选择器 1</p>
```

```
        <p id="two">ID 选择器 2</p>
        <p id="two">ID 选择器 3</p>
        <p id="one two">ID 选择器 3</p>
    </body>
</html>
```

其显示效果如图 3-5 所示，可以看出，在很多浏览器下，ID 选择器可以用于多个标记，即每个标记定义的 id 不只是 CSS 可调用，JavaScript 等其他脚本语言同样也可以调用。因为这个特性，所以不要将 ID 选择器用于多个标记，否则会出现意想不到的错误。如果一个 HTML 中有两个相同的 id 标记，那么将会导致 JavaScript 在查找 id 时出错，例如函数 getElementById()。

正因为 JavaScript 等脚本语言也能调用 HTML 中设置的 id，所以 ID 选择器一直被广泛地使用。网站建设者在编写 CSS 代码时，应该养成良好的编写习惯，一个 id 最多只能赋予一个 HTML 标记。

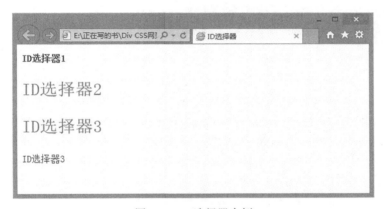

图 3-5　ID 选择器实例

另外，从图 3-5 可以看到，最后一行没有任何 CSS 样式风格显示，这意味着 ID 选择器不支持像 class 选择器那样的多风格同时使用，类似于 "id="one two"" 这样的写法是完全错误的语法。

3.2.5　伪类选择器和伪元素

伪类和伪元素是特殊的类和元素，能自动地被支持 CSS 的浏览器所识别。伪类选择器的最大作用就是可以对链接的不同状态定义不同的样式效果。伪类选择器定义的样式最常应用在定位锚标记（<a>）上，即锚的伪类选择器，它表示动态链接四种不同的状态：未访问的链接（link）、已访问的链接（visited）、激活链接（active）和鼠标停留在链接上（hover）。

伪类选择器的语法如下（以:link 伪类为例）。

```
Selector:link{}
```

伪元素选择器的语法如下（以:before 伪元素为例）。

```
Selector:before{}
```

其中，参数 Selector 表示目标元素，后面的表示伪类或伪元素。

伪类选择器和伪元素选择器可以很轻松地为特定元素添加样式，下面就来使用伪类选择器和伪元素选择器实现一个鼠标经过时改变样式的页面。

（1）新建一个 HTML 页面，将其命名为 index.html，代码如下。

```
<!doctype html>
<html>
<head>
<meta charset="utf-8">
<title>莲花池荷花</title>
<link rel="stylesheet" type="text/css" href="style.css"/>
</head>
<body><Div id="title_Div">
  <h3>莲花池荷花</h3>
</Div>
<Div id="main_Div">
 <p>莲花池古称西湖、太湖、南河泊，因广种莲花故称莲花池。《水经注》记载：湖东西二里，南北三里，
盖燕之旧池也。绿水澄澹，川亭远望，亦为游瞩之胜所也。可见莲花池早就是一个郊游风景区。京门古池旧貌换
新颜，曲岸垂柳、满园青翠、泱泱湖水、莲花竞放。万米莲塘北京一绝，深受广大游人喜爱。参观游览的群众络
绎不绝，古池遗址又重放光彩！
  </p>
  <p>
 夏季荷花盛开时节，万米荷塘，让您欣赏"出淤泥而不染，濯清涟而不妖"的荷姿，荷塘边精美的汉白玉雕
像。每年的荷花节（6 月—8 月）深受广大游客的喜爱，同时吸引了广大摄影爱好者前来赏荷、拍荷，给荷花节
赋予了极强的文化气息。在荷花盛开时节，南荷北莲荟萃，盆荷碗莲斗艳，满园秀色飘香，荷气微风醉人。每值
夏季泛舟湖上，荷风袭来，荷影姿姿，将带给您人间仙境一般的美景。夏季荷花盛开时节，奉献给参观者的将是
接天莲叶无穷碧，映日荷花别样红的醉人盛境。</p>
</Div>
</body>
</html>
```

（2）利用伪类选择器 Div:hover 实现鼠标移到 Div 元素上面时，将改变 Div 的背景色和鼠标的样式，CSS 代码如下。

```
@charset "utf-8";
body{
background-image:url(beijing.jpg);
background-repeat:no-repeat;
}
Div:hover{
background-color:#FC3;
cursor:pointer;
}
#title_Div {
 margin-left:550px;
margin-top:100px;
width:100px;
}
#main_Div{
width:500px;
margin-left:350px;
```

```
margin-top:50px;
}
```

（3）在浏览器中打开该网页，效果如图 3-6 所示。当鼠标移到文字上面时，将改变文字的背景颜色，效果如图 3-7 所示。

图 3-6　网页效果

图 3-7　改变文字的背景颜色

除了伪类，CSS3 还支持访问伪元素。伪元素可用于定位文档中包含的文本，但无法在文档树中定位。伪元素其实在 CSS 中一直存在，大家平时看到的有":first-line"、":first-letter"、":before"和":after"。CSS3 中对伪元素进行了一定的调整，在以前的基础上增加了一个冒号，也就相应地变成了"::first-letter"、"::first-line"、"::before"和"::after"，另外伪元素还增加了一个"::selection"。

3.2.6　群组选择器

通常在 CSS 样式中有好几个地方需要使用到相同的设置时，一个一个分开写是一件累人的工作，重复性太高且显得冗长，更不好管理。在 CSS 中，可以把这几个相同设置的选择器合并在一起，将同样的定义应用于多个选择器，可以将选择器以逗号分隔的方式并为组。其基本语法如下。

```
E1,E2,E3{}
```

例如，页面中有 table 元素、Div 元素和 a 元素，代码如下。

```
<table>
   <tr>
    <td></td>
    <td class="td1"></td>
    <td></td>
   </tr>
</table>
<Div><a href="#">植物园 </a></Div>
```

将 class 属性值为"td1"的 td 元素和<Div>标签中包含的 a 元素的字体大小设置为 16px，CSS 代码如下。

```
.td1,Div a{ font-size:16px;}
```

使用群组选择器可以使 CSS 样式变得比较简洁，将来又好管理和方便修改，这大大地提高了编码效率，同时也减少了 CSS 文件的体积。

下面的这个例子，介绍如何将多个不同的元素设置为统一样式。

（1）新建一个 HTML 页面，页面中有一个表格，显示了旅游景点的相关信息，代码如下所示。

```
<!doctype html>
<html>
<head>
<meta charset="utf-8">
<title>旅游景区</title>
<link rel="stylesheet" type="text/css" href="style.css"/>
</head>
<body>
<table width="528" border="1" cellpadding="5" cellspacing="0">
  <tr>
    <td width="247" align="center" bgcolor="#FF9933"><strong>地区</strong></td>
    <td  width="275"  align="center"  bgcolor="#FF9933"><strong> 著 名 景 点
</strong></td>
   </tr>
   <tr>
    <td align="center">北京</td>
    <td align="center">故宫、长城</td>
   </tr>
   <tr>
    <td align="center">上海</td>
    <td align="center">世博会、外滩</td>
   </tr>
   <tr>
    <td align="center">广东</td>
    <td align="center">深圳欢乐谷</td>
```

```
  </tr>
  <tr>
    <td align="center">山东</td>
    <td align="center">泰山、孔府</td>
  </tr>
  <tr>
    <td align="center">天津</td>
    <td align="center">盘山</td>
  </tr>
  <tr>
    <td align="center">陕西</td>
    <td align="center"><label for="textfield">请输入:</label>
    <input type="text" name="textfield" id="textfield"></td>
  </tr>
</table>
</body>
</html>
```

（2）设置<td>标签、<a>标签和<input>标签的字体颜色和边框样式等，CSS 代码如下。

```
td,td a,input{ color:#390; font-size:16px;
border:#F30 solid 2px;}
```

（3）在浏览器中打开该网页，效果如图 3-8 所示。

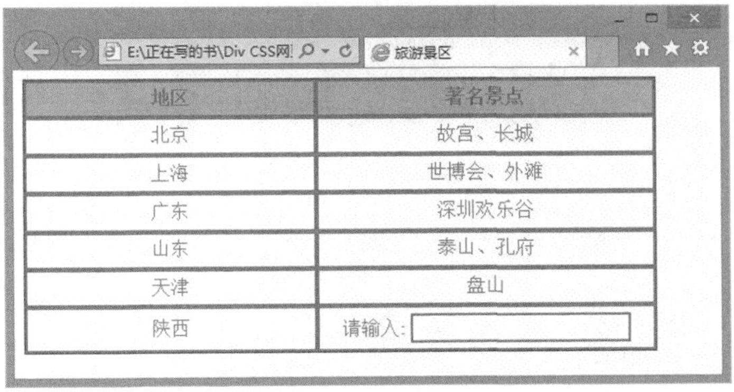

图 3-8　将不同的元素设置为统一样式

3.2.7　相邻选择器

相邻选择器（E＋F）可以选择紧接在另一个元素后的元素，它们具有一个相同的父元素。换句话说，E 和 F 是同辈元素，F 元素在 E 元素后面，并且相邻，这样就可以使用相邻选择器来选择 F 元素。

```
<!DOCTYPE HTML>
<html lang="en-US">
<head>
  <meta charset="UTF-8">
  <title>使用 CSS3 选择器</title>
```

```
  <style type="text/css">
    *{margin: 0;padding:0;}
    body {width: 400px;margin: 0 auto;}
    Div{margin:10px;padding:·0px;border: 1px solid #F60;}
    body > Div {background: #090;}
    .active + Div {background:#F93;}
  </style>
</head>
<body>
  <Div  class="active">1</Div>
  <Div>2</Div>
  <Div>3</Div>
  <Div>4</Div>
  <Div>5</Div>
</body>
</html>
```

此时，第二个 Div 的背景色将变成"F93"橙色，如图 3-9 所示。

图 3-9　使用相邻选择器设置颜色

3.2.8　通用选择器

通用选择器（*）用来选择所有元素，当然也可以选择某个元素下的所有元素。如：

```
  * {margin: 0;padding:0}
```

上面一行代码大家在样式文件中经常看到，表示所有元素的 margin 和 padding 都设置为 0。为什么要这么用呢？因为每种浏览器都自带有 CSS 文件，如果一个页面在浏览器加载页面后，发现没有 CSS 文件，那么浏览器就会自动调用它本身自带的 CSS 文件，但是不同的浏览器自带的 CSS 文件又都不一样，对不同标签定义的样式不一样，如果我们想让页面能够在不同的浏览器显示出来的效果都是一样的，那么就需要对 HTML 标签进行重置，也就是上面的代码了。

这看起来像是一个通配符，而且在某种情况下确实是，因为可以用它选择一大堆元素而无需给它们命名。下面是一个实例，代码如下。

```
  <!doctype html>
  <html>
```

```
<head>
<meta charset="utf-8">
<title>通用选择器</title>
<style type="text/css">
<!--Div * {border: 1px solid #060;}-->
</style>
</head>
<body><Div>
<h1>您好</h1>
<p>这是一个<em>通用选择器的用法</em></p>
<ol>
<li>北京</li>
<li>上海</li>
<li>广州</li>
</ol>
</Div>
</body>
</html>
```

使用 Div * {border: 1px solid #060;} 来定义 Div 中的全部元素的样式，结果跟下面写的代码是一样的，效果如图 3-10 所示。

```
Div h1, Div p, Div em, Div ol, Div li {border: 1px solid #060;}
```

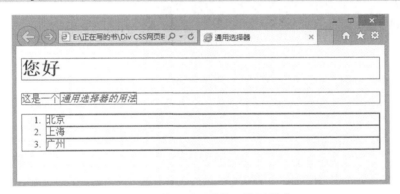

图 3-10　使用通用选择器设置样式

3.3　CSS 属性和属性值

组成 CSS 属性的一些元素（例如：em、auto、red 等）可以增强样式表的功能。这些特性可以使我们使用不同的计量单位，引用不同的颜色，让我们通过 CSS 直接在网页中插入内容、引用外部文件等。

3.3.1　CSS 属性

CSS 的属性都定义在 CSS 的声明块中，每个 CSS 属性都定义了一系列的关键信息，如表 3-1 所示。

表 3-1　　　　　　　　　　　　　　　　CSS 属性

关键信息	English	描述
取值	Value	合法取值与语法
初始	Initial	初始值
适用于	Applies to	属性适用的元素
继承性	Inherited	属性是否可以继承
百分比值	Percentages	如何解释百分比值
媒介	Media	属性适用的媒介
计算值	Computed value	如何计算的计算值

CSS 中有些属性属于缩写属性，即允许使用一个属性设置多个属性值。

例如，background 属性是缩写属性，它可以一次设置 background-color、background-image、background-repeat、background-attachment、background-position 的属性值。在缩写属性中如果有一些值被省略，那么被省略的属性就被赋予其初始值。

```
Div
{
background-color:red;
background-image:none;
background-repeat:repeat;
background-repeat:0% 0%;
background-attachment:scroll;
}
```

等价于

```
Div
{
background:red;
}
```

示例中 background-image、background-repeat、background-attachment、background-position 四个属性设置的值都是其初始值，因此可以省略。

3.3.2　CSS 单位

CSS 中的单位如表 3-2 所示。

表 3-2　　　　　　　　　　　　　　　　CSS 单位

单位	描述
%	百分比
in	英寸
cm	厘米
mm	毫米
em	1em 等于当前的字体尺寸 2em 等于当前字体尺寸的两倍

续表

单位	描述
em	例如，如果某元素以 12pt 显示，那么 2em 是 24pt 在 CSS 中，em 是非常有用的单位，因为它可以自动 适应用户所使用的字体
ex	一个 ex 是一个字体的 x-height
pt	磅，1pt 等于 1/72 英寸
pc	1pc 等于 12 点
px	像素，计算机屏幕上的一个点

3.3.3　设置颜色

1．CSS 预定义颜色表示法

CSS 预定义颜色表示法就是使用颜色的英文来表示。

```
color:red;
color:green;
color:blue;
```

red、green、blue 都是 CSS 关键词。

2．RGB 颜色表示法

```
color:rgb(255,0,0);
color:rgb(0,255,0);
color:rgb(0,0,255);
```

RGB 颜色表示法就是红（R:red）、绿（G:green）、蓝（B:blue）三原色混合后呈现出的颜色，其中每种颜色的取值为 0~255。

3．RGB 百分比颜色表示法

```
color:rgb(100%, 0%, 0%);
color:rgb(0%, 100%, 0%);
color:rgb(0%, 0%, 100%);
```

RGB 百分比颜色表示法就是利用百分比来表示 RGB 颜色。

4．十六进制颜色表示法

```
color:#ff0000;
color:#00ff00;
color:#1199ff;
```

十六进制颜色表示法就是使用三对十六进制数分别表示 RGB 中的三原色，像上面例子中的最后一个 color:#1199ff;其中的 11 代表 R 的颜色(十六进制的 11 就等于十进制中的 17)，其中的 99 代表 G 的颜色（十六进制的 99 就等于十进制中的 153），其中的 ff 代表 B 的颜色（十六进制的 ff 就等于十进制中的 255）。#1199ff;等价于 rgb（17,153,255）。

5. RGBA 颜色

RGBA 颜色值支持的浏览器：IE9+、Firefox 3+、Chrome、Safari 以及 Opera 10+。

RGBA 颜色值是 RGB 颜色值的扩展，带有一个 alpha 通道——它规定了对象的不透明度。

RGBA 颜色值是这样规定的：rgba（red, green, blue, alpha）。alpha 参数是介于 0.0（完全透明）与 1.0（完全不透明）的数字。

实例：

```
p
{background-color:rgba(255,0,0,0.5);}
```

6. HSL 颜色

HSL 颜色值支持的浏览器：IE9+、Firefox、Chrome、Safari 以及 Opera 10+。

HSL 指的是 hue（色调）、saturation（饱和度）、lightness（亮度），表示颜色柱面坐标表示法。

HSL 颜色值是这样规定的：hsl（hue, saturation, lightness）。

hue 是色盘上的度数（从 0 到 360），0（或 360）是红色，120 是绿色，240 是蓝色。saturation 是百分比值，0%意味着灰色，而 100%是全彩。lightness 同样是百分比值，0%是黑色，100% 是白色。

实例：

```
p
{
background-color:hsl(120,65%,75%);
}
```

7. HSLA 颜色

HSLA 颜色值支持的浏览器：IE9+、Firefox 3+、Chrome、Safari 以及 Opera 10+。

HSLA 颜色值是 HSL 颜色值的扩展，带有一个 alpha 通道——它规定了对象的不透明度。

HSLA 颜色值是这样规定的：hsla（hue, saturation, lightness, alpha），其中的 alpha 参数定义不透明度。alpha 参数是介于 0.0（完全透明）与 1.0（完全不透明）的数字。

实例：

```
p
{
background-color:hsla(120,65%,75%,0.3);
}
```

下面通过一个实例讲述 CSS 颜色的设置，效果如图 3-11 所示。

```
<!DOCTYPE html>
<html>
<body>
<p style="background-color:#FFFF00">
使用十六进制值设置的颜色
</p>
```

```
<p style="background-color:rgb(255,255,0)">
使用 rgb 值设置的颜色
</p>
<p style="background-color:yellow">
使用颜色名设置的颜色
</p>
</body>
</html>
```

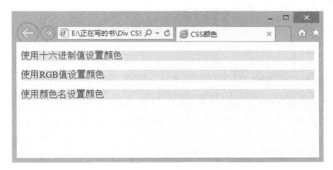

图 3-11 CSS 颜色的设置

第4章

使用 CSS 设置文本和段落样式

网页中包含的大量的文字信息，统称为文本。所有由文字构成的网页元素都是网页文本。文本的样式由文字样式和段落样式构成。在网页上表现的字体并不是由服务器决定的，而是由用户的终端系统决定的。使用 CSS 定义的文字样式更加丰富，实用性更强。

学习目标

☐ 字体属性
☐ 段落属性

4.1 字体属性

前面 HTML 中已经介绍了网页中文字的常见标签，下面将以 CSS 的样式定义方法来介绍文字的使用。

4.1.1 字体 font-family

如果想让网站上的文字看起来更加不一样，就必须给网页中的标题、段落和其他页面元素应用不同的字体。可以用 font-family 属性在 CSS 样式里设置字体。在 HTML 中，设置文字的字体属性需要通过<font>标签中的 face 属性，而在 CSS 中，则使用 font-family 属性。

语法：

```
font-family: "字体 1", "字体 2", …
```

说明：

计算机上必须装有该字体，否则设置的这种字体将按原字体样式显示。当然，也可以写上多种字体，当对方浏览你的网站，计算机上没有安装第一种字体时，浏览器就会在列表中继续往上搜寻，直到找到有适合的字体为止。即当浏览器不支持"字体 1"时，则会采用"字体 2"；如果不支持"字体 1"和"字体 2"，则采用"字体 3"，依此类推。如果浏览器不支持 font-family 属性中定义的所有字体，则会采用系统默认的字体。

实例：

```
<!DOCTYPE html>
<html>
<meta charset="UTF-8">
```

```
<head>
<title>设置字体</title>
<style type="text/css">
<!--
.h {
    font-family: "宋体";
}
.g {
    font-family: "隶书";
}
-->
</style>
</head>
<body>
<p><span class="g">北京房车露营公园</span>
 <p><span class="h">北京马上就要进入秋高气爽的好时节了，喜爱户外旅游的你，一定想感受自然的
拥抱、体验自驾的畅快、享受舒适的休息环境。带着孩子全家一起到京郊享受一个完美假期吧。但如果想一次满
足多个心愿，把房车停在露营地是个不错的选择，这是一种生活方式，装备齐全的露营地有你想进行娱乐所需的
一切。</span><br>
 </p>
</body>
</html>
```

此段代码中首先在<head></head>之间，用<style>定义了 h 中的字体 font-family 为"宋体"，
g 中的字体 font-family 为"隶书"，在浏览器中浏览可以看到段落中的标题文字以"隶书"
显示，正文以"宋体"显示，如图 4-1 所示。

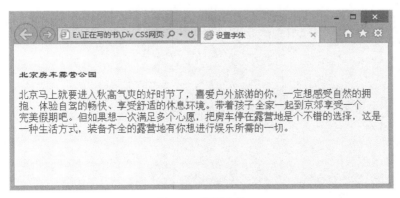

图 4-1　设置字体

4.1.2　字号 font-size

在 HTML 中，文字的大小是由<font>标签中的 size 属性来控制的。在 CSS 里可以使用
font-size 属性来自由控制字体的大小。

语法：

```
font-size:大小的取值
```

说明：

font-size 的取值范围如下。

xx-small：绝对字体尺寸，最小。

x-small：绝对字体尺寸，较小。

small：绝对字体尺寸，小。

medium：绝对字体尺寸，正常默认值。

large：绝对字体尺寸，大。

x-large：绝对字体尺寸，较大。

xx-large：绝对字体尺寸，最大。

larger：相对字体尺寸，相对于父对象中字体尺寸进行相对增大。

smaller：相对字体尺寸，相对于父对象中字体尺寸进行相对减小。

length：可采用百分数或长度值，不可为负值，其百分比取值是基于父对象中字体的尺寸。

实例：

```
<!DOCTYPE html>
<html>
<head>
<meta charset="utf-8">
<title>设置字号</title>
<style type="text/css">
<!--
.h {
    font-family: "宋体";
    font-size: 12px;
}
.h1 {
    font-family: "宋体";
    font-size: 14px;
}
.h2 {
    font-family: "宋体";
    font-size: 16px;
}
.h3 {
    font-family: "宋体";
    font-size: 18px;
}
.h4 {
    font-family: "宋体";
    font-size: 24px;
    }
-->
</style>
</head>
<body>
```

```
<p class="h">这里是 12 号字体。</p>
<p class="h1"> 这里是 14 号字体。</p>
<p class="h2">这里是 16 号字体。</p>
<p class="h3">这里是 18 号字体。</p>
<p class="h4">这里是 24 号字体。</p>
</body>
</html>
```

此段代码中首先在<head></head>之间，用样式定义了不同的字号 font-size，然后在正文中对文本应用样式，在浏览器中的浏览效果如图 4-2 所示。

图 4-2 设置字号

4.1.3 字体风格 font-style

字体风格 font-style 属性用来设置字体是否为斜体。

语法：

```
font-style:样式的取值
```

说明：

样式的取值有三种：normal 是默认正常的字体；italic 以斜体显示文字；oblique 属于中间状态，以偏斜体显示。

实例：

```
<!DOCTYPE html>
<html>
<head>
<meta charset="utf-8">
<title>设置斜体</title>
<style type="text/css">
<!--
.h {font-family: "宋体";
    font-size: 24px;
    font-style: italic;}
-->
</style>
</head>
<body>
<span class="h">自古无鱼不成宴。鱼以其无脂肪、多蛋白、味鲜美、易吸收等特点一直被人们所喜爱。
```

其实人们只知道鱼好吃，但对于鱼的营养价值认识得并不全面。科学研究表明：鱼为益智食品，对于儿童的智力

发育、中青年人缓解压力、提神醒脑、老年人的健康长寿等方面有着极大的作用。</span>
```
  </body>
</html>
```

此段代码中首先在\<head\>\</head\>之间，用\<style\>定义了 h 中的字体风格 font-style 为斜体 italic，然后在正文中对文本应用 h 样式，在浏览器中的浏览效果如图 4-3 所示。

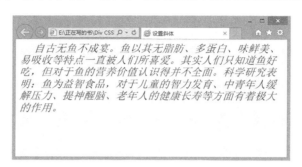

图 4-3　字体风格为斜体

4.1.4　字体加粗 font-weight

在 HTML 里使用\<b\>标签设置文字为粗体显示，而在 CSS 中则利用 font-weight 属性来设置字体的粗细。

语法：

```
font-weight:字体粗度值
```

说明：

font-weight 的取值范围包括 normal、bold、bolder、lighter、number。其中 normal 表示正常粗细；bold 表示粗体；bolder 表示特粗体；lighter 表示特细体；number 不是真正的取值，其范围是 100～900，一般情况下都是整百的数字，如 200、300 等。

实例：

```
<!DOCTYPE html>
<html>
<head>
<meta charset="utf-8">
<title>设置加粗字体</title>
<style type="text/css">
<!--
.h {
    font-family: "宋体";
    font-size: 18px;
    font-weight: bold;
}
-->
</style>
</head>
<body>
```

```
<span class="h">五岳是中国群山的代表，不仅是因为它们具有的非凡气度，更是因为它们在中华的五
千年长河中，积累沉淀下了关于历史关于岁月的印记和厚重的文化积层。对于五岳是向往已深，登五岳，看尽泰
山之雄、华山之险、衡山之秀、恒山之幽、嵩山之峻。 泰山并不以美、奇、或者险著称，没有多少特别之处。人
们大多慕名而来，是因它深厚的底蕴以及历代帝王的光顾。</span>
</body>
</html>
```

此段代码中首先在<head></head>之间，用<style>定义了 h 中的加粗字体 font-weight 为粗
体 bold，然后在正文中对文本应用 h 样式，在浏览器中浏览效果，如图 4-4 所示，可以看到
正文字体加粗了。

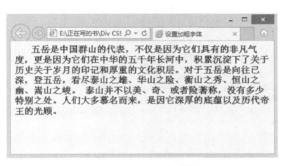

图 4-4　设置加粗字体效果

4.1.5　字体变形 font–variant

使用 font-variant 属性可以将小写的英文字母转变为大写。

语法：

```
font-variant:取值
```

说明：

在 font-variant 属性中，设置值只有两个，一个是 normal，表示正常显示；另一个是
small-caps，它能将小写的英文字母转化为大写字母且字体较小。

实例说明：

```
<!DOCTYPE html>
<html>
<head>
<meta charset="utf-8">
<title>小型大写字母</title>
<style type="text/css">
<!--
.j {
    font-family: "宋体";
    font-size: 18px;
    font-variant: small-caps;
}
-->
</style>
</head>
```

```
<body class="j">
We are experts at translating those needs into marketing solutions that work,look
great and communicate very very well.to your needs and those of your clients.We are
experts at translating those needs into marketing solutions that work,look great and
communicate very very well.
</body>
</html>
```

此段代码中首先在<head></head>之间，用<style>定义了 j 中的 font-variant 属性为 small-caps，然后在正文中对文本应用 j 样式，在浏览器中浏览效果，如图 4-5 所示，可以看到小写的英文转变为大写了。

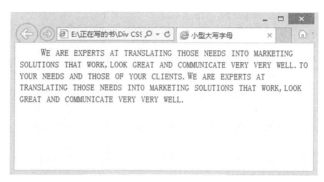

图 4-5　小写字母转为大写

4.2　段落属性

利用 CSS 还可以控制段落的属性，主要包括单词间距、字符间隔、文字修饰、纵向排列、文本转换、文本排列、文本缩进和行高等。

4.2.1　单词间隔 word-spacing

使用单词间隔 word-spacing 可以控制单词之间的间隔距离。

语法：

```
word-spacing:取值
```

说明：

可以使用 normal，也可以使用长度值。normal 指正常的间隔，是默认选项；长度是设置单词间隔的数值及单位，可以使用负值。

实例：

```
<!DOCTYPE html>
<html>
<head>
<meta charset="utf-8">
<title>单词间隔</title>
<style type="text/css">
<!--
```

```
.df {
    font-family: "宋体";
    font-size: 18px;
    word-spacing: 5px;
}
-->
</style>
</head>


<body>
<span class="df">In a multiuser or network environment, the process by which the
system validates a user's logon information. <br />
A user's name and password are compared against an authorized list, validates a
user's logon information.
</span>
</body>
</html>
```

此段代码中首先在<head></head>之间，用<style>定义了 df 中的单词间隔 word-spacing
为#5px，然后对正文中的段落文本应用 df 样式，在浏览器中的浏览效果如图 4-6 所示。

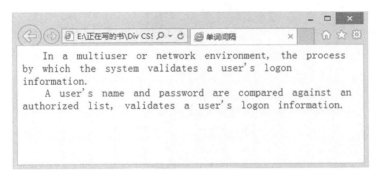

图 4-6　单词间隔效果

4.2.2　字符间隔 letter-spacing

使用字符间隔可以控制字符之间的间隔距离。

语法：

```
letter-spacing:取值
```

实例：

```
<!DOCTYPE html>
<html>
<head>
<meta charset="utf-8">
<title>字符间隔</title>
<style type="text/css">
<!--
.s {
```

```
        font-family: "新宋体";
        font-size: 14px;
        letter-spacing: 5px;
    }
    -->
    </style>
    </head>
    <body>
    <span class="s">商厦始建于 1986 年 12 月，主营面积 4 万平方米，经营品种 5 万余种，下设服装、
鞋类、钟表珠宝、化妆品等 8 个专业商场，拥有一座建筑面积 26000 平方米，高 22 层的涉外三星级酒店和一座
1.8 万平方米，可容纳 500 辆汽车的停车楼，以及面积达 4000 多平方米的现代化影院。它是集购物、住宿、餐
饮、娱乐于一体的现代化、多功能、综合性大型百货零售企业。<br />
        在经营上，商厦充分发挥规模优势，全方位满足顾客需求，重点突出穿着类商品；在商品品牌引进方面，以
国内名牌为主，重点锁定市场占有率高、质量信誉好、大众消费群熟知的知名品牌，逐步引进国际大众品牌；坚
持品牌营销、文化营销，引导消费新时尚。多年来，商厦凭借准确的市场定位，丰富的服务内涵，先进的管理理
念，规范的管理制度跻身全国百家最大规模和最佳效益百货零售商店之列。</span>
    </body>
    </html>
```

此段代码中首先在<head></head>之间，用<style>定义了 s 中的字符间隔 letter-spacing 为
#5px，然后对正文中的段落文本应用 s 样式，在浏览器中浏览效果，如图 4-7 所示。

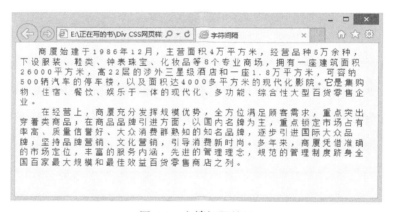

图 4-7 字符间隔效果

4.2.3 文字修饰 text-decoration

使用文字修饰属性可以对文本进行修饰，如设置下画线、删除线等。

语法：

```
text-decoration:取值
```

说明：

none 表示不修饰，是默认值；underline 表示对文字添加下画线；overline 表示对文字添
加上画线；line-through 表示对文字添加删除线；blink 表示文字闪烁效果。

实例：

```
<!DOCTYPE html>
```

```
<html>
<head>
<meta charset="utf-8">
<title>文字修饰</title>
<style type="text/css">
<!--
.s {
    font-family: "新宋体";
    font-size: 18px;
    text-decoration: underline;
}
-->
</style>
</head>

<body>
<span class="s">商厦始建于 1986 年 12 月，主营面积 4 万平方米，经营品种 5 万余种，下设服装、
鞋类、钟表珠宝、化妆品等 8 个专业商场，拥有一座建筑面积 26000 平方米，高 22 层的涉外三星级酒店和一座
1.8 万平方米，可容纳 500 辆汽车的停车楼，以及面积达 4000 多平方米的现代化影院。它是集购物、住宿、餐
饮、娱乐于一体的现代化、多功能、综合性大型百货零售企业。<br />
    在经营上，商厦充分发挥规模优势，全方位满足顾客需求，重点突出穿着类商品；在商品品牌引进方面，以
国内名牌为主，重点锁定市场占有率高、质量信誉好、大众消费群熟知的知名品牌，逐步引进国际大众品牌；坚
持品牌营销、文化营销，引导消费新时尚。多年来，商厦凭借准确的市场定位，丰富的服务内涵，先进的管理理
念，规范的管理制度跻身全国百家最大规模和最佳效益百货零售商店之列。</span>
</body>
</html>
```

此段代码中首先在<head></head>之间，用<style>定义了 s 中的文字修饰属性
text-decoration 为 underline，然后对正文中的段落文本应用 s 样式，在浏览器中浏览效果，如
图 4-8 所示，可以看到文本添加了下画线。

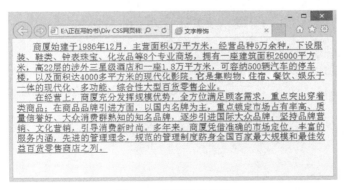

图 4-8　文字修饰效果

4.2.4　垂直对齐方式 vertical-align

使用垂直对齐方式可以设置段落的垂直对齐方式。

语法：

vertical-align:排列取值

说明：

vertical-align 包括以下取值范围。

baseline：浏览器的默认垂直对齐方式。

sub：文字的下标。

super：文字的上标。

top：垂直靠上对齐。

text-top：使元素和上级元素的字体向上对齐。

middle：垂直居中对齐。

text-bottom：使元素和上级元素的字体向下对齐。

实例：

```
<!DOCTYPE html>
<html>
<head>
<meta charset="utf-8">
<title>垂直对齐方式</title>
<style type="text/css">
<!--
.ch {
    vertical-align: super;
    font-family: "宋体";
    font-size: 12px;
}
-->
</style>
</head>
<body>
10<span class="ch">2</span>-2<span class="ch">2</span>= 96
</body>
</html>
```

此段代码中首先在<head></head>之间，用<style>定义了 ch 中的 vertical-align 属性为 super，表示文字上标，然后对正文中的段落文本应用 ch 样式，在浏览器中的浏览效果如图 4-9 所示。

图 4-9 纵向排列效果

4.2.5 文本转换 text-transform

文本转换属性用来转换英文字母的大小写。

语法：

```
text-transform:转换值
```

说明：

text-transform 包括以下取值范围。

none：表示使用原始值。

lowercase：表示使每个单词的第一个字母大写。

uppercase：表示使每个单词的所有字母大写。

capitalize：表示使每个字的所有字母小写。

实例：

```
<!DOCTYPE html>
<html>
<head>
<meta charset="utf-8">
<title>文本转换</title>
<style type="text/css">
<!--
.zh {
    font-size: 14px;
    text-transform: capitalize;
}
.zh1 {
    font-size: 14px;
    text-transform: uppercase;
}
.zh2 {
    font-size: 14px;
    text-transform: lowercase;
}
.zh3 {
    font-size: 14px;
    text-transform: none;
}
-->
</style>
</head>
<body>
<p>下面是一句话设置不同的转化值效果：</p>
<p class="zh">happy new year! </p>
<p class="zh1">happy new year! </p>
<p class="zh2">happy new year! </p>
<p class="zh3">happy new year! </p>
</body>
</html>
```

此段代码中首先在<head></head>之间，定义了 zh、zh1、zh2、zh3 四个样式，text-transform 属性分别设置为 capitalize（第一个字母大写）、uppercase（所有字母大写）、lowercase（所有字母小写）、none（原始值），在浏览器中的浏览效果如图 4-10 所示。

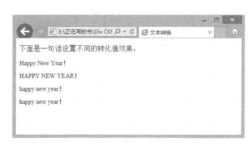

图 4-10　文本转换效果

4.2.6　水平对齐方式 text-align

使用 text-align 属性可以设置元素中文本的水平对齐方式。

语法：

```
text-align:排列值
```

说明：

水平对齐方式取值范围包括 left、right、center 和 justify 五种对齐方式。

left：左对齐。

right：右对齐。

center：居中对齐。

justify：两端对齐。

inherit：规定应该从父元素继承 text-align 属性的值。

实例：

```
<!DOCTYPE html>
<html>
<head>
<meta charset="utf-8">
<title>文本排列</title>
<style type="text/css">
<!--
.a {
    font-family: "宋体";
    font-size: 16pt;
    text-align: left;
}
.b {
    font-family: "宋体";
    font-size: 16pt;
    text-align: center;
}
```

```
.c {
    font-family: "宋体";
    font-size: 16pt;
    text-align: right;
}
-->
</style>
</head>
<body >
<p class="a">珍珠泉乡<br>
珍珠泉乡是北京市人口密度最低的乡镇，林木绿化率88%，被誉为 "松林氧吧"。菜食河流域风景更加独
特。在这里住宿、吃饭很明智，民俗村农家院比较多，价格很公道，最主要是这里地面开阔景色怡人，又是通往
很多美景的中转地。</p>
<p class="b">珠泉喷玉<br>
相传永乐皇帝北征时饮此泉水并赐名"珠泉喷玉"。泉眼海拔650米，四季喷涌不断，泉水的温度常年保
持在16℃，泉水富含二氧化碳，万珠滚动争相而上，串串气泡晶莹激滟，珍珠泉由此得名。</p>
<p class="c">望泉亭<br>
全长6公里，海拔900米，这里植被丰茂，到达山顶即是望泉亭，可观珍珠泉村全景和百亩花海。</p>
</body>
</html>
```

此段代码中首先在<head></head>之间，用<style>定义了 text-align 的不同属性，然后对不同的段落应用不同样式，在浏览器中浏览效果，如图 4-11 所示，可以看到文本的不同对齐方式。

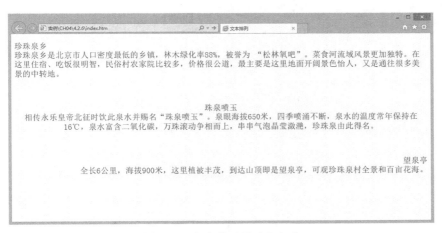

图 4-11　文本的不同对齐方式

4.2.7　文本缩进 text–indent

在 HTML 中只能控制段落的整体向右缩进，如果不进行设置，浏览器则默认为不缩进，而在 CSS 中可以控制段落的首行缩进以及缩进的距离。

语法：

```
text-indent:缩进值
```

说明：

文本的缩进值必须是一个长度值或一个百分比。

实例：

```
<!DOCTYPE html>
<html>
<head>
<meta charset="utf-8">
<title>文本缩进</title>
<style type="text/css">
<!--
.k {
    font-family: "宋体";
    font-size: 16pt;
    text-indent: 40px;
}
-->
</style>
</head>
<body>
<p class="k">为了赶上潮流，女士们每过一季都要把自己衣柜里的衣服淘汰，最好的服装永远都在商店
的橱窗里。在中国时尚女装井喷式消费热潮中，一枝独秀的韩国女装尽管售价比国内品牌高数倍，但消费需求依
然旺盛。携手国际品牌女装大鳄，独步鲜有对手的美丽事业，每季数百款靓丽女装为您带来千百万财富。</p>
</body>
</html>
```

此段代码中首先在<head></head>之间，用<style>定义了 k 中的 text-indent 属性为 40px，表示缩进 40 个像素，然后对正文中的段落文本应用 k 样式，在浏览器中的浏览效果如图 4-12 示。

图 4-12　文本缩进效果

4.2.8　文本行高 line-height

使用行高属性可以控制段落中行与行之间的距离。

语法：

```
line-height:行高值
```

说明：

行高值可以为长度、倍数或百分比。

实例：

```
<!DOCTYPE html>
<html>
<head>
<meta charset="utf-8">
<title>文本行高</title>
<style type="text/css">
<!--
.k {
    font-family: "宋体";
    font-size: 14pt;
    line-height: 50px;
}
-->
</style>
</head>
<body>
<span class="k">延庆四海镇比市区海拔高，林木覆盖率高、日照充足，是一个天然大花圃，今年这里
种植的花卉有数千亩，四海镇种植了万寿菊、百合、茶菊、玫瑰、种籽种苗、宿根花卉和草盆花等等，这些花会
分季节开放，所以这里实现了四季鲜花不断的美景。延庆县四海镇、珍珠泉乡等地都形成了富有当地特色的旅游
模式。周边有很多民俗村、民俗户都在发展农家乐旅游，农家院好的标间也就一百多一间，普通的也就几十。
</span>
    </body>
    </html>
```

此段代码中首先在<head></head>之间，用<style>定义了 k 中的 line-height 属性为 50px，表示行高为 50 像素，然后对正文中的段落文本应用 k 样式，在浏览器中浏览效果，如图 4-13 所示，可以看到行间距比默认的间距增大了。

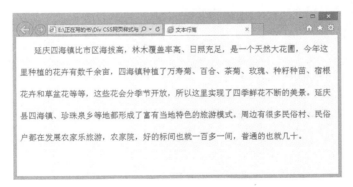

图 4-13　文本行高效果

4.2.9　处理空白 white-space

white-space 属性用于设置页面对象内空白的处理方式。

语法：

```
white-space:值
```

说明：

white-space 包括三个值，其中 normal 是默认属性，即将连续的多个空格合并；pre 会导致源中的空格和换行符被保留，但这一选项只有在 IE 6 中才能正确显示；nowrap 强制在同一行内显示所有文本，直到文本结束或者遇到
对象。

实例：

```
<!DOCTYPE html>
<html>
<head>
<meta charset="utf-8">
<title>处理空白</title>
<style type="text/css">
<!--
.k {
    font-family: "宋体";
    font-size: 12pt;
    white-space: nowrap;
}
-->
</style>
</head>
<body>
<p class="k">华丽、高贵、舒适、独立之餐贵宾房，定让您尽显身份。体会东方美食文化，品味各式佳肴之余，还可俯瞰西湖美景，乐趣无穷。一个美好的早餐至一顿丰俭随意的宵夜，湖边小馆均能为您提供合意的轻食饮品。<br></p>
<p>在优扬的钢琴小调里坐饮一杯鸡尾酒，正是大堂酒吧无以上之的享受。事实上，任何时间这里都是市内最受欢迎的约会地点。 这里还可以深入田间，与花亲密接触，一幅幅优美的田园画作，游人来此驻足，无不流连忘返，沉醉花间。</p>
</body>
</html>
```

此段代码中首先在<head></head>之间，用<style>定义了 k 中的 white-space 属性为 nowrap，然后对正文中的段落文本应用 k 样式，用来规定第一段落中的文本不进行换行，在浏览器中的浏览效果如图 4-14 所示。

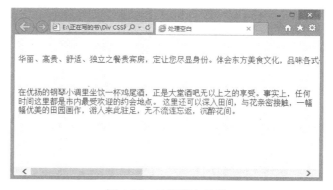

图 4-14　处理空白效果

4.2.10 文本反排 unicode−bidi、direction

unicode-bidi 与 direction 属性经常一起使用，用来设置对象的阅读顺序。

1. unicode-bidi 属性

语法：

```
unicode-bidi:bidi-override | normal | embed
```

说明：

在 unicode-bidi 属性中，bidi-override 表示严格按照 direction 属性的值重排序；normal 表示默认值；embed 表示对象打开附加的嵌入层，direction 属性的值指定嵌入层，在对象内部进行隐式重排序。

2. direction 属性

语法：

```
direction:ltr | rtl | inherit
```

说明：

在 direction 属性的值中，ltr 表示从左到右的顺序阅读；rtl 表示从右到左的顺序阅读；inherit 表示文本流的值不可继承。

实例：

```
<!DOCTYPE html>
<html>
<head>
<meta charset="utf-8">
<title>文本反排</title>
<style type="text/css">
<!--
.k {
    font-family: "宋体";
    font-size: 20pt;
    direction:rtl;
    unicode-bidi:bidi-override
}
-->
</style>
</head>
<body>
<span class="k">贵宾房华丽高贵</span>
</body>
</html>
```

此段代码中首先在<head></head>之间，用<style>定义了 k 中的 direction 属性为 rtl，对文本反排，然后对正文中的段落文本应用 k 样式，在浏览器中的浏览效果如图 4-15 所示。

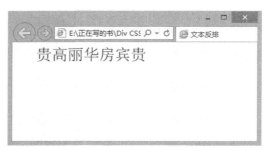

图 4-15 文本反排效果

4.3 实例应用

CSS 提供了丰富的属性来控制文字样式和段落样式。下面通过实例讲述用 CSS 控制网页中文字的样式。

4.3.1 控制文本的行高和间隔

在设计 Web 网页的工作中，行高和间隔的设置是最重要的内容之一。行高是指一行文字的高度，间隔是指两行文字之间的间隔。

下面是一个实例，通过 line-height 控制段落文本的行高。

```
<!doctype html>
<html>
<head>
<meta charset="utf-8">
<style type="text/css">
 p {                                 /*设置p元素样式*/
 font-family: "Times New Roman", Times, serif;    /*设置字体*/
  font-size: 18px;                             /*设置大小*/
 line-height: 35px;                            /*设置行高*/
 color: #000000;                               /*设置字体颜色*/
 background-color: #0C3;                        /*设置背景颜色*/
 }
</style>
</head>
<body>
<p> 长城脚下，群山环抱，坐落在延庆的世界葡萄博览园以其独特的人文自然艺术景观引来众多京城市民
一睹为快，成为今夏家庭欢聚呼朋唤友游延庆最值得一去的地方。整个园区集葡萄品种展示、观赏采摘、生态体
验、景区游览、科普教育、休闲娱乐等功能于一体，展示的葡萄品种多达 1014 种，50 年以上的葡萄树有 38 株，
最大的一株树龄都已上百年，是目前国内最大的葡萄主题公园，也是北京地区最大的葡萄采摘基地，堪称"葡萄
业博物馆"。</p>
 </body>
 </html>
```

上述代码通过设置页面中 p 元素的样式实现了对文本行高的指定，效果如图 4-16 所示。

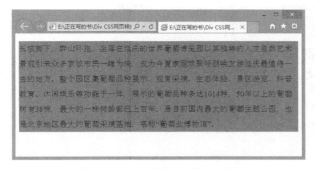

图 4-16　CSS 样式控制文本行高

如果上述实例中的行高值小于文本的字体大小，则会造成文本的叠加显示，代码如下所示。

```
<style type="text/css">
<!--
p{                                    /*设置p元素样式*/
  line-height:28px;
  font-size:18px;
  background:# 0C3;
}
-->
</style>
```

由于行高是 28px，字号是 18px，行高小于字体大小，在浏览器中的效果如图 4-17 所示。

图 4-17　文本的叠加显示

4.3.2　实现文本垂直居中

在 CSS 中没有设置专门的元素来定义页面内容垂直居中，但可以利用 CSS 的行高属性来实现。

```
<!doctype html>
<html>
<head>
<meta charset="utf-8">
<style type="text/css">
.mm {                          /*设置块元素样式*/
```

```
font-size: 20px;                    /*设置字号*/
line-height: 300px;                 /*设置行高*/
color: #000000;                /*设置字体颜色*/
background-color: #F90;         /*设置背景颜色*/
height: 300px;                 /*设置高度*/
width: 800px;                  /*设置宽度*/
text-align: center;              /*设置居中*/
border: thick solid #6C3;        /*设置边框*/
}
</style>
<title>文本垂直居中</title>
</head>
<body>
<Div class="mm" >文本垂直居中</Div>
</body>
</html>
```

上面的代码详细设置了块元素的样式和其包含的文本样式，并通过设置行高 line-height: 300px 实现了文本的垂直居中效果，如图 4-18 所示。一定要注意，实例中的行高值一定要和块元素的高度相同，否则将不能实现文本垂直居中的效果。

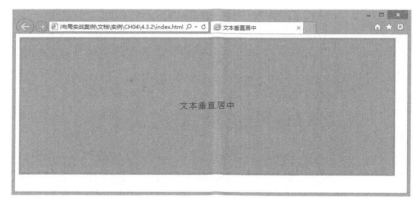

图 4-18　文本垂直居中

第5章

使用 CSS 设置图片和背景样式

网站的美观是前台设计师所关心的事情。精美的图片和背景能够提高用户体验,给用户以美的享受。那么网页中经常出现的图片和背景是怎么设置的呢?背景和图片是 CSS 中一个重要的部分,也是开发者需要知道的 CSS 的基础知识。

学习目标

- 图片样式设置
- 背景样式设置

5.1 图片样式设置

在网页中恰当地使用图片,能够充分展现网页的主题和增强网页的美感,同时能够极大地吸引浏览者的目光。CSS 提供了强大的图片样式控制能力,以帮助用户设计专业美观的网页。

5.1.1 定义图片边框

在 HTML 中,使用表格来创建文本周围的边框,但是通过使用 CSS 边框属性,可以创建出效果出色的边框,并且可以应用于任何元素。默认情况下,图片是没有边框的,通过"边框"属性可以为图片添加边框线。

下面是一个图片边框的实例,其代码如下。

```
<!doctype html>
<html>
<head>
<meta charset="utf-8">
<title>图片边框</title>
<style type="text/css">
.wu {
    border: 5px solid  #F60;
}
</style>
</head>
<body>
```

```
<img src="tu.jpg" width="350" height="385" class="wu" />
</body>
</html>
```

这里首先定义了一个样式，设置了边框宽度为 5px，实线，边框颜色为#F60，在正文中对图片应用样式，效果如图 5-1 所示。

利用 border: 5px dashed 设置 5px 的虚线边框，效果如图 5-2 所示。

其 CSS 代码如下。

```
.wu {border: 5px dashed #F60;}
```

图 5-1　实线边框效果　　　　　　　　图 5-2　虚线效果图

通过改变边框样式、宽度和颜色，可以得到下列各种不同效果。

（1）设置"border: 5px dotted #F60"，效果如图 5-3 所示。

（2）设置"border: 5px double #F60"，效果如图 5-4 所示。

图 5-3　点画线效果　　　　　　　　图 5-4　双线效果

（3）设置"border: 30px groove #F60"，效果如图 5-5 所示。

（4）设置"border: 30px ridge #F60"，效果如图 5-6 所示。

（5）设置"border: 30px inset #F60"，效果如图 5-7 所示。

（6）设置"border: 30px outset #F60"，效果如图 5-8 所示。

图 5-5　槽状效果

图 5-6　脊状效果

图 5-7　凹陷效果

图 5-8　凸出效果

5.1.2　文字环绕图片

在网页中只有文字是非常单调的，因此在段落中经常会插入图片。在网页构成的诸多要素中，图片是形成设计风格和吸引视觉的重要因素之一。

下面通过 float 设置文字环绕图片实例，预览效果如图 5-9 所示，其 CSS 代码如下。

```
<!doctype html>
<html>
<head>
<meta charset="utf-8">
<title>文字环绕</title>
<style type="text/css">
<!--
.wu {padding: 10px;float: left;}
</style>
</head>
<body>
<table width="90%" border=0 align="center" cellpadding=0 cellspacing=0>
  <tbody>
    <tr>
```

```
        <td height="450"><span>房地产开发经营公司是一个充满活力,健康向上的企业。它创立于1994
年, 具有房地产开发二级资质。它能够承担全市范围内的房地产开发、商品房销售, 危旧房改造, 房屋拆迁、房
屋拆除及物业管理等任务, 属于综合性开发公司。
        <img src="images/zp-2.jpg" width="450" height="230" align="right" class="wu"><br>
        1994 年, 为进一步适应危改工作发展的需要, 推动整个地区危旧房改造工程, 在地区政府的大力支持下,
经市建委批准, 正式成立了危改小区开发公司。1997 年, 为适应房地产市场发展, 在全国成立了五个分公司。十几
年来, 伴随着几个破旧平房区变成了优美的居住小区, 上万户居民搬进了公司为他们打造的新居。十几年来, 公司
沐浴了房地产高速发展的阳光, 也经历了房地产充满艰辛的风雨。在阳光的照耀下, 在风雨的磨练中, 我们看见了
绚丽的彩虹, 随着房地产市场的发展, 公司也不断发展壮大, 当年一棵春笋, 如今已长成茂密的竹林。
        这是一片生机勃勃的沃土, 生长着健康、动感、活力、向上的种子。</span></td>
        </tr>
      </tbody>
    </table>
  </body>
</html>
```

图 5-9　文字环绕图片效果

5.2　背景样式设置

网页中的背景设计是相当重要的, 好的背景不但能影响访问者对网页内容的接受程度, 还能影响访问者对整个网站的印象。如果你经常注意别人的网站, 应该会发现在不同的网站上, 甚至同一个网站的不同页面上, 都会有各式各样的不同的背景设计。

5.2.1　设置页面背景颜色

背景颜色的设置是最为简单的, 但同时也是最为常用和最为重要的, 因为相对于背景图片来说, 它有着无与伦比的显示速度上的优势。在 HTML 中, 利用<body>标记中的 bgcolor 属性可以设置网页的背景颜色, 而在 CSS 中使用 background-color 属性不但可以设置网页的背景颜色, 还可以设置文字的背景颜色。

语法:

```
background-color:颜色取值
```

实例:

```html
<!doctype html>
<html>
<head>
<meta charset="utf-8">
<title>背景颜色</title>
<style type="text/css">
<!--
.gh {
    font-family: "宋体";
    font-size: 24px;
    color: #9900FF;
    background-color: #FF99FF;
}
body {
    background-color: #FF99CC;
}
-->
</style>
</head>
<body>
    <span class="gh">这次文化节游客除赏花以外，鲜花港还为游客打造了全方位的休闲体验方式，以食够味、玩刺激、购时尚、享休闲为特色开启了游园之旅。经典的各色美食，特色的民俗表演，边吃，边玩，边看，享受真正的盛宴；看挑战人类极限的精彩表演，到水上蹦床上闪转腾挪，体会惊声尖叫的超快感；爱花，就在花艺中心选购精品花卉；爱自然，就去绿尚农园，采摘绿色鲜果。</span>
</body>
</html>
```

此段代码中首先在<head></head>之间，用<style>定义了 gh 标记中的背景颜色属性 background-color 为#ff99ff，然后在正文中对文本应用 gh 样式，利用 body {background-color: #ff99cc;}定义整个网页的背景颜色。在浏览器中浏览效果，如图 5-10 所示，可以看到应用样式的文本和整个网页有不同的背景颜色。

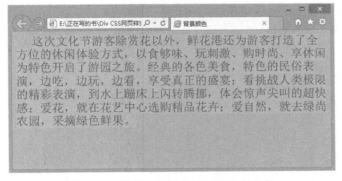

图 5-10 设置文本和整个网页的背景色

5.2.2　定义背景图片

使用 background-image 属性可以设置元素的背景图片。为保证浏览器载入网页的速度，建议尽量不要使用字节过大的图片作为背景图片。

语法：

```
background-image:url（图片地址）
```

说明：

图片地址可以是绝对地址，也可以是相对地址。

实例：

```html
<!doctype html>
<html>
<head>
<meta charset="utf-8">
<title>背景图片</title>
<style type="text/css">
<!--
.l {
font-family: "宋体";
    font-size: 20px;
    background-image: url(images/ber_12.gif);
}
-->
</style>
</head>
<body class="l">
<table width="78%" border="0" align="center" cellpadding="0" cellspacing="0">
  <tr>
    <td><table    width="85%"    border="0"    align="left"    cellpadding="0"
cellspacing="0">
      <tr>
      <td>
```

准确定位：儿童消费市场，时尚个性尽显其中，历时一年的周密调研，专攻"中国儿童时尚消费"之经营定位，加上专营儿童用品的经验与研究成果，切入市场如定海神针！

```html
<br />
```

低价策略：数千种儿童用品，价格档次齐全，折扣最低 1 折供货，规模效益，薄利多销！与知名儿童用品厂商合作，大规模销售、流行时间差、换季不同步。大部分产品的价位在三四十元到一两百之间，高、中、低档都有，适合大众消费。

```html
<br />
```

创新时尚：儿童消费，关键有新意！针对各地儿童文化背景、地域背景、兴趣喜好、智力开发等进行研究设计，每年推出的新产品设计就达上万余件！

```html
<br />
```

引领潮流：符合标准的质量，符合个性的潮流创意，令每件产品都成为名品。创意好当然效果好，财富自然跑不了！

```html
      </td>
      </tr>
```

```
        </table>
      </td>
    </tr>
  </table>
</body>
</html>
```

此段代码中首先在<head></head>之间，用<style>定义了 1 标记中的背景图片属性
background-image 为# url(images/ber_12.gif)，然后对<body>应用 1 样式，在浏览器中的浏览
效果如图 5-11 所示。

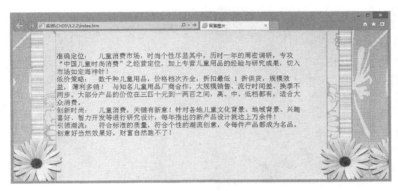

图 5-11　背景图片效果

5.2.3　背景图片的重复

使用 background-repeat 属性可以设置背景图片是否平铺，并且可以设置如何平铺。

语法：

```
background-repeat:取值
```

说明：

no-repeat 表示背景图片不平铺；repeat 表示背景图片平铺排满整个网页；repeat-x 表示背
景图片只在水平方向上平铺；repeat-y 表示背景图片只在垂直方向上平铺。

实例：

```
<!doctype html>
<html>
<head>
<meta charset="utf-8">
<title>背景重复</title>
<style type="text/css">
<!--
.l {
    font-family: "宋体";
    font-size: 20px;
    background-image: url(images/ber_12.gif);
    background-repeat: no-repeat;
}
```

```
  -->
</style>
</head>
<body class="1">
<table width="78%" border="0" align="center" cellpadding="0" cellspacing="0">
  <tr>
    <td>
      <table width="85%" border="0" align="left" cellpadding="0" cellspacing="0">
        <tr>
        <td>准确定位：儿童消费市场，时尚个性尽显其中，历时一年的周密调研，专攻"中国儿童时尚消费"
之经营定位，加上专营儿童用品的经验与研究成果，切入市场如定海神针！<br />
          低价策略：数千种儿童用品，价格档次齐全，折扣最低 1 折供货，规模效益，薄利多销！与知名儿童
用品厂商合作，大规模销售、流行时间差、换季不同步。大部分产品的价位在三四十元到一两百之间，高、中、
低档都有，适合大众消费。<br />
          创新时尚：儿童消费，关键有新意！针对各地儿童文化背景、地域背景、兴趣喜好、智力开发等进行研
究设计，每年推出的新产品设计就达上万余件！<br />
          引领潮流：符合标准的质量，符合个性的潮流创意，令每件产品都成为名品。创意好当然效果好，财富
自然跑不了！</td>
        </tr>
      </table>
    </td>
  </tr>
</table>
</body>
</html>
```

此段代码中首先在<head></head>之间，用<style>定义了 1 标记中的背景图片属性 background-image 为# url(images/ber_12.gif)，将 background-repeat 属性设置为不平铺 no-repeat，然后对<body>应用 1 样式，在浏览器中的浏览效果如图 5-12 所示。将 background-repeat 属性设置为横向重复 repeat-x 和纵向重复 repeat-y，效果分别如图 5-13 和图 5-14 所示。

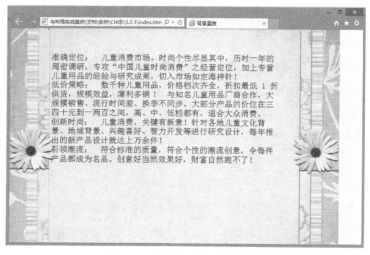

图 5-12　设置背景图片不平铺

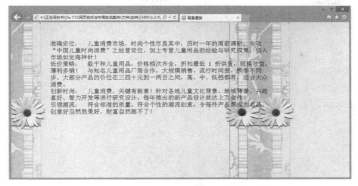

图 5-13　设置背景图片横向重复

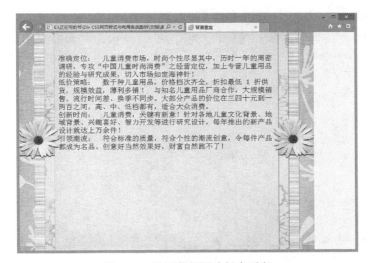

图 5-14　设置背景图片纵向重复

5.2.4　背景关联

使用背景关联属性 background-attachment 可以设置背景图片是否固定或者随着页面的其余部分滚动。

语法：

```
background-attachment: scroll/fixed
```

说明：

scroll 表示背景图片是随滚动而滚动，是默认选项；fixed 表示背景图片固定在页面上不动。

实例：

```
<!doctype html>
<html>
<head>
<meta charset="utf-8">
<title>背景关联</title>
```

```
<style type="text/css">
<!--
.g {
font-family: 宋体;
font-size: 16px;
background-attachment: fixed;
background-image: url(images/bg_down.jpg);
background-repeat: no-repeat;
}
-->
</style>
</head>
<body class="g">
<p>体育用品有限公司创建于 1996 年，是一家集品牌推广、产品研发制
造、销售服务为一体的健身器材外商独资企业，员工近千人，拥有现代化生产基地 5 万多平方米，企业通过了 ISO9001: 2000 国际质量体系认证
及 ISO14001: 1996 环境管理体系认证，实施品牌战略，公司一贯坚持"健身精品"的制造理念。<br>
公司全面引进国际先进生产设备，目前产品开发有三大系列三百多个品种。其中有 140 多种有氧、力量、
综合训练器材，适用于大、中、小型专业健身俱乐部配置；有几十款各种跑步机、健身车适用家庭、商用配置；
有 120 多款室外健身器材适用于公园、广场、社区等全民健身工程配置。以市场为导向、以用户需求为目标、全
面为用户量身定做、提供最佳服务方案。<br>
秉承"诚信、开拓、创新、卓越"的企业精神，凭借雄厚的综合实力和以人为本的科学管理，已跻身国内同
行业前列，并向"中国体育健身器材"第一品牌迈进。"舒展活力、强健中华"我们愿为全民健康奉献全部热情
和智慧！
<br>
历经二十年的创业历程，企业已经奠定了坚实的基础，公司在上下员工共同的努力下，正稳步地向前发展，
加佳的明天是辉煌的明天！<br>
全新的加佳欢迎广大客户的参观咨询，携手合作，共创美好将来！　　</p>
<p> </p>
</body>
</html>
```

在代码中，加粗部分标记用来设置背景附件，将背景附件设置为固定，在浏览器中的浏览效果如图 5-15 所示，拖动滚动条，让页面中的文字向上滚动，发现只有文字上滚，而背景图片依然在页面的左上端，如图 5-16 所示。

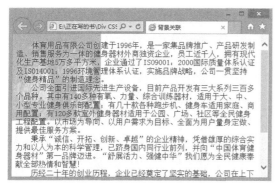

图 5-15　设置背景关联效果

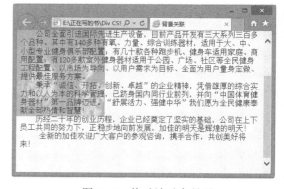

图 5-16　拖动滚动条效果

5.2.5　定义背景图片的位置

背景位置属性用于设置背景图片的位置。这个属性只能应用于块级元素和替换元素。替换元素包括 img、input、textarea、selcet 和 object。

语法：

```
background-position:位置取值
```

说明：

语法中的取值包括两种，一种是采用数字，另一种是关键字描述。

background-position 属性的长度设置值如表 5-1 所示。

表 5-1　　　　　　　　　**background-position 属性的长度设置值**

设置值	说明
X（数值）	设置网页的横向位置，其单位可以是所有尺度单位
Y（数值）	设置网页的纵向位置，其单位可以是所有尺度单位

background-position 属性的百分比设置值如表 5-2 所示。

表 5-2　　　　　　　　　**background-position 属性的百分比设置值**

设置值	说明
0%　0%	左上位置
50% 0%	靠上居中位置
100%　0%	右上位置
0%　50%	靠左居中位置
50%　50%	正中位置
100%　50%	靠右居中对齐
0%　100%	左下位置
50%　100%	靠下居中对齐
100%　100%	右下位置

background-position 属性的关键字设置值如表 5-3 所示。

表 5-3　　　　　　　　　**background-position 属性的关键字设置值**

设置值	说明
Top　left	左上位置
Top　center	靠上居中位置
Top　right	右上位置
Left　center	靠左居中位置
Center　center	正中位置
Right　center	靠右居中对齐
Bottom　left	左下位置
Bottom　center	靠下居中对齐
Bottom　Right	右下位置

实例：

```
<!doctype html>
<html>
<head>
<meta charset="utf-8">
<title>背景位置</title>
<style type="text/css">
<!--
.g {
font-family: 宋体;
font-size: 20px;
background-attachment: fixed;
background-image: url(images/gj.gif);
background-position: left top;
background-repeat: no-repeat;
}
-->
</style>
</head>
<body class="g">
少男少女的暗恋礼品，心手相携柔情脉脉的恋人礼品，相濡以沫白头偕老的爱侣礼品…… <br />
多彩多姿的情侣戒指、情侣表、情侣香水、情侣饰品、情侣工艺品、情侣家居生活用品等十几个系列，上万
种新品，款款时尚典雅，件件精美诱人！
</body>
</html>
```

此段代码中首先在<head></head>之间，用<style>定义了 g 标记中的背景图片 background-image 为# url（images/gj.gif），将背景位置属性设置为左上 left top，然后对<body>应用 g 样式，在浏览器中的效果如图 5-17 所示。

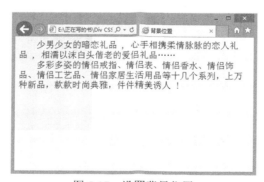

图 5-17　设置背景位置

5.3　实例应用

CSS 的功能是非常强大的，对于元素的表现以及页面的布局，都提供了非常强大的功能，对于图片的使用，其实更多的是在图片特效方面，下面就通过实例进行讲述。

5.3.1 鼠标经过图片显示文字

下面用 CSS 实现文字提示，鼠标在图片上悬停会显示出文字说明；实现鼠标悬停图片上方时显示美化文字。

首先设置一个盒子对象，并且使用 style 标签设置 CSS 背景图片 image，同时设置好要显示的文字内容，代码如下。

```
<body>
<p>鼠标悬停图片显示文字实例</p>
<Div class="Divcss5" style="background:url(image.jpg)">
<span>八仙过海景区是胶东半岛独具特色的风景名胜区，是黄海之滨一颗璀璨的明珠，是烟台黄金旅游线
上观景览胜的绝佳去处。春夏之交，常有海市、海滋出现，奇景虚幻缥缈，美不胜收。</span>
</Div>
</body>
```

在 CSS 代码中将对象超链接 display:none 隐藏，最后设置鼠标悬停经过整个对象时候显示超链接内容。使用 CSS 的 position 绝对定位将文字显示在图片下方。

```
<style>
img{padding:0; border:0;}
body{behavior:url("csshover.htc");text-align:center;}
.Divcss5{ position:relative;width:800px; height:500px; margin:0 auto}
.Divcss5 a,.Divcss5 span{display:none; text-decoration:none}
.Divcss5:hover{cursor:pointer}
.Divcss5:hover a.now{cursor:pointer; position:absolute; top:0; width:100%;
height:100%; z-index:100; left:0; display:block;}
.Divcss5:hover span{ display:block;position:absolute; bottom:0; left:0;
color:#FFF;
width:800px; z-index:10;height:40px; line-height:20px; background:#000;
filter:alpha(opacity=60);-moz-opacity:0.5;opacity: 0.5;}
#n{margin:10px auto; width:920px; border:1px solid #CCC;font-size:12px;
line-height:20px;}
#n a{ padding:0 4px; color:#333}
</style>
```

图 5-18 所示的第一张原始图片没有文字内容，当鼠标经过时显示文字，如图 5-19 所示。

图 5-18　没有文字内容

图 5-19　鼠标经过时显示文字

5.3.2　鼠标移上改变图片透明度

在网页制作的过程中，有时会碰到需要设置图片的透明度。本节就来介绍使用 CSS 如何制作鼠标移上改变图片的透明度。主要用的是 opacity：0.4，其中 0.4 为透明值，0 表示完全透明，1 表示不透明。

```
<!doctype html>
<html>
<head>
<meta charset="utf-8">
<title>CSS 改变图片透明度</title>
</head>
<body>
<style>
body{ font-size:14px;}
img{opacity:0.4;}
img:hover{opacity:1.0;}
</style>
<Div>
<Div id="top">
<a ><img src="006.jpg" width="600" height="443" /></a>
</Div>
漂亮的荷花！ </Div>
</body>
</html>
```

在这个例子中，当指针移动到图片上时，我们希望图片是不透明的，如图 5-20 所示，对应的 CSS 是：opacity:1.0。当鼠标指针移出图片后，图片会再次透明，如图 5-21 所示，对应的 CSS 是:opacity:0.4。

图 5-20　图片是不透明的

图 5-21　图片透明

5.3.3　将正方形图片显示为圆形图片

下面通过 CSS 样式实现将原来的正方形图片显示为圆形图片。

首先准备一张正方形图片，如图 5-22 所示，插入一个 Div 盒子内，HTML 的完整代码如下。

图 5-22　正方形图片

```
<!DOCTYPE html>
<html>
<head>
<meta charset="utf-8"/>
<title>将正方形图片显示为圆形图片</title>
<link href="images/style.css" rel="stylesheet" type="text/css"/>
</head>
<body>
<p> </p>
<p style="font-size: 24px">将正方形图片显示为圆形图片</p>
<p> </p>
<Div id="Divcss5"><img src="images/1.jpg"/></Div>
<p> </p>
</body>
</html>
```

在 CSS 中通过对盒子内的图片设置 border-radius:50%实现圆形效果，命名盒子为"id=Divcss5"，将盒子居中，同时设置上下外间距为 10px，对应的 CSS 代码如下。

```
#Divcss5{ margin:10px auto}
#Divcss5 img{ border-radius:50%}
```

本例图片的圆形布局使用了 CSS3 技术，在浏览器中的效果如图 5-23 所示。

图 5-23 图片变为圆形

5.3.4 多图排列展示放大特效

多产品图片展示并具有鼠标移动对应放大镜效果的网页特效，以及纯 Div+CSS+JS 特效，用于产品内页的展示与放大特效。类似于淘宝产品的展示放大 CSS 特效，如图 5-24 和图 5-25 所示。

图 5-24 多图排列展示放大特效 1

其 HTML 代码如下，这里主要插入了 4 幅图片，在文档后面还有一段 JavaScript 代码用来显示。

图 5-25 多图排列展示放大特效 2

```
<body style="text-align:center">
<Div id="preview">
    <Div  class="jqzoom"  id="spec-n1"  onclick="window.open('http:///')"><img
height=350
    src="images/img04.jpg" jqimg="images/img04.jpg" width=350>
    </Div>
    <Div id="spec-n5">
        <Div class="control" id="spec-left">
            <img src="images/left.gif" />
        </Div>
        <Div id="spec-list">
            <ul class="list-h">
                <li><img src="images/img01.jpg"> </li>
                <li><img src="images/img02.jpg"> </li>
                <li><img src="images/img03.jpg"> </li>
                <li><img src="images/img04.jpg"> </li>
                <li><img src="images/img01.jpg"> </li>
                <li><img src="images/img02.jpg"> </li>
                <li><img src="images/img03.jpg"> </li>
                <li><img src="images/img04.jpg"> </li>
                <li><img src="images/img01.jpg"> </li>
                <li><img src="images/img02.jpg"> </li>
                <li><img src="images/img03.jpg"> </li>
                <li><img src="images/img04.jpg"> </li>
            </ul>
        </Div>
        <Div class="control" id="spec-right">
            <img src="images/right.gif" />
        </Div>
    </Div>
</Div>
<script type=text/javascript>
```

```
        $(function(){
            $(".jqzoom").jqueryzoom({
                xzoom:400,
                yzoom:400,
                offset:10,
                position:"right",
                preload:1,
                lens:1
            });
            $("#spec-list").jdmarquee({
                deriction:"left",
                width:350,
                height:56,
                step:2,
                speed:4,
                delay:10,
                control:true,
                _front:"#spec-right",
                _back:"#spec-left"
            });
            $("#spec-list img").bind("mouseover",function(){
                var src=$(this).attr("src");
                $("#spec-n1 img").eq(0).attr({
                    src:src.replace("\/n5\/","\/n1\/"),
                    jqimg:src.replace("\/n5\/","\/n0\/")
                });
                $(this).css({
                    "border":"2px solid #ff6600",
                    "padding":"1px"
                });
            }).bind("mouseout",function(){
                $(this).css({
                    "border":"1px solid #ccc",
                    "padding":"2px"
                });
            });
        })
</script>
<script src="js/lib.js" type=text/javascript></script>
<script src="js/163css.js" type=text/javascript></script>
<p align="center">多图排列展示放大特效</p>
</body>
```

其 CSS 代码如下。

```
#preview{ float:none; margin:20px auto; text-align:center; width:500px;}
.jqzoom{ width:350px; height:350px; position:relative;}
.zoomDiv{ left:859px; height:400px; width:400px;}
```

```
.list-h li{ float:left;}
#spec-n5{width:350px; height:56px; padding-top:6px; overflow:hidden;}
#spec-left{ background:url(images/left.gif) no-repeat; width:10px; height:45px;
float:left; cursor:pointer; margin-top:5px;}
#spec-right{background:url(images/right.gif) no-repeat; width:10px; height:45px;
float:left;cursor:pointer; margin-top:5px;}
#spec-list{ width:325px; float:left; overflow:hidden; margin-left:2px; disp-
lay:inline;}
#spec-list ul li{ float:left; margin-right:0px; display:inline; width:62px;}
#spec-list ul li img{ padding:2px; border:1px solid #ccc; width:50px; height:50px;}
.jqzoom{position:relative;padding:0;}
.zoomDiv{z-index:100;position:absolute;top:1px;left:0px;width:400px;height:40
0px;
background:url(i/loading.gif) #fff no-repeat center center;border:1px solid
#e4e4e4;
display:none;text-align:center;overflow: hidden;}
.bigimg{width:800px;height:800px;}
.jqZoomPup{z-index:10;visibility:hidden;position:absolute;top:0px;left:0px;wi
dth:50px;
height:50px;border:1px solid #aaa;background:#FEDE4F 50% top no-repeat;
opacity:0.5;-moz-opacity:0.5;-khtml-opacity:0.5;filter:alpha(Opacity=50);curs
or:move;}
#spec-list{ position:relative; width:322px; margin-right:6px;}
#spec-list Div{ margin-top:0;margin-left:-30px; *margin-left:0;}
```

第6章

使用 CSS 控制列表样式

列表是一种非常有用的数据排列方式，它以列表的模式来显示数据。HTML 中共有三种列表，分别是无序列表、有序列表和定义列表。无序列表的所有列表项目之间没有先后顺序之分。有序列表的列表项目是有先后顺序之分的。定义列表是一组带有特殊含义的列表，一个列表项目里包含条件和说明两部分。

学习目标

◻ 有序列表和无序列表
◻ 导航菜单的制作

6.1 有序列表

有序列表在列表中将每个元素按数字或字母的顺序标号。创建一个有序列表时，以打开和关闭<ol>为开始。然后，在每个列表元素前用标签<li>标识，标识的结束标签为</li>。

6.1.1 有序列表标签<ol>

在有序列表中各个列表项使用编号排列，列表中的项目有先后顺序，一般采用数字或字母作为顺序号。

语法：

```
<ol>
<li>有序列表项</li>
<li>有序列表项</li>
<li>有序列表项</li>
<li>有序列表项</li>
<li>有序列表项</li>
......
</ol>
```

说明：

在该语法中，<ol>标签和</ol>标签分别标志着有序列表的开始和结束，而<li>标签和</li>标签表示这是一个列表项。

实例：

```
<!doctype html>
<html>
<head>
<meta charset="utf-8">
<title>有序列表</title>
</head>
<body>
<ol>
  <li>星期一</li>
  <li>星期二</li>
  <li>星期三</li>
  <li>星期四</li>
  <li>星期五</li>
  <li>星期六</li>
  <li>星期天</li>
</ol>
</body>
</html>
```

代码中加粗部分的标签是有序列表标签，在浏览器中预览，可以看到有序列表的序号，如图 6-1 所示。

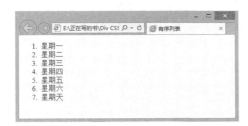

图 6-1　有序列表效果

在网页中经常用到有序列表的排列文字，如图 6-2 所示。

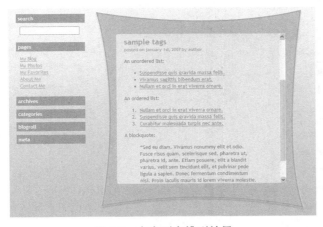

图 6-2　有序列表排列效果

6.1.2　有序列表的序号类型 type

默认情况下，有序列表的序号是数字，通过 type 属性可以改变序号的类型，包括大小写字母、阿拉伯数字和大小写罗马数字。

语法：

```
<ol type="序号类型">
<li>有序列表项</li>
<li>有序列表项</li>
……
</ol>
```

说明：

在该语法中，有序列表的序号类型共有五种，如表 6-1 所示。

表 6-1　　　　　　　　　　有序列表的序号类型

type	列表项目的序号类型
1	数字 1、2、3、4……
a	小写英文字母 a、b、c、d……
A	大写英文字母 A、B、C、D……
i	小写罗马数字 i、ii、iii、iv……
I	大写罗马数字 I、II、III、IV……

实例：

```
<!doctype html>
<html>
<head>
<meta charset="utf-8">
<title>有序列表</title>
</head>
<body>
<ol type="a">
<li>星期一</li>
<li>星期二</li>
<li>星期三</li>
<li>星期四</li>
<li>星期五</li>
<li>星期六</li>
<li>星期天</li>
</ol>
</body>
</html>
```

代码中加粗部分的代码标签用来设置序号类型，在浏览器中预览可以看到将序号类型设置为 a 的效果，如图 6-3 所示。

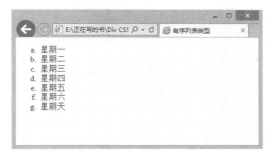

图 6-3 序号列表类型

> 提示　type 属性仅仅适合于有序列表和无序列表，并不适用于目录列表、自定义项和菜单列表。

6.1.3 有序列表的起始数值 start

默认情况下，有序列表的编号是从 1 开始的，通过 start 属性可以调整编号的起始值。

语法：

```
<ol start="起始数值">
<li>有序列表项</li>
<li>有序列表项</li>
<li>有序列表项</li>
<li>有序列表项</li>
……
</ol>
```

说明：

在该语法中，起始数值只能是数字，但是同样可以对字母和罗马数字起作用。

实例：

```
<!doctype html>
<html>
<head>
<meta charset="utf-8">
<title>有序列表起始数值</title>
</head>
<body>
<ol type="a" start="2">
<li>星期一</li>
<li>星期二</li>
<li>星期三</li>
<li>星期四</li>
<li>星期五</li>
<li>星期六</li>
<li>星期天</li>
</ol>
</body>
</html>
```

代码中加粗的代码标签用来设置有序列表起始数值为 2，在浏览器中预览可以看到起始编码为 b，如图 6-4 所示。

图 6-4　有序列表的起始数值

6.2　无序列表

无序列表除了不使用数字或字母以外，其他的和有序列表类似。无序列表并不依赖顺序来表示重要的程度。

6.2.1　无序列表标签<ul>

无序列表的项目排列没有顺序，以符号作为分项标识。

语法：

```
<ul>
<li>列表项</li>
<li>列表项</li>
<li>列表项</li>
<li>列表项</li>
<li>列表项</li>
......
</ul>
```

说明：

在该语法中，使用<ul>标签和</ul>标签分别表示这一个无序列表的开始和结束，<li>则表示一个列表项的开始。在一个无序列表中可以包含多个列表项。

实例：

```
<!doctype html>
<html>
<head>
<meta charset="utf-8">
<title>无序列表</title>
</head>
<body>
<ul>
<li>星期一</li>
<li>星期二</li>
<li>星期三</li>
```

```
<li>星期四</li>
<li>星期五</li>
<li>星期六</li>
<li>星期天</li>
</ul>
</body>
</html>
```

代码中加粗部分的标签用来设置无序列表，在浏览器中可以看到无序列表的效果，如图 6-5 所示。

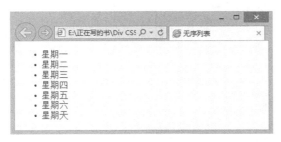

图 6-5　无序列表效果

在网页中经常用到无序列表的排列文字，如图 6-6 所示。

图 6-6　无序列表排列效果

提示　不能够将数字列表作为一个无序列表的一部分或附属列表，但却能够使用嵌套列表项产生于数字列表项的下一层中。

6.2.2　无序列表的类型 type

默认情况下，无序列表的项目符号是●，而通过 type 参数可以调整无序列表的项目符号，以避免列表符号的单调。

语法：

```
<ul type="符号类型">
<li>列表项</li>
<li>列表项</li>
<li>列表项</li>
......
</ul>
```

说明：

在该语法中，无序列表其他的属性不变，type 属性则决定了列表项开始的符号。它可以设置的值有三个，如表 6-2 所示。

表 6-2　　　　　　　　　　　　　无序列表的序号类型

类型值	列表项目的符号
Disc	默认值，黑色实心圆点的项目符号 "●"
circle	空心圆环项目符号 "○"
square	正方形的项目符号 "□"

实例：

```
<!doctype html>
<html>
<head>
<meta charset="utf-8">
<title>无序列表符号</title>
</head>
<body>
<p>文学作品: </p>
<ul type="square">
<li>诗词歌赋 </li>
<li>散文精选 </li>
<li>言情小说</li>
<li> 武侠小说 </li>
</ul>
</body>
</html>
```

代码中加粗部分标签用来设置无序列表符号，在浏览器中预览可以看到效果，如图 6-7 所示。

图 6-7　无序列表符号

6.2.3 目录列表标签<dir>

目录列表一般用来创建多列的目录列表，它在浏览器中的显示效果与无序列表相同，因为它的功能也可以通过无序列表来实现。

语法：

```
<dir>
<li>列表项</li>
<li>列表项</li>
<li>列表项</li>
……
</dir>
```

说明：

在该语法中，<dir>标签和</dir>标签分别标志着目录列表的开始和结束。

实例：

```
<!doctype html>
<html>
<head>
<meta charset="utf-8">
<title>目录列表</title>
</head>
<body>
<p>列表</p>
<dir>
<li>无序列表</li>
<li>有序列表</li>
<li>目录列表</li>
</dir>
</body>
</html>
```

代码中加粗部分的标签用来设置目录列表，在浏览器中预览，可以看到目录列表的效果，如图 6-8 所示。

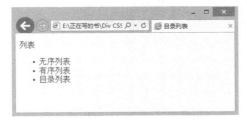

图 6-8　目录列表效果

6.2.4 定义列表标签<dl>

定义列表由两部分组成：定义条件和定义描述。定义列表的英文全称是 definition list。<dt>用来指定需要解释的名词，英文全称为 definition term；<dd>是具体的解释，英文全称为

definition description。

语法：

```
<dl>
<dt>定义条件</dt>
<dd>定义描述</dd>
… …
</dl>
```

说明：

在该语法中，<dl>标签和</dl>标签分别定义了定义列表的开始和结束，<dt>后面就是要解释的名称，而在<dd>后面则添加该名词的具体解释。

实例：

```
<!doctype html>
<html>
<head>
<meta charset="utf-8">
<title>定义列表</title>
</head>
<body><dl>
<dt>CSS</dt><dd>CSS 就是 Cascading Style </dd>Sheets，中文翻译为"层叠样式表"，简称样式表，它是一种制作网页的新技术。
<dt>Dreamweaver</dt>
<dd>Dreamweaver 是现今最好的网站编辑工具之一，而 Dreamweaver 增加的对 CSS 的支持更使你容易使用 CSS，用它来制作网页的 CSS 样式表会更简单、更方便。</dd>
<dt>指针的概念</dt>
<dd>指针是一个特殊的变量，它里面存储的数值被解释成为内存里的一个地址。</dd></dl>
</body>
</html>
```

代码中加粗部分的标签用来设置定义列表，在浏览器中预览可以看到定义列表的效果，如图 6-9 所示。

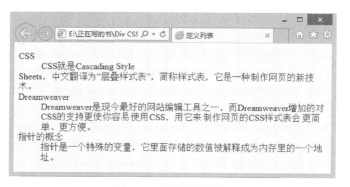

图 6-9　定义列表效果

提示　尽管在一个自定义列表之外使用<dd>标签来缩进文本非常有用,但这并不是有效的 HTML 语言,并且它会在某些浏览器中造成难以预料的后果。

6.2.5 菜单列表标签<menu>

菜单列表主要用于设计单列的菜单列表。菜单列表在浏览器中的显示效果和无序列表是相同的，因为它的功能也可以通过无序列表来实现。

语法：

```
<menu>
<li>列表项</li>
<li>列表项</li>
<li>列表项</li>
……
</menu>
```

说明：

在该语法中，<menu>标签和</menu>标签分别标志着菜单列表的开始和结束。

实例：

```
<!doctype html>
<html>
<head>
<meta charset="utf-8">
<title>菜单列表</title>
</head>
<body>
文学作品：
<menu>
<li>诗词歌赋</li>
<li>散文精选</li>
<li>言情小说</li>
<li>武侠小说 </li>
</menu>
</body>
</html>
```

代码中加粗部分的标签用来设置菜单列表，在浏览器中的预览效果如图 6-10 所示。

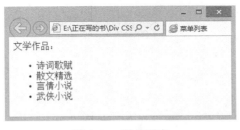

图 6-10　菜单列表

6.3　实例应用

下面将通过实例详细介绍导航菜单的设计方法和具体的 CSS 代码。

6.3.1　设计背景变换的导航栏目

导航也是一种列表，每个列表数据就是导航中的一个导航频道，使用 ul 元素以及 li 元素和 CSS 样式可以实现背景变换的导航菜单，下面通过实例具体讲述。

（1）启动 Dreamweaver CC，新建网页文档，切换到代码视图，在<head>与</head>之间相应的位置输入以下代码，用于设置导航背景颜色和变换颜色，如图 6-11 所示。

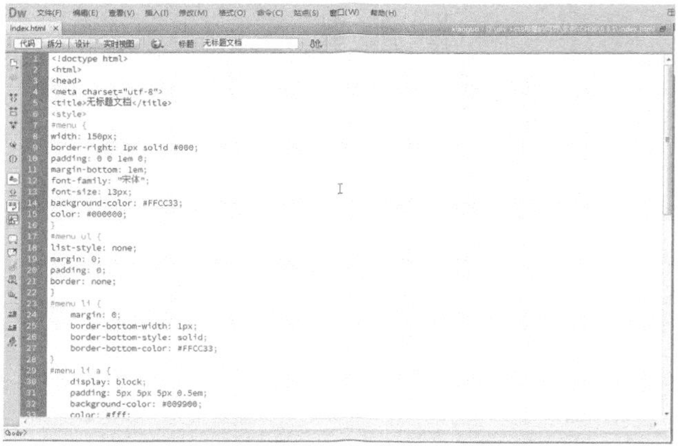

图 6-11　输入 CSS 样式

```
<style>
#menu {width: 150px;
border-right: 1px solid #000;
padding: 0 0 1em 0;
margin-bottom: 1em;
font-family: "宋体";
font-size: 13px;
background-color: #FFCC33;
color: #000000;}
#menu ul {list-style: none;
margin: 0;
padding: 0;
border: none;}
#menu li {margin: 0;
    border-bottom-width: 1px;
    border-bottom-style: solid;
    border-bottom-color: #FFCC33;}
#menu li a {display: block;
    padding: 5px 5px 5px 0.5em;
    background-color: #009900;
    color: #fff;
    text-decoration: none;
    width: 100%;
    border-right-width: 10px;
    border-left-width: 10px;
```

```
    border-right-style: solid;
    border-left-style: solid;
    border-right-color: #FF0000;
    border-left-color:#FF0000;}
html>body #menu li a {width: auto;}
#menu li a:hover {background-color: #FF0000;
    color: #fff;
    border-right-width: 10px;
    border-left-width: 10px;
    border-right-style: solid;
    border-left-style: solid;
    border-right-color: #FF00FF;
    border-left-color: #FF0000;}
```

（2）在<body>和</body>之间输入以下代码，用于插入<Div>标签，将其 id 定义为 menu，在其中输入导航文本并设置链接，如图 6-12 所示。

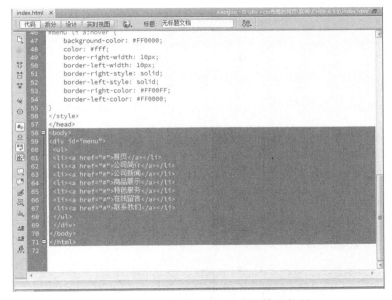

图 6-12　在<body>和</body>之间输入代码

```
<body>
<Div id="menu">
 <ul>
 <li><a href="#">首页</a></li>
 <li><a href="#">公司简介</a></li>
 <li><a href="#">公司新闻</a></li>
 <li><a href="#">商品展示</a></li>
 <li><a href="#">特色服务</a></li>
 <li><a href="#">在线留言</a></li>
 <li><a href="#">联系我们</a></li>
 </ul>
```

```
    </Div>
</body>
```

（3）运行代码，在浏览器中的效果如图 6-13 所示，可以看到背景变换的导航菜单。

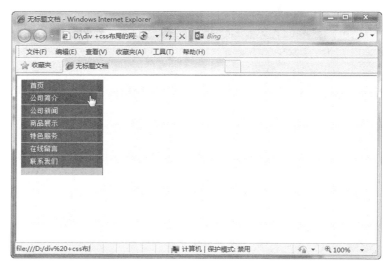

图 6-13 背景变换的导航菜单

6.3.2 设计横向导航菜单

在做网站页面的时候，导航菜单是必不可少的，如何才能用 CSS 做出漂亮的横向导航菜单呢？下面通过实例具体讲述。

（1）启动 Dreamweaver CC，新建网页文档，切换到代码视图，在<head>与</head>之间相应的位置输入以下代码，用于控制导航文本，如图 6-14 所示。

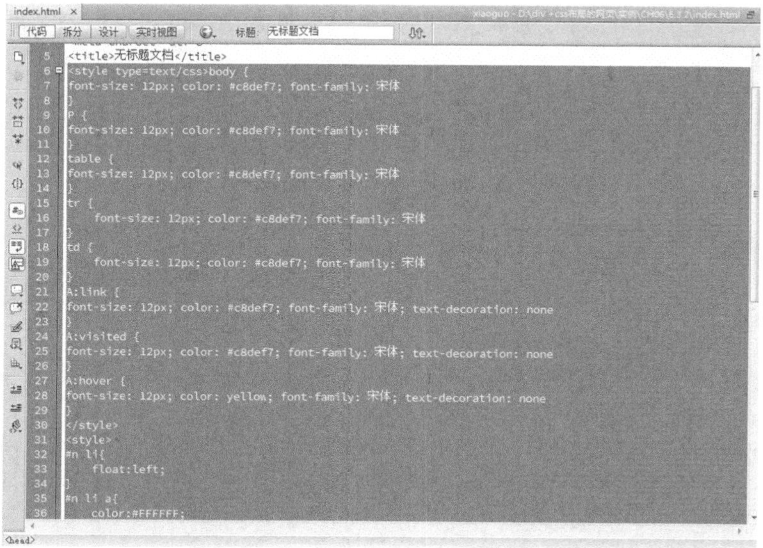

图 6-14 CSS 样式

```
<style type=text/css>body {
font-size: 12px; color: #c8def7; font-family: 宋体
}
P {
font-size: 12px; color: #c8def7; font-family: 宋体
}
table {
font-size: 12px; color: #c8def7; font-family: 宋体
}
tr {
    font-size: 12px; color: #c8def7; font-family: 宋体
}
td {
    font-size: 12px; color: #c8def7; font-family: 宋体
}
A:link {
font-size: 12px; color: #c8def7; font-family: 宋体; text-decoration: none
}
A:visited {
font-size: 12px; color: #c8def7; font-family: 宋体; text-decoration: none
}
A:hover {
font-size: 12px; color: yellow; font-family: 宋体; text-decoration: none
}
</style>
<style>
#n li{
    float:left; }
#n li a{
    color:#FFFFFF;
    text-decoration:none;
    padding-top:4px;
    display:block;
    width:65px;
    height:20px;
    text-align:center;
    background-color:#999900;
    margin-left:2px;}
#n li a:hover{
    background-color:#9999FF;
    color:#FFFFFF;}
</style>
```

（2）在<body>和</body>之间输入以下代码，插入<Div>标签，将其 id 定义为 n，在其中输入导航文本并设置链接，如图 6-15 所示。

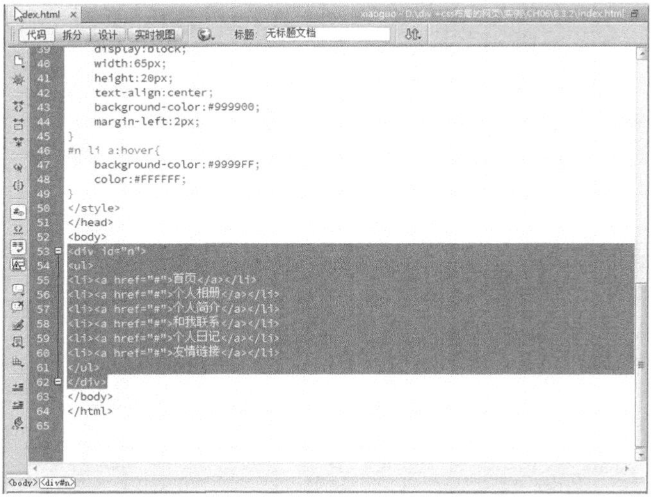

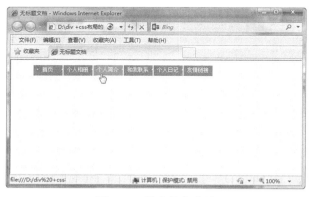

图 6-15 输入导航文本

```
<Div id="n">
<ul>
<li><a href="#">首页</a></li>
<li><a href="#">个人相册</a></li>
<li><a href="#">个人简介</a></li>
<li><a href="#">和我联系</a></li>
<li><a href="#">个人日记</a></li>
<li><a href="#">友情链接</a></li>
</ul>
</Div>
```

（3）运行代码，在浏览器中的效果如图 6-16 所示，可以看到横向导航菜单。

图 6-16 横向导航菜单

6.3.3 竖排导航

竖排导航是比较常见的导航，下面制作竖排导航，具体操作步骤如下。

（1）启动 Dreamweaver CC，新建一空白 CSS 文档，输入相应的代码用于控制文本样式，并将文件保存为 css.css，如图 6-17 所示。

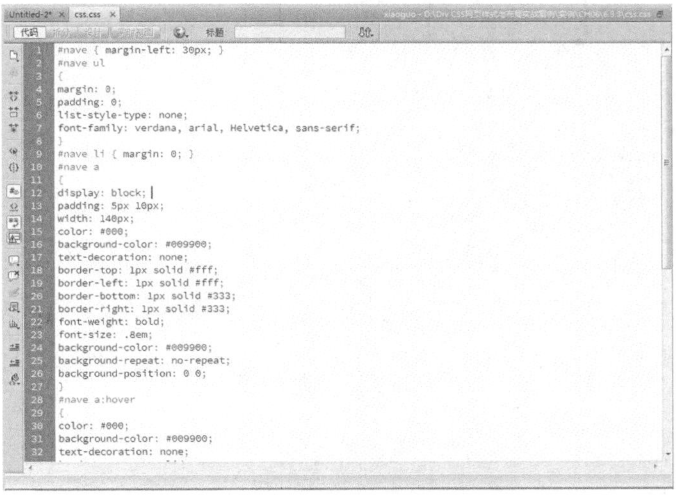

图 6-17 CSS 样式

```
#nave { margin-left: 30px; }
#nave ul
{
margin: 0;
padding: 0;
list-style-type: none;
font-family: verdana, arial, Helvetica, sans-serif;
}
#nave li { margin: 0; }
#nave a
{
display: block;
padding: 5px 10px;
width: 140px;
color: #000;
background-color: #009900;
text-decoration: none;
border-top: 1px solid #fff;
border-left: 1px solid #fff;
border-bottom: 1px solid #333;
border-right: 1px solid #333;
font-weight: bold;
font-size: .8em;
background-color: #009900;
background-repeat: no-repeat;
background-position: 0 0;
}
#nave a:hover
```

```
{
color: #000;
background-color: #009900;
text-decoration: none;
border-top: 1px solid #333;
border-left: 1px solid #333;
border-bottom: 1px solid #fff;
border-right: 1px solid #fff;
background-color:#009900;
background-repeat: no-repeat;
background-position: 0 0;
}
#nave ul ul li { margin: 0; }
#nave ul ul a
{
display: block;
padding: 5px 5px 5px 30px;
width: 125px;
color: #000;
background-color: #CCFF66;
text-decoration: none;
font-weight: normal;
}
#nave ul ul a:hover
{
color: #000;
background-color: #009900;
text-decoration: none;
}
```

（2）新建网页文档，切换到代码视图，在<head>与</head>之间相应的位置输入代码<link href="css.css" rel="stylesheet" type="text/css" />，调用外部 CSS 文件，如图 6-18 所示。

图 6-18　调用外部 CSS 文件

（3）在<body>与</body>之间输入以下代码，用于插入<Div>标签并输入导航文本，如图6-19 所示。

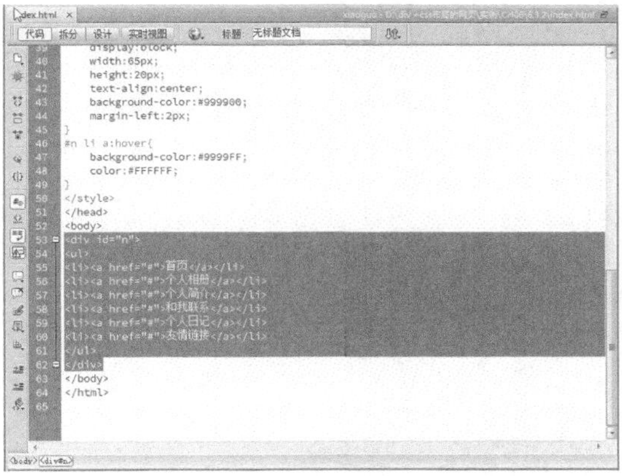

图 6-19　输入导航文本

```
<Div id="nave">
<ul id="navlist">
<li id="active"><a href="#" id="current">主要专业</a>
<ul id="subnavlist">
<li id="subactive"><a href="#" id="subcurrent">计算机应用</a></li>
<li><a href="#">会计电算化</a></li>
<li><a href="#">机电应用</a></li>
<li><a href="#">幼儿幼师</a></li>
</ul>
</li>
<li><a href="#"> 学校简介</a></li>
<li><a href="#">学校新闻</a></li>
<li><a href="#">联系我们</a></li>
</ul>
</Div>
```

（4）保存文档，运行代码，在浏览器中的效果如图 6-20 所示，可以看到树向导航菜单。

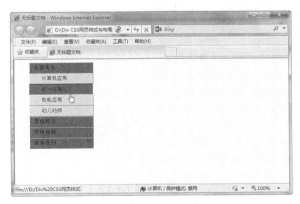

图 6-20　树向导航菜单

6.3.4　设计网页下拉菜单

下面是一个实例，通过调用外部 js 和 css 文件来制作网页下拉菜单。

（1）新建一个 CSS 文件，将其保存为 dds.css。

```css
@charset "utf-8";
/* css document */
.ddsmoothmenu {
margin: 0px auto; font: 12px verdana; width: 730px
}
.ddsmoothmenu ul {
padding-right: 0px; padding-left: 0px;background: #ff0066;
z-index: 100; float: left; padding-bottom: 0px; margin: 0px;
padding-top: 0px; list-style-type: none
}
.ddsmoothmenu ul li {
display: block; float: left; width: 81px; line-height: 31px;
position: relative; text-align: center
}
html .ddsmoothmenu ul li {
float: left; width: 81px; line-height: 31px; position: relative; text-align: center
}
.ddsmoothmenu ul li a {
display: block; font-weight: bold; width: 81px; text-decoration: none
}
.ddsmoothmenu ul li a:link {
color: #fff
}
.ddsmoothmenu ul li a:visited {
color: #fff
}
.ddsmoothmenu ul li a:hover {
color: #ffff00
}
.ddsmoothmenu ul li ul {
left: 0px; visibility: hidden; position: absolute
}
.ddsmoothmenu ul li ul li {
background: #ff0066; float: left; width: 81px; line-height: 25px;
 border-bottom: #96d47d 1px solid
}
.ddsmoothmenu ul li ul li a {
display: block; width: 81px; text-decoration: none
}
.ddsmoothmenu ul li ul li a:hover {
background: #51b228
```

```
}
.ddsmoothmenu ul li ul li ul {
top: 0px
}
.downarrowclass {
display: none; position: absolute
}
.rightarrowclass {
display: none; position: absolute
}
.ddshadow {
background: silver; left: 0px; width: 0px; position: absolute; top: 0px; height:
0px
}
.toplevelshadow {
opacity: 0.8
}
```

（2）新建两个js文件，分别将其保存为dds.js和jquery.js，如图6-21所示。

图6-21　新建js文件

（3）新建一个网页文档，在\<head>和\</head>之间输入相应的代码，用来调用外部css和js文件，如图6-22所示。

图 6-22　调用外部 css 和 js 文件

```
<link href="dds.css" type=text/css rel=stylesheet>
<script src="jquery.js" type=text/javascript></script>
<script src="dds.js" type=text/javascript></script>
```

（4）新建一个网页文档，在<body>和</body>之间输入相应的代码，用来输入导航文本，如图 6-23 所示。

图 6-23　输入导航文本

```
<Div class=ddsmoothmenu id=smoothmenu1>
<ul>
 <li><a href="#">主题市场</a>
 <ul>
 <li><a href="#">运动派</a> </li>
 <li><a href="#">孕婴童</a> </li>
```

```
    <li><a href="#">中老年</a> </li>
    <li><a href="#">有车族</a> </li>
    <li><a href="#">生活家</a>
</li>
</ul>
</li>
<li><a href="#">优惠促销</a>
<ul>
<li><a href="#">清仓</a> </li>
<li><a href="#">天天特价</a> </li>
<li><a href="#">免费试用</a> </li>
<li><a href="#">一元起拍</a> </li>
<li><a href="#">夜来购</a>
</li>
</ul>
</li>
</ul>
</Div>
```

（5）保存网页，当鼠标放置在导航菜单上时会弹出下拉菜单，如图 6-24 所示。

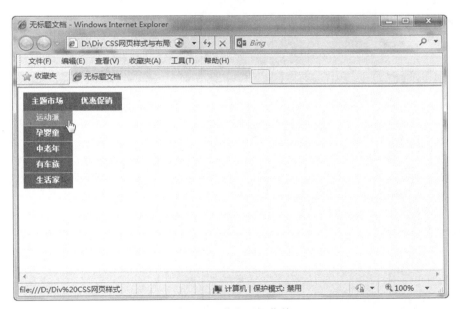

图 6-24 弹出下拉菜单

6.3.5 商品列表分类可右侧展开详细分类

当鼠标放到商品分类上时背景变色、加边框，同时右侧对应显示更详细的分类内容。此功能可用于商品分类、产品分类的详细分类展开隐藏。本节通过实例具体讲述。

（1）新建两个 js 文件，分别将其保存为 common.js 和 nav.js，新建一个 nav.css 文件，如图 6-25 所示。

图 6-25　新建 js 文件

（2）新建一个网页文档，在\<head>和\</head>之间输入相应的代码，用来调用外部 css 和 js 文件，如图 6-26 所示。

图 6-26　调用外部 css 和 js 文件

```
<title>商品列表分类</title>
<link href="nav.css" rel="stylesheet" type="text/css" />
<script language="javascript" src="common.js"></script>
<script language="javascript" src="nav.js"></script>
```

（3）新建一个网页文档，在\<body>和\</body>之间输入相应的代码，用来输入导航文本，如图 6-27 所示。

图 6-27 输入导航文本

```
<Div class="menuNav">
<h2>商品分类</h2>
<Div class="navlist" id="SNmenuNav">
<dl>
<dt class="icon03"><a href="#">女装男装</a></dt>
<dd class="menv03">
<Div class="sideleft">
<a href="#">早秋外套</a>|<a href="#">针织衫</a>|<a href="#">牛仔裤</a>|
</Div>
</dd>
</dl>
<dl>
<dt class="icon04"><a href="#">鞋靴箱包</a></dt>
<dd class="menv04">
<Div class="sideleft">
<a href="#">单鞋</a>|<a href="#">箱包</a>|<a href="#">特卖</a>|
</Div>
</dd>
</dl>
<dl>
<dt class="icon05"><a href="#">运动户外</a></dt>
<dd class="menv05">
<Div class="sideleft">
<a href="#">运动鞋</a>|<a href="#">运动裤 </a>|<a href="#">健身用品</a>|
</Div>
</dd>
</dl>
<dl>
<dt class="icon04"><a href="#">珠宝配饰</a></dt>
<dd class="menv04">
<Div class="sideleft">
<a href="#">珠宝首饰</a>|<a href="#">时尚饰品</a>|<a href="#">品质手表</a>|
```

```
</Div>
</dd>
</dl>
<dl>
<dt class="icon05"><a href="#">手机数码</a></dt>
<dd class="menv05">
<Div class="sideleft">
<a href="#">手机</a>|<a href="#">平板</a>|<a href="#">电脑</a>|
</Div>
</dd>
</dl>
<dl>
<dt class="icon06"><a href="#">家电办公</a></dt>
<dd class="menv06">
<Div class="sideleft">
<a href="#">厨房电器</a>|<a href="#">生活电器</a>|<a href="#">个户电器</a>|
</Div>
</dd>
</dl>
<dl>
<dt class="icon07"><a href="/peixun/">护肤彩妆</a></dt>
<dd class="menv07">
<Div class="sideleft">
<a href="#">美容护肤</a>|<a href="#">强效保养</a>|<a href="#">超值彩妆</a>|
</Div>
</dd>
</dl>
</Div>
<Div class="clear"></Div>
</Div>
</Div>
<p> </p>
<p> </p>
```

（4）保存网页，当鼠标放置在导航菜单上时会弹出菜单，如图 6-28 所示。

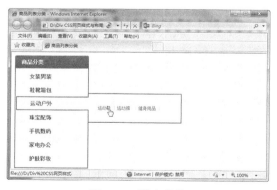

图 6-28　弹出菜单

6.3.6 CSS 网页导航条

本节通过实例具体讲述网页导航条的制作方法，具体操作步骤如下。

（1）新建一个 style.css 文件，用于定义导航文本，如图 6-29 所示。

图 6-29　CSS 文件

```
* { padding-bottom: 0px; margin: 0px;
padding-left: 0px; padding-right: 0px;
padding-top: 0px }
body { background-color: #ffffff; margin: 0px auto;
color: #000000; font-size: 9pt }
#n{margin:10px auto; width:920px;
border:1px solid #CCC;font-size:14px; line-height:30px;}
#n a{ padding:0 4px; color:#333}
#menubar { background:url('header_mbg.gif') repeat-x;
height:38px;margin-top:80px; }
#menubar ul.menus { margin:0px auto 0px; width:962px; }
#menubar ul.menus li { float:left; margin-top:7px;
height:30px;list-style:none; }
/* 菜单项链接 */
#menubar ul.menus li a { padding:2px 10px; /* 内边距 */
display:block; /* 显示为块 */
color:#FFF; text-decoration:none; font-weight:bold;
font-size:14px; }
#menubar ul.menus li a:hover { text-decoration:underline; color:#000; }
/* 当前菜单位置 */
#menubar ul.menus ul { position:absolute; }
```

（2）新建一个网页文档，在\<head>和\</head>之间输入\<LINK rel=stylesheet type=text/css href="images/style.css">，用来调用外部 css 文件，如图 6-30 所示。

图 6-30　调用外部 css 文件

（3）在<body>和</body>之间输入相应的代码，用来输入导航文本，如图 6-31 所示。

图 6-31　输入导航文本

```
<body style="text-align:center">
<Div id="menubar">
    <ul id="menus" class="menus">
    <li><a href="#" target="index" title="DJ">新闻</a></li>
    <li><a href="#" target="list">网页</a> </li>
    <li><a href="#" target="list">视频</a> </li>
    <li><a href="#" target="list">音乐</a> </li>
    <li><a href="#" target="list">微博</a> </li>
    <li><a href="#" target="list">地图</a></li>
    <li><a href="#" target="list">问答</a></li>
    <li><a href="#" target="list">购物</a> </li>
```

```
        <li><a href="#">汽车</a> </li>
        <li id="other"></li>
    </ul>
</Div>
</body>
```

（4）保存网页，运行代码，预览效果如图 6-32 所示，可以看到导航条。

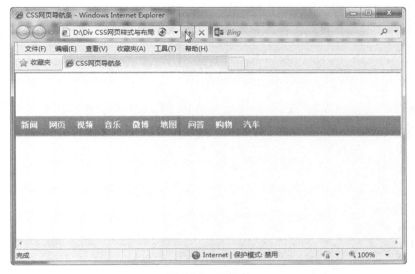

图 6-32　导航条

第7章 使用 CSS 设计表单样式

表单是网页的重要组成部分，它是网站与用户进行交互的窗口。然而，表单中固定的说明文字、输入框、提交按钮等元素使得表单设计略显乏味，难有创新，这一点不少网页设计师深有体会。但是，好的网页设计师可以利用 CSS 样式让表单设计耳目一新。

学习目标

- ☐ 表单 form
- ☐ 插入表单对象
- ☐ 菜单和列表

7.1 表单 form

在网页中<form></form>标记对用来创建一个表单，即定义表单的开始和结束位置，在标记对之间的一切都属于表单的内容。在表单的<form>标记中，可以设置表单的基本属性，包括表单的名称、处理程序和传送方法等。

7.1.1 程序提交 action

action 用于指定表单数据提交到哪个地址进行处理。

语法：

```
<form action="表单的处理程序">
......
</form>
```

说明：

表单的处理程序是表单要提交的地址，也就是表单中收集到的资料将要传递到的程序地址。这一地址可以是绝对地址，也可以是相对地址，还可以是一些其他的地址形式。

实例：

```
<!doctype html>
<html>
<head>
<meta charset="utf-8">
<title>程序提交</title>
```

```
</head>
<body>
在线订购提交表单
<form action="mailto:juanjuan@163.com">
</form>
</body>
</html>
```

代码中加粗部分的标记是程序提交标记。

7.1.2 表单名称 name

name 用于给表单命名，这一属性不是表单的必要属性，但是为了防止表单提交到后台处理程序时出现混乱，一般需要给表单命名。

语法：

```
<form name="表单名称">
......
</form>
```

说明：

表单名称中不能包含特殊字符和空格。

实例：

```
<!doctype html>
<html>
<head>
<meta charset="utf-8">
<title>表单名称</title>
</head>
<body>
在线订购提交表单
<form action="mailto:juanjuan@163.com" name="form1">
</form>
</body>
</html>
```

代码中加粗部分的标记是表单名称标记。name="form1"是将表单命名为 form1。

7.1.3 传送方法 method

表单的 method 属性用于指定在数据提交到服务器的时候使用哪种 HTTP 提交方法，可取值为 get 或 post。

语法：

```
<form method="传送方法">
......
</form>
```

说明：

传送方法的值只有两种，即 get 和 post。

实例：

```
<!doctype html>
<html>
<head>
<meta charset="utf-8">
<title>传送方法</title>
</head>
<body>
在线订购提交表单
<form action="mailto:jiudian@163.com" method="post" name="form1">
</form>
</body>
</html>
```

代码中加粗部分的标记是传送方法。

7.1.4　编码方式 enctype

表单中的 enctype 用于设置表单信息提交的编码方式。

语法：

```
<form enctype="编码方式">
......
</form>
```

说明：

enctype 属性为表单定义了 mime 编码方式。

实例：

```
<!doctype html>
<html>
<head>
<meta charset="utf-8">
<title>编码方式</title>
</head>
<body>
在线订购提交表
<form action="mailto:jiudian@.com" method="post"
enctype="application/x-www-form-urlencoded" name="form1">
</form>
</body>
</html>
```

代码中加粗的标记是编码方式。

> 提示　enctype 属性默认时是 application/x-www-form-urlencoded，这是所有网页的表单所使用的可接受的类型。

7.1.5　目标显示方式 target

target 用来指定目标窗口的打开方式，表单的目标窗口往往用来显示表单的返回信息。

语法：

```
<form target="目标窗口的打开方式">
......
</form>
```

说明：

目标窗口的打开方式有 4 个选项：_blank、_parent、_self 和_top。其中_blank：将链接的文件载入一个未命名的新浏览器窗口中；_parent：将链接的文件载入含有该链接框架的父框架集或父窗口中；_self：将链接的文件载入该链接所在的同一框架或窗口中；_top：在整个浏览器窗口中载入所链接的文件，因而会删除所有框架。

实例：

```
<!doctype html>
<html>
<head>
<meta charset="utf-8">
<title>目标显示方式</title>
</head>
<body>
在线订购提交表
<form action="mailto:jiudian@.com" method="post"
enctype="application/x-www-form-urlencoded" name="form1" target="_blank">
</form>
</body>
</html>
```

代码中加粗部分的标记是目标显示方式。

7.2　插入表单对象

网页中的表单由许多不同的表单元素组成。这些表单元素包括文字字段、单选按钮、复选框、普通按钮等。

7.2.1　文字字段 text

网页中最常见的表单域就是文本域，用户可以在文本字段内输入字符或者单行文本。

语法：

```
<input name="控件名称" type="text" value="文字字段的默认取值" size="控件的长度"
maxlength="最长字符数" />
```

说明：

该语法中包含了很多参数，它们的含义和取值方法不同。

实例：

```
<!doctype html>
<html>
<head>
<meta charset="utf-8">
```

```
<title>文字字段</title>
</head>
<body>
<form name="form1" method="post" action="index.htm">
姓名：
<input name="name" type="text" size="15" />
<br />
年龄：
<input name="age" type="text" value="10" size="10" maxlength="2" />
</form>
</body>
</html>
```

代码中加粗部分的标记用来设置文本字段，在浏览器中可以在文本字段中输入文字，如图 7-1 所示。

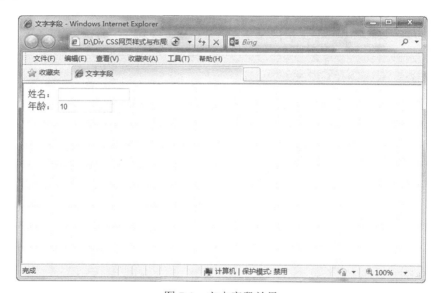

图 7-1　文本字段效果

提示　文本域的长度如果加入了 size 属性，就可以设置 size 属性的大小，最小值为 1，最大值将取决于浏览器的宽度。

7.2.2　密码域 password

密码域是一种特殊的文本字段，它的各属性和文本字段是相同的。但不同的是，密码域输入的字符全部以"*"显示。

语法：

```
<input name="控件名称" type="password" value="文字字段的默认取值" size="控件的长度" maxlength="最长字符数"/>
```

说明：

该语法中包含了很多参数，如表 7-1 所示。

表 7-1   text 文字字段的参数表

参数类型	含　义
type	用来指定插入哪种表单元素
name	密码域的名称，用于和页面中其他控件加以区别。名称由英文或数字以及下画线组成，但有大小写之分
value	用来定义密码域的默认值，以"*"显示
size	确定文本框在页面中显示的长度，以字符为单位
maxlength	用来设置密码域的文本框中最多可以输入的文字数

实例：

```html
<!doctype html>
<html>
<head>
<meta charset="utf-8">
<title>密码域</title>
</head>
<body>
<form name="form1" method="post" action="index.htm">
用户名：
<input name="username" type="text" size="15" />
<br />
密码：
<input name="password" type="password" value="abcdef" size="10" maxlength="6" />
</form>
</body>
</html>
```

代码中加粗部分的标记用来设置密码域，在浏览器中可以看到密码域的效果，如图 7-2 所示。

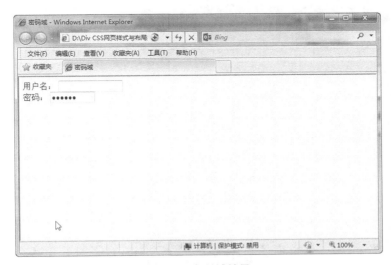

图 7-2 密码域效果

7.2.3　单选按钮 radio

单选按钮是小而圆的按钮，它可以使用户从选择列表中选择一个单项。

语法：

```
<input name="单选按钮名称" type="radio" value="单选按钮的取值" checked/>
```

说明：

在单选按钮中必须设置 value 的值，对于选择中的所有单选按钮来说，往往要设置相同的名称，这样在传递时才能更好地对某一个选择内容进行判断。在一个单选按钮组中只有一个单选按钮可以设置为 checked。

实例：

```
<!doctype html>
<html>
<head>
<meta charset="utf-8">
<title>单选按钮</title>
</head>
<body>
<form action="index.htm" method="post" name="form1">
性别：
<input name="radiobutton" type="radio" value="radiobutton" checked="checked" />
男
<input type="radio" name="radiobutton" value="radiobutton" />
女
</form>
</body>
</html>
```

代码中加粗部分的标记用来设置单选按钮，在浏览器中的效果如图 7-3 所示。

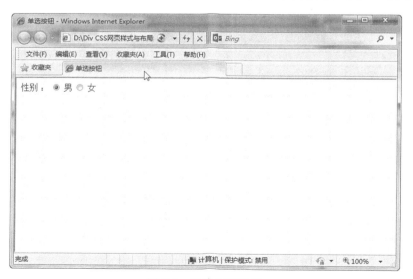

图 7-3　单选按钮效果

7.2.4 复选框 checkbox

复选框可以让用户从一个选项列表中选择超过一个的选项。

语法:

```
<input name="复选框名称" type="checkbox" value="复选框的取值" checked/>
```

说明:

checked 参数表示该项在默认情况下已经被选中,一个选项中可以有多个复选框被选中。

实例:

```html
<!doctype html>
<html>
<head>
<meta charset="utf-8">
<title>复选框</title>
</head>
<body>
<form action="index.htm" method="post" name="form1">
个人爱好:
  <input name="checkbox" type="checkbox" value="checkbox" checked="checked" />

划船
<input name="checkbox1" type="checkbox" value="checkbox" />
打篮球
<input name="checkbox2" type="checkbox" value="checkbox" />
游泳
<input name="checkbox3" type="checkbox" value="checkbox" />
上网
</form>
</body>
</html>
```

代码中加粗部分的标记用来设置复选框,在浏览器中的效果如图 7-4 所示。

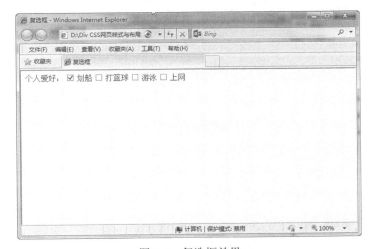

图 7-4 复选框效果

7.2.5 普通按钮 button

在网页中按钮也很常见，在提交页面、清除内容时常常用到。普通按钮一般情况下要配合脚本来进行表单处理。

语法：

```
<input type="submit" name="按钮名称" value="按钮的取值" onclick="处理程序" />
```

说明：

value 的取值就是显示在按钮上的文字，在 button 中可以添加 onclick 来实现一些特殊的功能。

实例：

```
<!doctype html>
<html>
<head>
<meta charset="utf-8">
<title>普通按钮</title>
</head>
<body>
<form action="index.htm" method="post" name="form1">
单击按钮关闭窗口。
<br />
<input type="submit" name="submit" value="关闭窗口" onclick="window.close()" />
</form>
</body>
</html>
```

代码中加粗部分的标记用来设置普通按钮，在浏览器中的预览效果如图 7-5 所示。

图 7-5 普通按钮效果

7.2.6 提交按钮 submit

提交按钮是一种特殊的按钮，单击该类按钮可以实现表单内容的提交。

语法：
```
<input type="submit" name="按钮名称" value="按钮的取值" />
```
说明：
value 同样用来设置显示在按钮上的文字。
实例：
```
<!doctype html>
<html>
<head>
<meta charset="utf-8">
<title>提交按钮</title>
</head>
<body>
<form action="index.htm" method="post" name="form1">姓名：
<input name="textfield" type="text" size="15" /><br />年龄：
<input name="textfield2" type="text" size="10" /><br />性别：
<input name="radiobutton" type="radio" value="radiobutton" checked="checked" />
男
<input type="radio" name="radiobutton" value="radiobutton" />女<br />
<input type="submit" name="submit" value="提交" />
</form>
</body>
</html>
```
代码中加粗部分的标记用来设置提交按钮，在浏览器中的预览效果如图 7-6 所示。

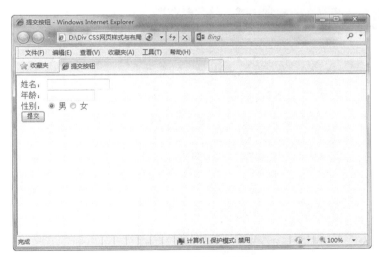

图 7-6   提交按钮效果

7.2.7   重置按钮 reset

重置按钮用来清除用户在页面中输入的信息。
语法：
```
<input type="reset" name="按钮名称" value="按钮的取值" />
```

说明：

value 同样用来设置显示在按钮上的文字。

实例：

```
<!doctype html>
<html>
<head>
<meta charset="utf-8">
<title>重置按钮</title>
</head>
<body>
<form action="index.htm" method="post" name="form1">
姓名：
<input name="textfield" type="text" size="15" />
<br />
年龄：
<input name="textfield2" type="text" size="10" />
<br />
性别：
<input name="radiobutton" type="radio" value="radiobutton" checked="checked" />
男
<input type="radio" name="radiobutton" value="radiobutton" />
女
<br />
<input type="submit" name="submit" value="提交" />
<input type="reset" name="submit2" value="重置" />
</form>
</body>
</html>
```

代码中加粗部分的标记用来设置重置按钮，在浏览器中预览效果如图 7-7 所示。

图 7-7　重置按钮效果

7.2.8 图像域 image

还可以使用一幅图像作为按钮，这样做可以创建能想象到的任何外观的按钮。

语法：

```
<inpuct name="图像域名称" type="image" src="图像路径" />
```

说明：

在语法中，图像的路径可以是绝对的，也可以是相对的。

实例：

```
<!doctype html>
<html>
<head>
<meta charset="utf-8">
<title>图像域</title>
</head>
<body>
<form name="form1" method="post" action="index.htm">
您觉得我们的网站哪方面需要改进? <br />
<input type="radio" checked="checked" value="1" name="mofe" />
网站美工<br />
<input type="radio" value="2" name="mofe" />
网站信息<br />
<input type="radio" value="3" name="mofe" />
网站导航
<br />
<input type="radio" value="4" name="mofe" />
网站功能<br />
<input name="image" type="image" src="tp.gif" />
<input name="image" type="image" src="ck.gif" />
</form>
</body>
</html>
```

代码中加粗部分的标记用来设置图像域，在浏览器中的预览效果如图 7-8 所示。

图 7-8　图像域效果

7.2.9　隐藏域 hidden

有时候可能想传送一些数据，但这些数据对于用户来说是不可见的。可以通过一个隐藏域来传送这样的数据。隐藏域包含那些提交处理的数据，但这些数据并不显示在浏览器中。

语法：

```
<input name="隐藏域名称" type="hidden" value="隐藏域的取值" />
```

说明：

通过将 type 属性设置为 hidden，可以依自己所好，在表单中使用任意多的隐藏域。

实例：

```
<!doctype html>
<html>
<head>
<meta charset="utf-8">
<title>隐藏域</title>
</head>
<body>
<form name="form1" method="post" action="index.htm">
  您觉得我们的网站哪方面需要改进? <br />
  <input type="radio" checked="checked" value="1" name="mofe" />网站美工<br />
<input type="radio" value="2" name="mofe" />网站信息<br />
<input type="radio" value="3" name="mofe" />网站导航 <br />
<input type="radio" value="4" name="mofe" />网站功能
<input name="hidden" type="hidden" value="1" /><br/>
<input name="image" type="image" src="tp.gif" />
<input name="image" type="image" src="ck.gif" />
</form>
</body>
</html>
```

代码中加粗部分的标记用来设置隐藏域，在浏览器中预览效果，隐藏域没有显示在浏览器中，如图 7-9 所示。

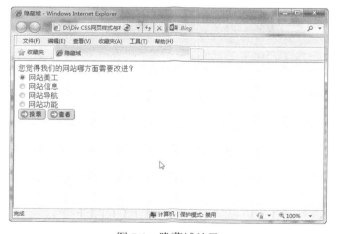

图 7-9　隐藏域效果

7.2.10 文件域 file

文件域在上传文件时常常被用到,它用于查找硬盘中的文件路径,然后通过表单将选中的文件上传。

语法:

```
<input name="文件域名称" type="file" size="控件的长度" maxlength="最长字符数" />
```

实例:

```
<!doctype html>
<html>
<head>
<meta charset="utf-8">
<title>文件域</title>
</head>
<body>
<form action="index.htm" method="post" enctype="multipart/form-data"
name="form1">上传照片
<input name="file" type="file" size="30" maxlength="32" />
</form>
</body>
</html>
```

代码中加粗部分的标记用来设置文件域,在浏览器中的预览效果如图 7-10 所示。

图 7-10 文件域效果

7.3 菜单和列表

菜单和列表主要用来选择给定答案中的一种,这类选择往往答案比较多。菜单和列表主要是为了节省页面的空间,它们都是通过<select><option>标记来实现的。

7.3.1 下拉菜单

下拉菜单是一种最节省页面空间的选择方式,因为在正常状态下只显示一个选项,单击按钮打开菜单后才会看到全部的选项。

语法：

```
<select name="下拉菜单名称">
<option value="选项值"selected>选项显示内容
……
</select>
```

说明：

在语法中，选项值是提交表单时的值，而选项显示的内容才是真正在页面中显示的选项。selected 表示该选项在默认情况下是选中的，一个下拉菜单中只能有一个选项默认被选中。

实例：

```
<!doctype html>
<html>
<head>
<meta charset="utf-8">
<title>下拉菜单</title>
</head>
<body>
<form action="index.htm" method="post" name="form1">地区:
<select name="select">
<option value="北京" selected="selected">北京</option>
<option value="南京">南京</option>
<option value="天津">天津</option>
<option value="山东">山东</option>
<option value="安徽">安徽</option>
</select>
</form>
</body>
</html>
```

代码中加粗部分的标记用来设置下拉菜单，在浏览器中的预览效果如图 7-11 所示。

图 7-11 下拉菜单效果

7.3.2 列表项

列表项在页面中可以显示出几条信息，一旦超出这个信息量，在列表右侧会出现滚动条，拖动滚动条可以看到所有的选项。

语法：

```
<select name="列表项名称" size="显示的列表项数" multiple>
<option value="选项值"selected>选项显示内容
……
</select>
```

说明：

在语法中，size 用来设置在页面中的最多列表数，当超过这个值时会出现滚动条。

实例：

```
<!doctype html>
<html>
<head>
<meta charset="utf-8">
<title>列表项</title>
</head>
<body>
<form action="index.htm" method="post" name="form1">你最喜欢的颜色：
<select name="select" size="1" multiple="multiple">
<option value="红色">红色</option>
<option value="紫色">紫色</option>
<option value="白色">白色</option>
<option value="黑色">黑色</option>
<option value="黄色">黄色</option>
</select>
</form>
</body>
</html>
```

代码中加粗部分的标记用来设置列表项，在浏览器中的预览效果如图 7-12 所示。

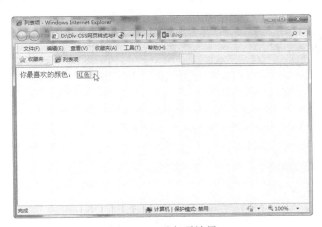

图 7-12 列表项效果

7.4　表单样式实例

在制作表单的时候，我们往往用 CSS 来重新定义表单元素，如输入框、按钮等的样式，以便使其看起来更加美观。

7.4.1　定义背景样式

可以通过设置表单对象的背景颜色使表单颜色有鲜明个性，具体操作步骤如下。

（1）使用 Dreamweaver 打开网页文档 index.html 文件，如图 7-13 所示。

图 7-13　打开网页文件

（2）选择【窗口】|【CSS 设计器】命令，打开 CSS 设计器面板，单击右边的【添加源】按钮，在弹出的列表中选择【在页面中定义】选项，如图 7-14 所示。

（3）选择以后添加样式，打开拆分视图，如图 7-15 所示。

图 7-14　CSS 设计器面板

图 7-15　添加样式

（4）在< style >和</ style >之间输入代码，用来设置边框颜色和背景颜色，如图 7-16 所示。

图 7-16　输入代码

```
.formstyle {
    border: 1px solid #f03;
    background-color: #f9f;
}
```

（5）切换到设计视图，选择表单在属性面板中选择定义好的样式，如图 7-17 所示。

图 7-17　选择样式

（6）选择以后即可设置表单的背景颜色和边框颜色，如图 7-18 所示。

（7）重复步骤（5）、（6）的操作，对其余的表单应用样式，保存文档，在浏览器中的预览效果如图 7-19 所示。

图 7-18 设置表单样式

图 7-19 设置好的表单背景

7.4.2 设置输入文本的样式

利用 CSS 样式可以控制浏览者输入文本的样式，起到美化表单的作用，具体操作步骤如下。

（1）打开网页文档 index.html 文件，如图 7-20 所示。

图 7-20　打开网页文件

（2）打开拆分视图，在 CSS 代码中输入 font-family: "宋体";，color: #009900;，来设置表单字体和字体样式，如图 7-21 所示。

图 7-21　添加代码

（3）保存文档，在浏览器中的预览效果如图 7-22 所示。

图 7-22　预览效果

7.4.3　下画横线代替文本框特效

下面讲述常用的下画横线代替文本框的特殊效果。在 body 中输入以下代码。

```
<!doctype html>
<html>
<head>
<meta charset="utf-8">
<title>下画横线代替文本框特效</title>
</head>
<body>
下画横线代替文本框特效:
<input type="hidden" name="newuser" value="yes"><Div align="center"><center>
<p><strong>用户名:</strong>
<font face="courier">
<input name="reviewone" size="15"
style="color: rgb(255,0,0); border-left: medium none; border-right: medium none;
border-top: medium none; border-bottom: 1px solid rgb(192,192,192)"></font>
<strong>密码:</strong> <font face="courier"><input name="password" size="15"
type="password"
style="color: rgb(255,0,0); border-left: medium none; border-right: medium none;
border-top: medium none; border-bottom: 1px solid rgb(192,192,192)"></font>
</p>
<body>
</body>
</html>
```

上面的代码详细设置了利用下画线代替表单的效果，如图 7-23 所示。

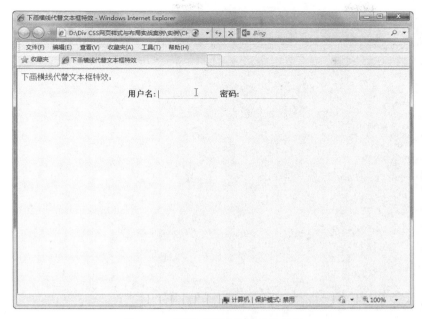

图 7-23　利用下画线代替表单效果

7.4.4　随鼠标单击换色的输入框

input 输入框是单击鼠标变色的特效代码，表单特效可以通过输入框换色。单击鼠标后变换的颜色并不会因为鼠标移走而改变，直到你单击了其他的输入框。具体操作步骤如下。

（1）启动 Dreamweaver CC，新建一个空白文档，在<head>和</head>之间输入相应的代码用于控制文本样式，如图 7-24 所示。

图 7-24　CSS 样式

```
<style type="text/css">
*{margin:0;padding:0;}
body{font-size:63%;
color:#000;}
/*input*/
.input_on{padding:2px 8px 0pt 3px;
height:18px;
border:1px solid #999;
background-color:#ffffcc;}
.input_off{padding:2px 8px 0pt 3px;
height:18px;
border:1px solid #ccc;
background-color:#fff;}
.input_move{padding:2px 8px 0pt 3px;
height:18px;
border:1px solid #999;
background-color:#ffffcc;}
.input_out{/*height:16px;默认高度*/
padding:2px 8px 0pt 3px;
height:18px;
border:1px solid #ccc;
background-color:#fff;}
/*form*/
ul.input_test{margin:20px auto 0 auto;
width:500px;
list-style-type:none;}
ul.input_test li{
width:500px;
height:22px;
margin-bottom:10px;}
.input_test label{float:left;
padding-right:10px;
width:100px;
line-height:22px;
text-align:right;
font-size:1.4em;}
.input_test p{float:left;
_margin-top:-1px;}
.input_test span{float:left;
padding-left:10px;
line-height:22px;
text-align:left;
font-size:1.2em;
color:#999;}
</style>
```

（2）在<body>与</body>之间相应的位置输入代码，用于插入 Div 标签，如图 7-25 所示。

图 7-25 输入代码

```
<ul class="input_test">
<li>
<label for="inp_name">姓名: </label>
<p><input id="inp_name" class="input_out" name="" type="text"
onfocus="this.classname='input_on';this.onmouseout=''"
onblur="this.classname='input_off';this.onmouseout=function()
{this.classname='input_out'};" onmousemove="this.classname='input_move'"
onmouseout="this.classname='input_out'" /></p>
<span>您的姓名</span>
</li>
<li>
<label for="inp_email">邮箱: </label>
<p><input id="inp_email" class="input_out" name="" type="text"
onfocus="this.classname='input_on';this.onmouseout=''"
onblur="this.classname='input_off';this.onmouseout=function()
{this.classname='input_out'};" onmousemove="this.classname='input_move'"
onmouseout="this.classname='input_out'" /></p>
<span>请输入 email</span>
</li>
<li>
<label for="inp_web">网址: </label>
<p><input id="inp_web" class="input_out" name="" type="text"
onfocus="this.classname='input_on';this.onmouseout=''"
onblur="this.classname='input_off';this.onmouseout=function(){this.classname=
'input_out'};"
    onmousemove="this.classname='input_move'"
    onmouseout="this.classname='input_out'" /></p>
<span>请输入网址</span>
</li>
```

```
</ul>
```

（3）保存网页，单击表单可以更改表单的背景颜色，如图 7-26 所示。

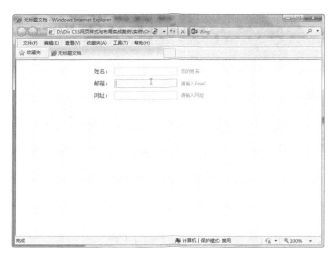

图 7-26　输入导航文本

7.4.5　文本框中只能输入数字

文本框中只能输入数字用于让一个文本框只能输入数字型字符，其他字符（中文、英文、标点符号等）均不能输入。用它可以提高用户输入信息的准确度，也有利于程序的正确执行。其具体操作步骤如下。

（1）启动 Dreamweaver CC，新建一个空白文档，在<body>和</body>之间输入代码用于控制只能输入数字，如图 7-27 所示。

图 7-27　输入代码

```
<!doctype html>
<html>
<head>
```

```
<meta charset="utf-8">
<title>无标题文档</title>
</head>
<body>
文本框内只能输入数字:
<input                          onkeyup="value=value.replace(/[^\d]/g,'')
"onbeforepaste="clipboarddata.setdata('text',clipboarddata.getdata('text').replac
e(/[^\d]/g,''))">
</body>
</html>
```

（2）保存网页，预览效果如图 7-28 所示，可以看到文本框中只能输入数字。

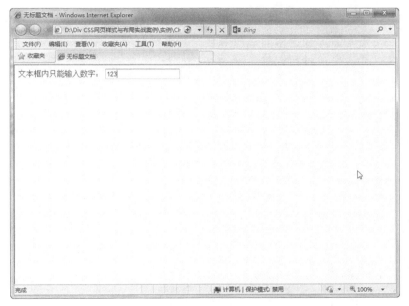

图 7-28 文本框中只能输入数字

第8章

使用 CSS 设计表格样式

随着应用 CSS 网页布局构建网页，以及 Web 标准的广泛普及与发展，表格渐渐被人们遗忘，但是表格还是有它优秀一面的，用表格进行数据处理的确省了不少麻烦！在制作网页时，使用表格可以更清晰地排列数据。

学习目标

- 创建表格
- 设置表格属性

8.1　创建表格

表格是网页排版布局不可缺少的一个工具，能否熟练地运用表格，将直接影响到网页设计的好坏。

8.1.1　表格的基本构成 table、tr、td

表格由行、列和单元格三部分组成，一般通过 3 个标记来创建，分别是表格标记 table、行标记 tr 和单元格标记 td。表格的其他各种属性都要在表格的开始标记<table>和表格的结束标记</table>之间才有效。

语法：

```
<table>
<tr>
<td>单元格内的文字</td>
<td>单元格内的文字</td>
</tr>
<tr>
<td>单元格内的文字</td>
<td>单元格内的文字</td>
</tr>
</table>
```

说明：

<table>标记和</table>标记分别表示表格的开始和结束，而<tr>和</tr>则分别表示行的开

始和结束，在表格中包含几组<tr>…</tr>，就表示该表格为几行，<td>和</td>分别表示单元
格的起始和结束。

实例：

```
<!doctype html>
<html>
<head>
<meta charset="utf-8">
<title>表格构成</title>
</head>
<body>
<table>
<tr>
<td>第1行第1列单元格</td>
<td>第1行第2列单元格</td>
</tr>
<tr>
<td>第2行第1列单元格</td>
<td>第2行第2列单元格</td>
</tr>
</table>
</body>
</html>
```

代码中加粗部分的标记是表格的基本构成，在浏览器中预览，可以看到在网页中添加了
一个2行2列的表格，表格没有边框，如图8-1所示。

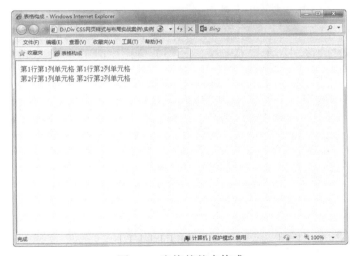

图8-1　表格的基本构成

8.1.2　设置表格的标题 caption

　　<caption>用来设置标题单元格，表格的标题一般位于整个表格的第1行。一个<table>表
格只能含有一个表格标题。

语法：

```
<caption>表格的标题</caption>
```

实例：

```
<!doctype html>
<html>
<head>
<meta charset="utf-8">
<title>表格标题</title>
</head>
<body>
<table width="121" >
<caption>考试成绩表</caption>
<tr>
<td>李敏</td>
<td>80</td>
</tr>
<tr>
<td>秦林</td>
<td>85</td>
</tr>
<tr>
<td>浩宇</td>
<td>90</td>
</tr>
</table>
</body>
</html>
```

代码中加粗部分的标记用来设置表格的标题，在浏览器中预览，可以看到表格的标题，如图 8-2 所示。

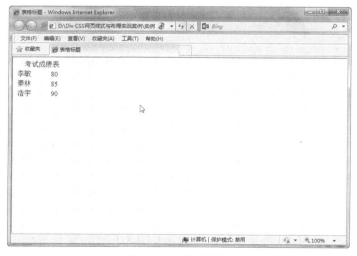

图 8-2　表格的标题

8.2　设置表格基本属性

对表格的属性进行设置，主要包括设置表格的宽度、高度和对齐方式等属性。

8.2.1　设置表格宽度 width

可以使用表格的 width 属性来设置表格的宽度。如果不指定表格宽度，浏览器就会根据表格内容的多少自动调整宽度。

语法：

```
<table width="表格宽度" >
```

说明：

表格宽度的值可以是像素，也可以为百分比。

实例：

```
<!doctype html>
<html>
<head>
<meta charset="utf-8">
<title>表格的宽度</title>
</head>
<body>
<table width="500">
<caption>考试成绩表</caption>
<th align="left">姓名</th>
<th align="left">语文</th>
<th align="left">数学</th>
<th align="left">英语</th>
<tr>
<td>李敏</td>
<td>95</td>
<td>76</td>
<td>80</td>
</tr>
<tr>
<td>秦林</td>
<td>88</td>
<td>90</td>
<td>85</td>
</tr>
<tr>
<td>浩宇</td>
<td>80</td>
<td>89</td>
<td>90</td>
</tr>
</table>
```

```
</body>
</html>
```

代码中加粗部分的标记用来设置表格的宽度为 500 像素，在浏览器中预览，可以看到效果如图 8-3 所示。

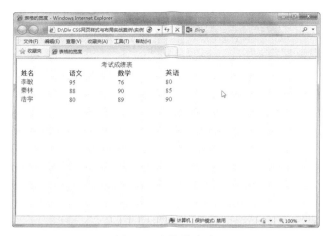

图 8-3　表格的宽度

8.2.2　设置表格高度 height

可以使用表格的 height 属性来设置表格的高度。

语法：

```
<table height="表格的高度" >
```

说明：

表格高度的值可以是像素，也可以为百分比。

实例：

```
<!doctype html>
<html>
<head>
<meta charset="utf-8">
<title>表格的高度</title>
</head>
<body>
<table width="500" height="130">
<caption>考试成绩表</caption>
<th>姓名</th>
<th>语文</th>
<th>数学</th>
<th>副科</th>
<tr>
<td>李敏</td>
<td>95</td>
<td>76</td>
```

```
<td>80</td>
</tr>
<tr>
<td>秦林</td>
<td>88</td>
<td>90</td>
<td>85</td>
</tr>
<tr>
<td>浩宇</td>
<td>80</td>
<td>89</td>
<td>90</td>
</tr>
</table>
</body>
</html>
```

代码中加粗部分的标记用来设置表格的高度，在浏览器中预览，可以看到将表格的高度
设置为 130 像素的效果，如图 8-4 所示。

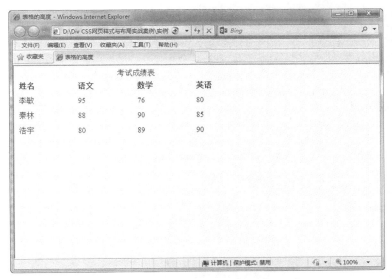

图 8-4　设置表格的高度效果

8.2.3　设置表格对齐方式 align

可以使用表格的 align 属性来设置表格的对齐方式。

语法：

```
<table align="对齐方式" >
```

说明：

align 参数的取值如表 8-1 所示。

表 8-1　　　　　　　　　　　　　　　　**align** 参数的取值

属 性 值	说　　明
left	整个表格在浏览器页面中左对齐
center	整个表格在浏览器页面中居中对齐
right	整个表格在浏览器页面中右对齐

实例：

```
<!doctype html>
<html>
<head>
<meta charset="utf-8">
<title>表格对齐方式</title>
</head>
<body>
<table width="500" height="130" align="center" >
  <caption>
    考试成绩表
  </caption>
  <th align="left">姓名</th>
   <th align="left">语文</th>
   <th align="left">数学</th>
   <th align="left">英语</th>
  <tr>
   <td>李敏</td>
   <td>95</td>
   <td>76</td>
   <td>80</td>
  </tr>
  <tr>
   <td>秦林</td>
   <td>88</td>
   <td>90</td>
   <td>85</td>
  </tr>
  <tr>
   <td>浩宇</td>
   <td>80</td>
   <td>89</td>
   <td>90</td>
  </tr>
</table>
</body>
</html>
```

　　代码中加粗部分的标记用来设置表格的对齐方式，在浏览器中预览，可以看到表格居中对齐效果，如图 8-5 所示。

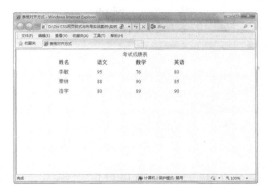

图 8-5　表格居中对齐效果

8.3　设置表格的属性

表格的边框可以很粗也可以很细，可以使用 border 属性来设置表格的边框效果，包括边框的宽度、边框的颜色等。

8.3.1　表格的边框宽度 border

默认情况下，如果不指定 border 属性，浏览器将不显示表格边框。

语法：

```
<table border="边框宽度">
```

说明：

只有设置 border 值不为 0，在网页中才能显示出表格的边框。

实例：

```
<!doctype html>
<html>
<head>
<meta charset="utf-8">
<title>表格的边框</title>
</head>
<body>
<table width="382" border="5">
<tr>
<td>第 1 行第 1 列单元格</td>
<td>第 1 行第 2 列单元格</td>
</tr>
<tr>
<td>第 2 行第 1 列单元格</td>
<td>第 2 行第 2 列单元格</td>
</tr>
</table>
</body>
</html>
```

　　代码中加粗部分的标记用来设置表格的边框宽度，在浏览器中预览，可以看到将表格边框宽度设置为 5 像素的效果，如图 8-6 所示。

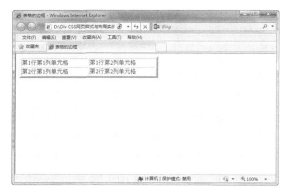

图 8-6　表格的边框宽度效果

8.3.2　表格边框颜色 bordercolor

　　默认情况下，边框的颜色是灰色的，可以使用 bordercolor 属性来设置边框的颜色。但是设置边框颜色的前提是边框的宽度不能为 0，否则将无法显示出边框的颜色。

语法：

```
<table border="边框宽度" bordercolor="边框颜色">
```

说明：

边框的宽度不能为 0，边框颜色为十六进制的颜色。

实例：

```
<html>
<head>
<meta http-equiv="content-type" content="text/html; charset=gb2312" />
<title>表格的边框颜色</title>
</head>
<body>
<table width="200" border="5" bordercolor="#66ccff">
<tr>
<td>单元格 1</td>
<td>单元格 2</td>
</tr>
<tr>
<td>单元格 3</td>
<td>单元格 4</td>
</tr>
</table>
</body>
</html>
```

　　代码中加粗部分的标记用来设置表格边框的颜色，在浏览器中预览，可以看到边框颜色的效果，如图 8-7 所示。

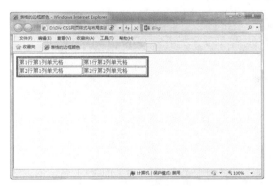

图 8-7　表格边框颜色效果

8.3.3　设置表格阴影

利用 CSS 可以给表格制作出阴影效果。

（1）新建一个文档，输入如下所示的 CSS 代码，该代码分别定义了表格的上下左右边框的 color、style 和 width，如图 8-8 所示。

```css
.boldtable {border-top-width: 1px;
    border-right-width: 6px;
    border-bottom-width: 6px;
    border-left-width: 1px;
    border-top-style: solid;
    border-right-style: solid;
    border-bottom-style: solid;
    border-left-style: solid;
    border-top-color: #ffffff;
    border-right-color: #999999;
    border-bottom-color: #999999;
    border-left-color: #999999;}
```

图 8-8　输入 CSS 代码

（2）在<body>和</body>之间输入如下代码，用于插入表格，如图 8-9 所示。

```
<table width="368" border="1" cellpadding="0" cellspacing="0"
bgcolor="#6699cc" class="boldtable">
<tr>
<td> </td>
</tr>
<tr>
<td> </td>
</tr>
<tr>
<td> </td>
</tr>
</table>
```

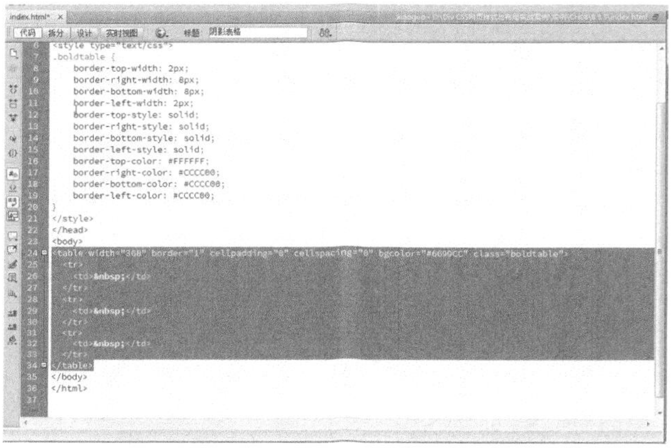

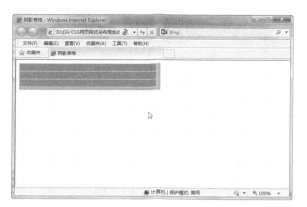

图 8-9 插入表格

（3）保存文档，在浏览器中预览效果，如图 8-10 所示。

图 8-10 表格阴影

8.3.4 设置表格的渐变背景

表格的渐变背景具体制作步骤如下。

（1）新建一个文档，输入其 CSS 代码，如图 8-11 所示。

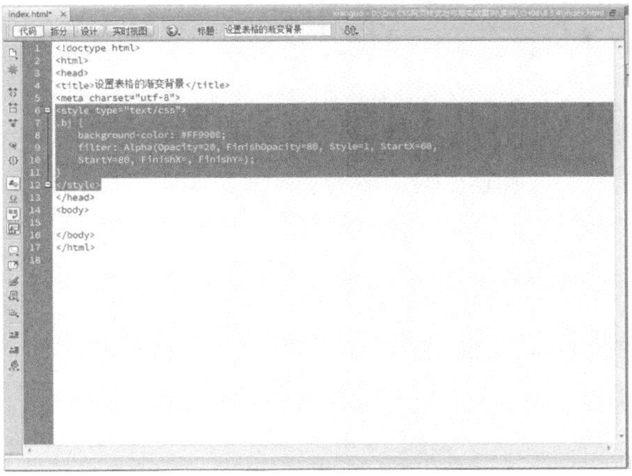

图 8-11　输入 CSS 代码

```
<style type="text/css">
.bj {
    background-color: #ff9900;
    filter: alpha(opacity=20, finishopacity=80, style=1, startx=60,
  starty=80, finishx=, finishy=);
}
</style>
```

（2）在<body>和</body>之间输入如下代码，用于插入表格，如图 8-12 所示。

```
<table width="483" height="208" border="0" class="bj">
<tr>
<td> </td>
</tr>
</table>
```

图 8-12　插入表格

（3）保存文档，在浏览器中预览效果，如图 8-13 所示。

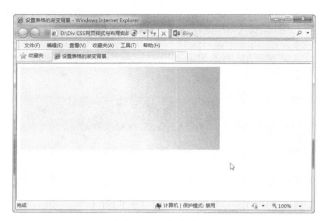

图 8-13　渐变背景

8.4　实例应用

表格和其他的 HTML 元素一样，拥有很多 CSS 样式选项。表格的处理是 CSS 网页布局中经常会遇到的内容。但是使用 CSS 格式化的表格在不同的浏览器中会显示出不同的效果，因此需要进行广泛的测试。

8.4.1　变换背景色的表格

如果希望浏览者特别留意某个表格属性，可以在设计表格时添加简单的 CSS 语法，当浏览者将鼠标指针移到表格上时，就会自动变换表格的背景色；当鼠标指针离开表格，即会恢复原来的背景色（或是换成另一种颜色）。

（1）打开网页文档，如图 8-14 所示。

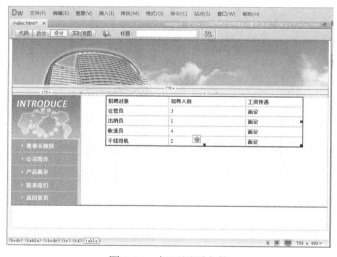

图 8-14　打开网页文档

（2）在<table>标记中输入以下代码，如图 8-15 所示。

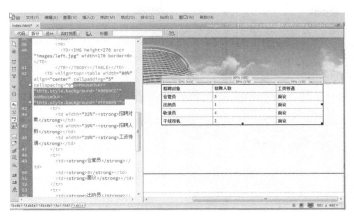

图 8-15 输入代码

```
onmouseover="this.style.background='#6699cc'"
onmouseout="this.style.background='#ff6699'">
```

（3）保存文档，在浏览器中预览效果，鼠标指针没有移到表格上时的效果如图 8-16 所示，鼠标指针移到表格上时的效果如图 8-17 所示。

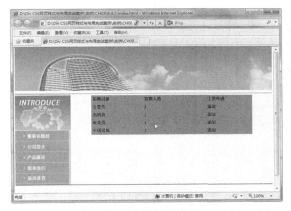

图 8-16 鼠标指针没有移到表格上时的效果

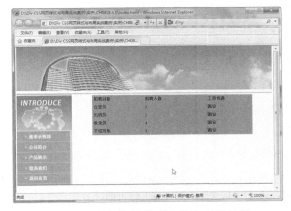

图 8-17 鼠标指针移到表格上时的效果

8.4.2　表格隔行换色特效

通过使用 Div+CSS+jQury 可以实现 table 表格隔行变色特效，默认情况下，表格每行背景是间隔颜色，鼠标经过对应 table 行时背景有变色换色。具体操作步骤如下。

（1）新建一个 js 文件，输入相应的代码，将其保存为 jquerys.js，如图 8-18 所示。

图 8-18　新建 js 文件

（2）在<head>标记中输入代码<script type="text/javascript" src="jquerys.js"></script>，用于调用 jquerys.js 文件，如图 8-19 所示。

图 8-19　调用 jquerys.js 文件

（3）在<head>标记中输入以下隔行变色 jQury 代码，如图 8-20 所示。

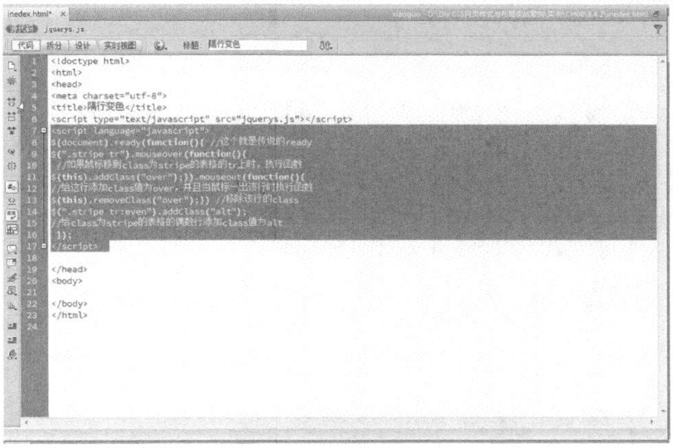

图 8-20　隔行变色 jQury 代码

```
<script language="javascript">
$(document).ready(function(){ //这个就是传说的 ready
$(".stripe tr").mouseover(function(){
 //如果鼠标移到 class 为 stripe 的表格的 tr 上时，执行函数
$(this).addclass("over");}).mouseout(function(){
//给这行添加 class 值为 over，并且当鼠标移出该行时执行函数
$(this).removeclass("over");}) //移除该行的 class
$(".stripe tr:even").addclass("alt");
//给 class 为 stripe 的表格的偶数行添加 class 值为 alt
 });
</script>
```

（4）在<head>标记中输入隔行变色 CSS 代码，如图 8-21 所示。

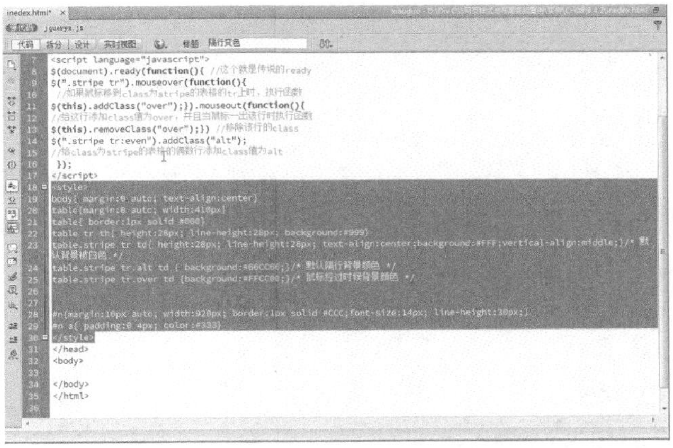

图 8-21　隔行变色 CSS 代码

```
<style>
body{ margin:0 auto; text-align:center}
table{margin:0 auto; width:410px}
table{ border:1px solid #000}
table tr th{ height:28px; line-height:28px; background:#999}
```

```
table.stripe tr td{ height:28px; line-height:28px;
text-align:center;background:#fff;vertical-align:middle;}/* 默认背景被白色 */
table.stripe tr.alt td { background:#66cc66;}/* 默认隔行背景颜色 */
table.stripe tr.over td {background:#ffcc00;}/* 鼠标经过时候背景颜色 */
#n{margin:10px  auto;  width:920px;  border:1px  solid  #ccc;font-size:14px;
line-height:30px;}
#n a{ padding:0 4px; color:#333}
</style>
```

（5）在<head>标记中输入隔行换色 HTML 代码，用于插入表格和输入文本，如图 8-22 所示。

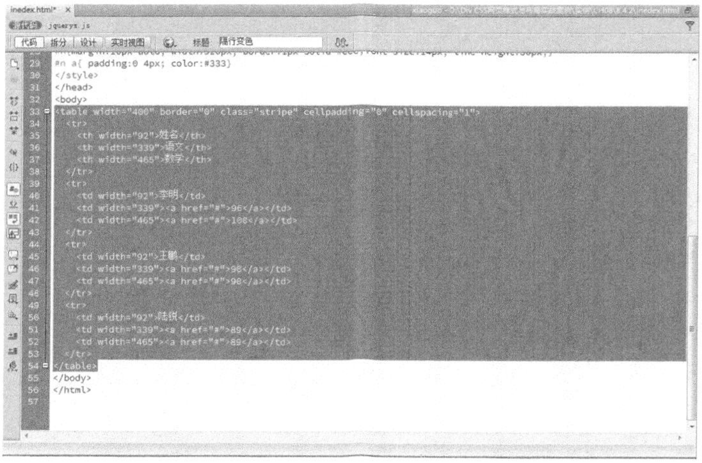

图 8-22　插入表格和输入文本

```
<table width="400" border="0" class="stripe" cellpadding="0" cellspacing="1">
  <tr>
    <th width="92">姓名</th>
    <th width="339">语文</th>
    <th width="465">数学</th>
  </tr>
  <tr>
    <td width="92">李明</td>
    <td width="339"><a href="#">96</a></td>
    <td width="465"><a href="#">100</a></td>
  </tr>
  <tr>
    <td width="92">王鹏</td>
    <td width="339"><a href="#">90</a></td>
    <td width="465"><a href="#">90</a></td>
  </tr>
  <tr>
    <td width="92">陆锐</td>
    <td width="339"><a href="#">89</a></td>
    <td width="465"><a href="#">89</a></td>
```

```
    </tr>
</table>
```

（6）保存文档，通过不同背景即可实现隔行换色变色效果，如图 8-23 所示。

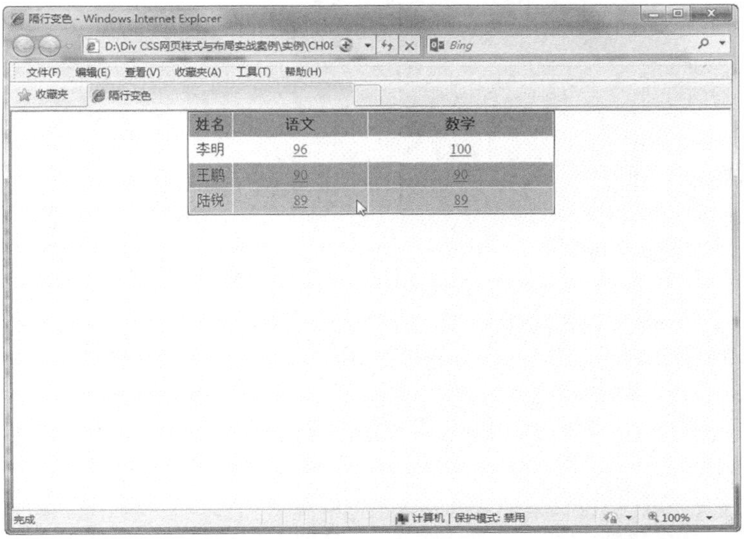

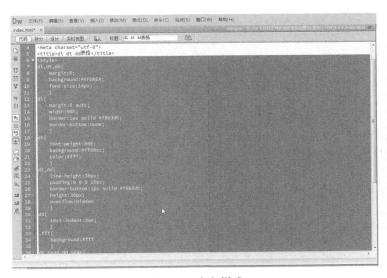

图 8-23　隔行变色效果

8.4.3　dl dt dd 实现表格布局

CSS 中的 dl dt dd 标签可以实现一个简洁实用的表格效果，并且包括表头、多列布局，以及隔行换色，具体操作步骤如下。

（1）新建一个空白文档，在 <head> 标记中输入以下代码，使用 CSS 定义 dl dt dd 标签的表格样式，如图 8-24 所示。

图 8-24　定义样式

```
<style>
dl,dt,dd{
    margin:0;
    background:#ffd0e8;
    font-size:14px;
    }
dl{
    margin:0 auto;
    width:50%;
    border:1px solid #f8b3d0;
    border-bottom:none;
    }
dt{
    font-weight:800;
    background:#ff99cc;
    color:#fff;
    }
dt,dd{
    line-height:30px;
    padding:0 0 0 10px;
    border-bottom:1px solid #f8b3d0;
    height:30px;
    overflow:hidden
    }
dd{
    text-indent:3em;
    }
.fff{
    background:#fff
    }
dt span,dd span{
    display:block;
    float:right;
    font-size:14px;
    border-left:1px solid #f8b3d0;
    text-indent:0em;
    width:80px;
    text-align:center;
    }
</style>
```

（2）在<body>标记中输入代码，用于插入 Div 标签和输入文本，如图 8-25 所示。

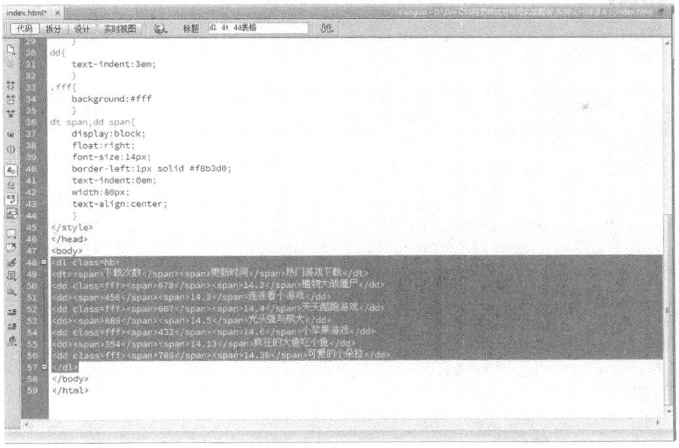

图 8-25 插入<Div>标签和输入文本

```
<dl class=hb>
<dt><span>下载次数</span><span>更新时间</span>热门游戏下载</dt>
<dd class=fff><span>678</span><span>14.2</span>植物大战僵尸</dd>
<dd><span>456</span><span>14.3</span>连连看小游戏</dd>
<dd class=fff><span>667</span><span>14.4</span>天天酷跑游戏</dd>
<dd><span>889</span><span>14.5</span>光头强与熊大</dd>
<dd class=fff><span>432</span><span>14.6</span>小苹果游戏</dd>
<dd><span>354</span><span>14.13</span>疯狂的大鱼吃小鱼</dd>
<dd class=fff><span>789</span><span>14.30</span>可爱的小朵拉</dd>
</dl>
```

（3）保存文档，预览效果如图 8-26 所示。

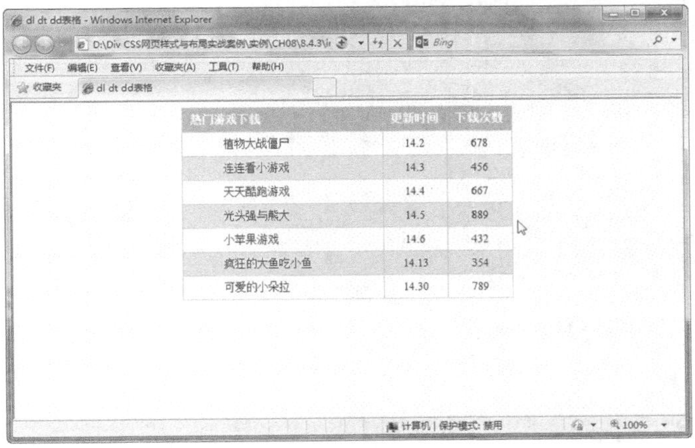

图 8-26 表格布局

8.4.4 鼠标经过时改变表格行的颜色

本实例讲述鼠标经过时改变表格行的颜色，具体操作步骤如下。

（1）新建一个空白文档，在<body>标记中输入以下代码，用于鼠标经过时改变一行表格的颜色，如图 8-27 所示。

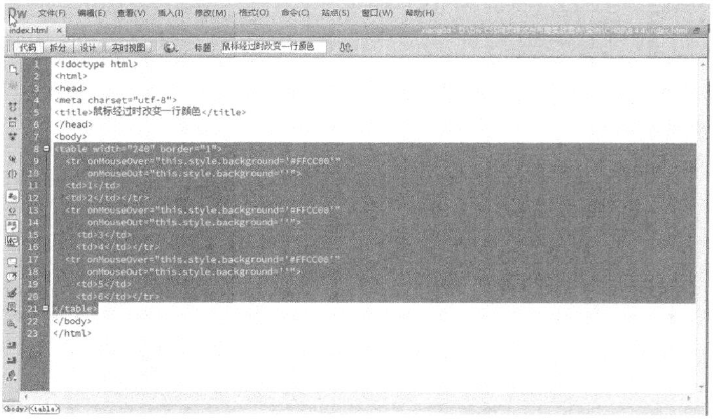

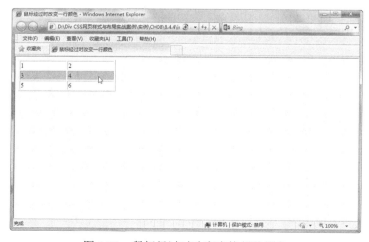

图 8-27　输入代码

```
<table width="240" border="1">
  <tr onmouseover="this.style.background='#ffcc00'"
     onmouseout="this.style.background=''">
  <td>1</td>
  <td>2</td></tr>
  <tr onmouseover="this.style.background='#ffcc00'"
     onmouseout="this.style.background=''">
   <td>3</td>
   <td>4</td></tr>
  <tr onmouseover="this.style.background='#ffcc00'"
     onmouseout="this.style.background=''">
  <td>5</td>
  <td>6</td></tr>
</table>
```

（2）保存文档，当将鼠标指针放置在一行中时即可改变这一行颜色，如图 8-28 所示。

图 8-28　鼠标经过时改变表格行的颜色

8.4.5　CSS 用虚线美化表格的边框

本实例讲述用虚线美化表格的边框，具体操作步骤如下。

（1）新建一个空白文档，在<head>标记中输入以下代码，用 CSS 样式设置表格边框颜色，如图 8-29 所示。

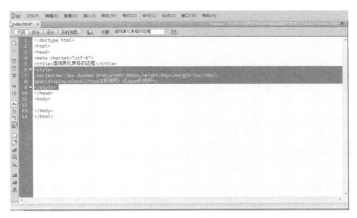

图 8-29　输入代码

```
<style>
.bor{border:3px dashed #f00;width:300px;height:60px;margin-top:10px}
span{display:block}/*css 注释说明：让 span 形成块*/
</style>
```

（2）在<body>标记中输入以下代码，用 CSS 插入表格，如图 8-30 所示。

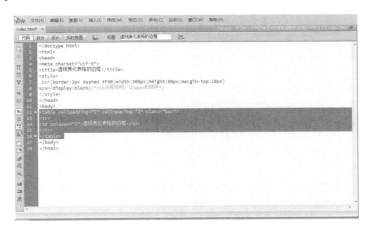

图 8-30　插入表格

```
<table cellpadding="2" cellspacing="2" class="bor">
<tr>
<td colspan="2">虚线美化表格的边框</td>
</tr>
</table>
```

（3）保存文档，预览效果即可看到精美的边框，如图 8-31 所示。

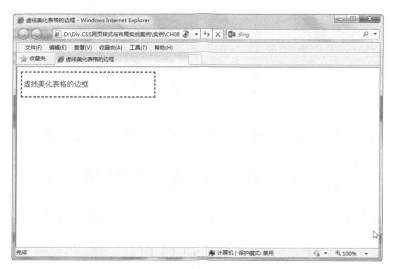

图 8-31 精美边框效果

第9章

使用 CSS 定义链接样式

对于很多追求页面美观的站长来说，默认的链接样式实在是让人太难以容忍了，而且它们也很难和网站的风格相吻合。不过有了 CSS 之后我们就不用担心这个问题了。本章将讲解通过 CSS 样式来控制超链接样式。

学习目标

☐ 光标属性 cursor
☐ 定义下画线样式 text-decoration
☐ 未访问过的链接 a:link
☐ 定义 a:hover
☐ 已访问超链接样式 a:visited
☐ 超链接的激活样式 a:active

9.1 链接样式设置基础

现在 CSS 已经被广泛应用于各种网页的制作当中。在 CSS 的配合下，HTML 语言能够发挥出更大的效果。

9.1.1 光标属性 cursor

使用光标属性 cursor 可以设置在对象上移动的鼠标指针所采用的光标形状。

语法：

```
cursor:auto | 形状取值 | url（图像地址）
```

说明：

鼠标的形状取值有以下几种，如表 9-1 所示。

表 9-1   鼠标形状的取值

取值	含义
default	客户端平台的默认光标。通常是一个箭头
hand	竖起一只手指的手形光标
crosshair	简单的十字线光标

取值	含义
text	大写字母 I 的形状
help	带有问号标记的箭头
wait	用于标示程序忙用户需要等待的光标
e-resize	向东的箭头
ne-resize	向东北的箭头
n-resize	向北的箭头
nw-resize	向西北的箭头
w-resize	向西的箭头
sw-resize	向西南的箭头
s-resize	向南的箭头
se-resize	向东南的箭头
auto	默认值。浏览器根据当前情况自动确定光标类型

实例：

```
<!doctype html>
<html>
<head>
<meta charset="utf-8">
<title>光标属性</title>
<style type="text/css">
<!--
.l {
font-size: 12px;
line-height: 25px;
}
ol{
list-style-image: url(lb02.gif);
cursor: wait;
}
-->
</style>
</head>
<body>
<ol class="l">
<li>女学生放弃一本逐铁道之梦<br>
<li>中国发现&quot;阿凡达翼兽&quot;化石<br>
<li>西安警方拍宣传大片<br>
<li>中国连续发现 8 个亿吨级油田
</ol>
</body>
</html>
```

在代码中，cursor: wait 标记用来设置光标属性，将光标设置为 wait，在浏览器中的浏览效果如图 9-1 所示。

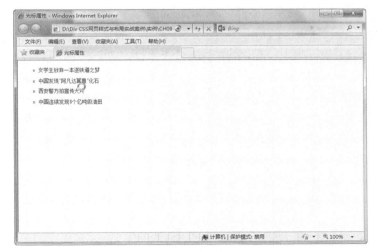

图 9-1　光标属性效果

9.1.2　定义下画线样式 text-decoration

text-decoration 用于定义文本是否有画线以及画线的方式。

语法：

```
text-decoration : none | underline |blink | overline | line-through
```

说明：

text-decoration 下画线在 CSS 中的单词值参数，如表 9-2 所示。

表 9-2　　　　　　　　　　　　　　　鼠标形状的取值

取值	含义
none	无装饰
blink	闪烁
underline	下画线
line-through	贯穿线
overline	上画线
text-decoration	none 无装饰，通常对 html 下画线标签去掉下画线样式
text-decoration	underline 下画线样式
text-decoration	line-through 删除线样式-贯穿线样式
text-decoration	overline 上画线样式

实例：

```
<!doctype html>
<html>
<head>
<meta charset="utf-8">
<title>下画线样式</title>
```

```
<style>
body p a {text-decoration:underline;}
</style>
</head>
<body>
<p>
<a href="#">定义下画线样式</a>
</p>
</body>
</html>
```

在浏览器中浏览即可看见添加的下画线效果，如图 9-2 所示。

图 9-2　下画线效果

9.1.3　未访问过的链接 a:link

设置 a 对象在未被访问前（未点击过和鼠标未经过）的样式表属性。也就是 html a 锚文本标签的内容初始样式。其使用方法如下。

（1）新建一个空白文档，在 <head> 标记中输入如下代码。

```
<style type="text/css">
#nav {
    background-image: url(top.jpg);
}
a:link {
    font-family: "宋体";
    font-size: 14px;
    line-height: 200%;
    font-weight: bold;
    color: #ff0;
}
</style>
```

（2）在浏览器中浏览，可以看到未访问的超链接文字效果如图 9-3 所示。

图 9-3   未访问的超链接效果

9.1.4   鼠标悬停时状态 a:hover

有时需要对一个网页中的链接文字做不同的效果，并且让鼠标移上时也有不同的效果。
a:hover 用于设置对象在其鼠标悬停时的样式表属性，也就是鼠标刚刚经过 a 标签并停留在 a
链接上时的样式。其具体操作步骤如下。

（1）新建一个空白文档，在<head>标记中输入如下代码。

```
<style type="text/css">
#nav {
    background-image: url(top.jpg);
}
a:hover {
color: #ff0;
}
</style>
```

（2）在浏览器中的浏览效果如图 9-4 所示，由于设置了 a:hover 的"颜色"为#FF0，则鼠
标指针经过链接的时候会改变文本的颜色。

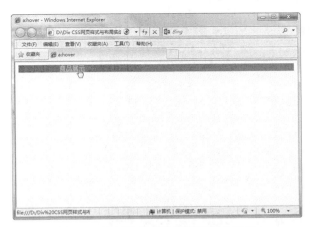

图 9-4   鼠标指针经过超链接时的效果

9.1.5　已访问超链接样式 a:visited

a:visited 表示超链接被访问过后的样式，对于浏览器而言，通常都是访问过的链接比没有访问过的链接颜色稍浅，以便提示浏览者该链接已经被单击过。

（1）新建一个空白文档，在<head>标记中输入如下代码。

```
<style type="text/css">
#nav {background-image: url(top.jpg);}
    a:visited {     /* 设置访问后的链接样式 */
    font-family: "宋体";
    font-size: 14px;
    line-height: 200%;
    font-weight: bold;
    color: #cccccc;}
</style>
```

（2）在浏览器中浏览，可以看到访问过的链接颜色，如图 9-5 所示。

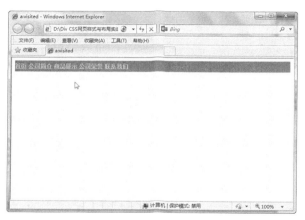

图 9-5　超链接文字访问后的样式

9.1.6　超链接的激活样式 a:active

a:active 表示超链接的激活状态，用来定义鼠标单击链接但还没有释放之前的样式。

（1）新建一个空白文档，输入如下 CSS 代码。

```
<style type="text/css">
#nav {
    background-image: url(top.jpg);
}
    a:active {
    font-family: "宋体";
    font-size: 14px;
    line-height: 200%;
    font-weight: bold;
    color: #ff0000;
    background-color: #66cc33;
```

```
}
</style>
```

（2）在浏览器中单击链接文字且不释放鼠标，可以看到如图 9-6 所示的效果，有绿色的背景和红色的文字。

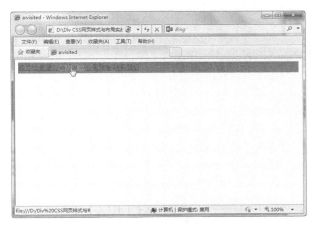

图 9-6　超链接效果

9.2　实例应用

超级链接是网站中使用比较频繁的 HTML 元素，因为网站的各种页面都是由超级链接串接而成，超级链接完成了页面之间的跳转。下面通过实例讲述利用 CSS 控制超链接样式的方法。

9.2.1　不同的鼠标显示样式

经常上网的朋友是否曾注意到有些网站的鼠标不是规则的斜向上箭头的形状，而是"十"字形，或者是向左的箭头，或者是个问号等。当你想在网页的不同位置让鼠标显示不同形状时，当你想让网站体现出与众不同的风格时，可以通过设置不同的鼠标样式实现。

（1）新建一个空白文档，在<head>标记中输入如下 CSS 代码，如图 9-7 所示。

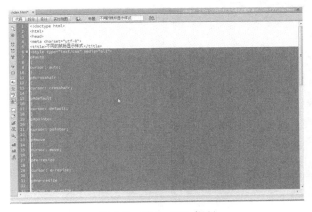

图 9-7　输入 CSS 代码

```
<style type="text/css" media="all">
p#auto
{
cursor: auto;
}
p#crosshair
{
cursor: crosshair;
}
p#default
{
cursor: default;
}
p#pointer
{
cursor: pointer;
}
p#move
{
cursor: move;
}
p#e-resize
{
cursor: e-resize;
}
p#ne-resize
{
cursor: ne-resize;
}
p#nw-resize
{
cursor: nw-resize;
}
p#n-resize
{
cursor: n-resize;
}
p#se-resize
{
cursor: se-resize;
}
p#sw-resize
{
cursor: sw-resize;
}
p#s-resize
```

```
{
cursor: s-resize;
}
p#w-resize
{
cursor: w-resize;
}
p#text
{
cursor: text;
}
p#wait
{
cursor: wait;
}
p#help
{
cursor: help;
}
p#progress
{
cursor: progress;
}
p
{
border: 1px solid black;
background: lightblue;
}
</style>
```

（2）在<body>标记中输入文本应用样式，如图9-8所示。

图9-8　输入文本应用样式

```
<p id="auto">auto 正常鼠标</p>
        <p id="crosshair">crosshair 十字鼠标</p>
        <p id="default">default 默认鼠标</p>
        <p id="pointer">pointer 鼠标</p>
        <p id="move">move 移动鼠标</p>
        <p id="e-resize">e-resize 鼠标</p>
        <p id="ne-resize">ne-resize 鼠标</p>
        <p id="nw-resize">nw-resize 鼠标</p>
        <p id="n-resize">n-resize 鼠标</p>
        <p id="se-resize">se-resize 鼠标</p>
        <p id="sw-resize">sw-resize 鼠标</p>
        <p id="s-resize">s-resize 鼠标</p>
        <p id="w-resize">w-resize 鼠标</p>
        <p id="text">text 文字鼠标</p>
        <p id="wait">wait 等待鼠标</p>
        <p id="help">help 求助鼠标</p>
        <p id="progress">progress 过程鼠标</p>
```

（3）保存文档，预览代码，当鼠标放置在文本上可以看到如图 9-9 所示的效果。

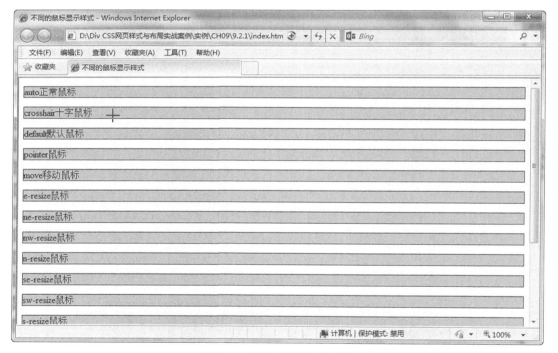

图 9-9　不同的鼠标样式效果

9.2.2　向链接添加不同的样式

本实例演示如何向链接中添加其他样式。

（1）新建一个空白文档，在 <head> 标记中输入如下 CSS 代码，如图 9-10 所示。

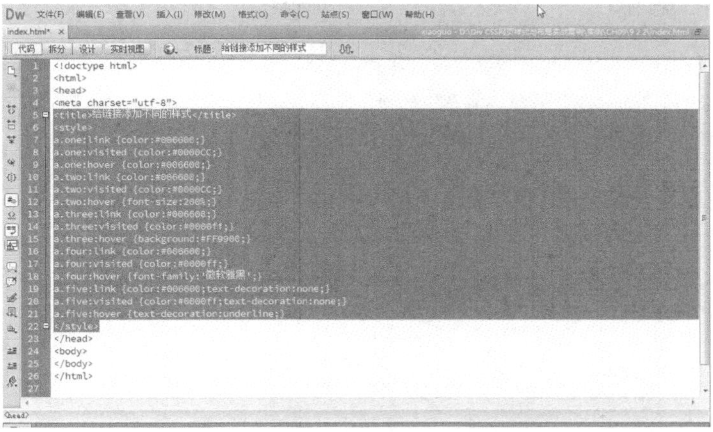

图 9-10　输入 CSS 代码

```
<style>
a.one:link {color:#006600;}
a.one:visited {color:#0000cc;}
a.one:hover {color:#006600;}
a.two:link {color:#006600;}
a.two:visited {color:#0000cc;}
a.two:hover {font-size:200%;}
a.three:link {color:#006600;}
a.three:visited {color:#0000ff;}
a.three:hover {background:#ff9900;}
a.four:link {color:#006600;}
a.four:visited {color:#0000ff;}
a.four:hover {font-family:'微软雅黑';}
a.five:link {color:#006600;text-decoration:none;}
a.five:visited {color:#0000ff;text-decoration:none;}
a.five:hover {text-decoration:underline;}
</style>
```

（2）在<body>标记中输入文本应用样式，如图 9-11 所示。

图 9-11　输入文本应用样式

```
<p><b><a class="one" href="/index.html" target="_blank">改变颜色</a></b></p>
<p><b><a class="two" href="/index.html" target="_blank">改变字体尺寸</a></b></p>
<p><b><a class="three" href="/index.html" target="_blank">改变背景色</a></b></p>
<p><b><a class="four" href="/index.html" target="_blank">改变字体</a></b></p>
<p><b><a class="five" href="/index.html" target="_blank">改变文本的装饰
</a></b></p>
```

（3）保存文档，预览代码，可以看见如图 9-12 所示的效果。

图 9-12 给链接添加不同样式

9.2.3 按钮式超链接

很多网页上的超链接都被制作成各种按钮的效果，下面就通过 CSS 的属性设置来模仿按钮效果。

（1）新建一个空白文档，在<head>标记中输入如下 CSS 代码，如图 9-13 所示。

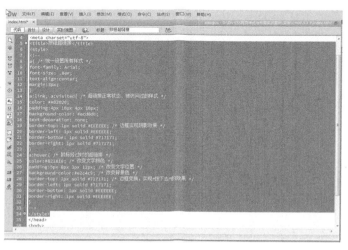

图 9-13 输入 CSS 代码

```
<style>
<!--
```

```
a{ /* 统一设置所有样式 */
font-family: arial;
font-size: .8em;
text-align:center;
margin:3px;
}
a:link, a:visited{ /* 超链接正常状态、被访问过的样式 */
color: #a62020;
padding:4px 10px 4px 10px;
background-color: #ecd8db;
text-decoration: none;
border-top: 1px solid #eeeeee; /* 边框实现阴影效果 */
border-left: 1px solid #eeeeee;
border-bottom: 1px solid #717171;
border-right: 1px solid #717171;
}
a:hover{ /* 鼠标经过时的超链接 */
color:#821818; /* 改变文字颜色 */
padding:5px 8px 3px 12px; /* 改变文字位置 */
background-color:#e2c4c9; /* 改变背景色 */
border-top: 1px solid #717171; /* 边框变换，实现"按下去"的效果 */
border-left: 1px solid #717171;
border-bottom: 1px solid #eeeeee;
border-right: 1px solid #eeeeee;
}
-->
</style>
```

（2）在<body>标记中输入文本，如图 9-14 所示。

图 9-14 输入文本

```
<a href="#">首页</a>
<a href="#">个人日记</a>
<a href="#">个人简介</a>
<a href="#">工作经历</a>
<a href="#">生活照片</a>
<a href="#">联系方式</a>
```

（3）保存文档，预览代码，可以看见如图 9-15 所示的效果。

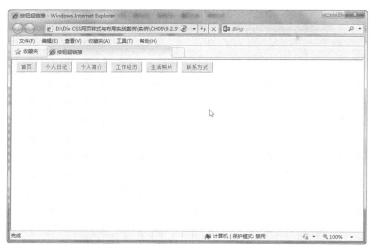

图 9-15　按钮式超链接

9.2.4　翻转式超链接

除了背景颜色和边框等传统 CSS 样式，如果将背景图片也加入到超链接的伪属性中，就可以制作出更多绚丽的效果。

（1）新建一个空白文档，在\<head\>标记中输入如下 CSS 代码，如图 9-16 所示。

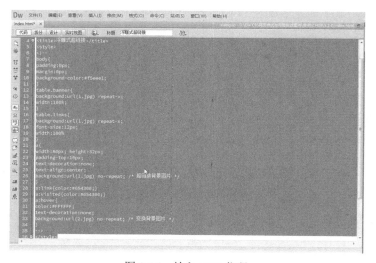

图 9-16　输入 CSS 代码

```
<style>
<!--
body{
padding:0px;
margin:0px;
background-color:#f5eee1;}
table.banner{
background:url(1.jpg) repeat-x;
width:100%;}
table.links{
background:url(1.jpg) repeat-x;
font-size:12px;
width:100%}
a{
width:80px; height:32px;
padding-top:10px;
text-decoration:none;
text-align:center;
background:url(1.jpg) no-repeat; /* 超链接背景图片 */
}
a:link{color:#654300;}
a:visited{color:#654300;}
a:hover{
color:#ffffff;
text-decoration:none;
background:url(2.jpg) no-repeat; /* 变换背景图片 */
}
-->
</style>
```

（2）在<body>标记中输入文本，如图9-17所示。

图 9-17 输入文本

```
<table width="380" border="0">
  <tr>
    <td><a href="#">首页</a></td>
    <td height="50"><a href="#">个人日记</a></td>
    <td><a href="#">个人简介</a></td>
    <td><a href="#">工作经历</a></td>
    <td><a href="#">生活照片</a></td>
    <td><a href="#">联系方式</a></td>
  </tr>
</table>
```

（3）保存文档，预览代码，可以看见如图 9-18 所示的效果。

图 9-18　翻转导航

9.2.5　设计导航菜单

好的导航菜单总能给人留下不一样的深刻印象。接下来给大家介绍一种完全利用 CSS 制作的导航菜单。

（1）新建一个空白文档，在<head>标记中输入如下 CSS 代码，如图 9-19 所示。

图 9-19　输入 CSS 代码

```css
<style type="text/css">
body
{ font: 16px arial, helvetica, sans-serif;    }
#breadcrumb
{
    font: 11px arial, helvetica, sans-serif;
    background-image:url('bc_bg.png');
    background-repeat:repeat-x;
    height:30px;
    line-height:30px;
    color:#9b9b9b;
    border:solid 1px #cacaca;
    width:100%;
    overflow:hidden;
    margin:0px;
    padding:0px;}
#breadcrumb li
{
    list-style-type:none;
    float:left;
    padding-left:10px;}
#breadcrumb a
{
    height:30px;
    display:block;
    background-image:url('bc_separator.png');
    background-repeat:no-repeat;
    background-position:right;
    padding-right: 15px;
    text-decoration: none;
    color:#454545;}
.home
{
    border:none;
    margin: 8px 0px;}
#breadcrumb a:hover
{
    color:#f00;}
</style>
```

（2）在<body>标记中输入文本，如图 9-20 所示。

```html
<h1> </h1>
<ul id="breadcrumb">
<li><a  href="#"  title="home"><img  src="home.png"  alt="home"  class="home"
/></a></li>
    <li><a href="#" title="首页">首页</a></li>
    <li><a href="#" title="公司简介">公司简介</a></li>
```

```
<li><a href="#" title="公司新闻">公司新闻</a></li>
<li><a href="#" title="联系我们">联系我们</a></li>
</ul>
```

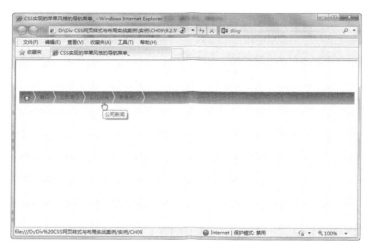

图 9-20 输入文本

（3）保存文档，预览代码，可以看见如图 9-21 所示的效果。

图 9-21 导航菜单

第10章

CSS 中的滤镜

在网页制作中使用 CSS 这已是众所周知的，而关于 CSS 滤镜使用的内容却介绍得不多。其实，CSS 的滤镜在 Dreamweaver 中用起来也很方便，且能使文字产生一种类似图片的效果，但比起图片来可就瘦小多了。

学习目标

- ☐ 滤镜概述
- ☐ 动感模糊
- ☐ 对颜色进行透明处理
- ☐ 设置阴影
- ☐ 对象的翻转

10.1 滤镜概述

CSS 中的滤镜与 Photoshop 中的滤镜相似，它可以用很简单的方法对网页中的对象进行特效处理。使用滤镜属性可以把一些特殊效果添加到网页元素中，使页面变得更加美观。

CSS 滤镜的标识符是"filter"，总体的应用和其他的 CSS 语句相同。CSS 滤镜可分为基本滤镜和高级滤镜两种。

可以直接作用于对象上，并且立即生效的滤镜称为基本滤镜。而要配合 JavaScript 等脚本语言，能产生更多变幻效果的则称为高级滤镜。

10.2 动感模糊

blur 属性用于设置对象的动态模糊效果。

语法：

```
filter:blur（add=参数值，direction=参数值，strength=参数值）
```

说明：

blur 属性中包括的参数，如表 10-1 所示。

表 10-1　　　　　　　　　　　　　**blur 属性的参数**

参数	含义
add	设置是否显示原始图片
direction	设置动态模糊的方向，按顺时针的方向以 45 度为单位进行累积
strength	设置动态模糊的强度，只能使用整数来指定，默认是 5 个

实例：

```html
<!doctype html>
<html>
<head>
<meta charset="utf-8">
<title>动感模糊</title>
<style type="text/css">
<!--
.g {
    filter: blur(add=true, direction=100, strength=8);
}
.g1 {
    filter: blur(direction=450, strength=150);
}
-->
</style>
</head>
<body>
<table width="400" border="1" align="center" cellpadding="6" cellspacing="0">
  <tr>
    <td align="center">原图</td>
    <td align="center">（direction=100, strength=8）效果</td>
    <td align="center">（direction=450, strength=150）效果</td>
  </tr>
  <tr>
    <td><img src="1.jpg" width="200" height="118"/></td>
    <td><img src="1.jpg" width="200" height="118" class="g" /></td>
    <td><img src="1.jpg" width="200" height="118" class="g1" /></td>
  </tr>
</table>
</body>
</html>
```

<style>和</style>代码中加粗部分的标记用来设置动感模糊样式，在浏览器中的浏览效果如图 10-1 所示。

10.3　对颜色进行透明处理

chroma 滤镜的作用是将图片中的某种颜色换为透明色，变为透明效果。

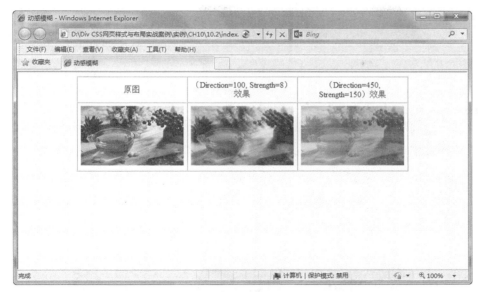

图 10-1 动感模糊效果

语法:

```
filter:chroma(color=颜色代码或颜色关键字)
```

实例:

```
<!doctype html>
<html>
<head>
<meta charset="utf-8">
<title>对颜色进行透明处理</title>
<style>
.y {filter: chroma(color=#ff9999);
}
.y1 {
filter: chroma(color=#0099ff);
}
.y2 {filter: chroma(color=#ff9999);
}
</style>
</head>
<body>
<table width="262" border="0" align="center" cellpadding="5" cellspacing="0">
  <tr>
    <td width="127" style="text-align: center" >原图</td>
    <td width="135" style="text-align: center" >变化后</td>
    <td width="135" style="text-align: center" >变化后</td>
  </tr>
  <tr>
    <td ><img src="04.gif" width="248" height="150"  alt=""/></td>
    <td ><img class="y2" src="04.gif" width="248" height="150" /></td>
```

```
      <td ><img class="y1" src="04.gif" width="248" height="150" /></td>
   </tr>
</table>
</body>
</html>
```

　　<style>和</style>代码中加粗部分的标记用来设置对颜色进行透明处理的样式，分别对图像应用样式，在浏览器中浏览效果，如图 10-2 所示，可以看到中间图像中的红色被替换成了透明，右边图像中的蓝色也被替换了透明。

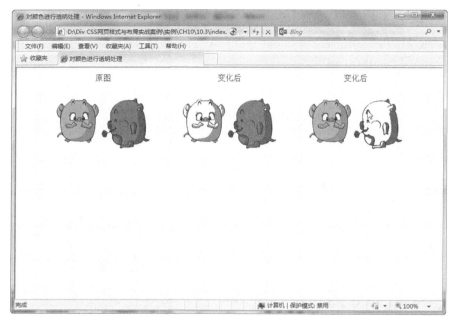

图 10-2　对颜色进行透明处理效果

10.4　设置阴影

　　dropShadow 滤镜用于设置在指定的方向和位置上产生阴影效果。

　　语法：

```
dropShadow(color=阴影颜色, offX=参数值, offY=参数值, positive=参数值)
```

　　说明：

　　color 属性用于控制阴影的颜色。

　　offX 和 offY 分别用于设置阴影相对于原始图像移动的水平距离和垂直距离。

　　positive 属性用于设置阴影是否透明。

　　实例：

```
<!doctype html>
<html>
<head>
<meta charset="utf-8">
```

```
<title>阴影效果</title>
<style>
.y {
    filter: dropshadow(color=#3366ff, offx=2, offy=1, positive=1);
    font-size: 36px;
    color: #ffcc99;
}
</style>
</head>
<body>
<table width="263" height="30" border="0" align="center"
cellpadding="0" cellspacing="0" class="y">
<tr>
<td align="center">设置阴影效果</td>
</tr>
</table>
</body>
</html>
```

在代码中，filter: DropShadow(Color=#3366FF, OffX=2, OffY=1, Positive=1)标记用来设置阴影，在浏览器中的浏览效果如图 10-3 所示。

图 10-3   设置阴影效果

10.5   对象的翻转

flipH 滤镜属性用于设置沿水平方向翻转对象，flipV 滤镜属性用于设置沿垂直方向翻转对象。

语法：

```
filter:FlipH
filter:FlipV
```

实例：

```
<!doctype html>
<html>
<head>
<meta charset="utf-8">
<title>对象的翻转</title>
<style type="text/css">
<!--
.p {
    filter: fliph;
}
.p1 {
    filter: flipv;
}
-->
</style>
</head>
<body>
<table width="480" border="0" align="center" cellpadding="5" cellspacing="0">
  <tr>
    <td align="center" >原图</td>
    <td align="center" >fliph 效果</td>
    <td align="center" >flipv 效果</td>
  </tr>
  <tr>
<td width="150" align="center" >
<img src="1.jpg" width="230" height="230"  alt=""/></td>
<td width="150" align="center" class="p">
<img src="1.jpg" width="230" height="230"  alt=""/></td>
<td width="150" align="center" class="p1">
<img src="1.jpg" width="230" height="230"  alt=""/></td>
 </tr>
</table>
</body>
</html>
```

代码中加粗部分的标记用来设置对象的翻转，在浏览器中的浏览效果如图 10-4 所示。

10.6 发光效果

glow 滤镜属性用于设置在对象周围发光的效果。

语法：

```
filter:Glow(color=颜色代码, strength=强度值)
```

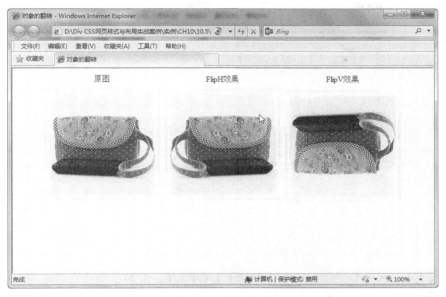

图 10-4　翻转效果

说明：

color 属性用于设置发光的颜色。

strength 属性用于设置发光的强度，取值范围为 1～255，默认值为 5。

实例：

```
<!doctype html>
<html>
<head>
<meta charset="utf-8">
<title>发光效果</title>
<style type="text/css">
<!--
.p {
filter: glow(color=#fbf412, strength=8);
}
-->
</style>
</head>
<body>
<table width="320" border="1" align="center" cellpadding="5" cellspacing="0">
  <tr>
    <td align="center" >原图</td>
    <td align="center" >glow(color=#fbf412, strength=8)效果</td>
  </tr>
  <tr>
    <td width="150" ><img src="images/3(1).jpg" width="150" height="191"/></td>
    <td width="150" class="p">
<img src="images/3(1).jpg" width="150" height="191"/></td>
```

```
        </tr>
    </table>
</body>
</html>
```

在代码中，filter: Glow(Color=#fbf412，Strength=8)标记用来设置发光效果，在浏览器中的浏览效果如图 10-5 所示。

图 10-5　发光效果

10.7　X 光片效果

xray 滤镜用于制作类似 X 光片的效果。

语法：

```
filter:xray
```

实例：

```
<html>
<head>
<meta http-equiv="content-type" content="text/html; charset=gb2312" />
<title>x 光片效果</title>
<style type="text/css">
<!--
.p {
    filter: xray;
}
-->
</style>
</head>
<body>
```

```
<table  width="333"  height="225"  border="1"  align="center"  cellpadding="0"
cellspacing="0">
   <tr>
     <td align="center" >原图</td>
     <td align="center" >x 光片效果</td>
   </tr>
   <tr>
     <td width="150"><img src="images/011.gif" width="250" height="179" /></td>
     <td width="150">
<img src="images/011.gif" width="250" height="179" class="p"/>
</td>
   </tr>
</table>
</body>
</html>
```

代码中加粗部分的标记用来设置 X 光片效果，在浏览器中的浏览效果如图 10-6 所示。

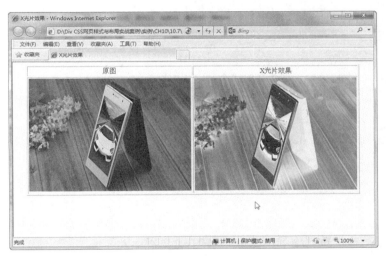

图 10-6　X 光片效果

10.8　波形滤镜

wave 滤镜属性用于为对象内容建立波纹扭曲效果。

语法：

```
   filter: wave(add=参数值, freq=参数值, lightstrength=参数值, phase=参数值, strength=参数值);
```

说明：

add 表示是否要把对象按照波形样式打乱。

freq 用于设置图片上的波浪数目。

lightstrength 用于设置波浪的光照强度，取值范围为 0～100。

phase 用于设置波浪的起始位置。

strength 用于设置波浪的强度大小。

实例：

```
<!doctype html>
<html>
<head>
<meta charset="utf-8">
<title>波形滤镜</title>
<style type="text/css">
<!--
.p {
    filter: wave(add=true, freq=2, lightstrength=10, phase=20, strength=30);
}
-->
</style>
</head>
<body>
<table  width="330"  height="202"  border="0"  align="center"  cellpadding="2"
cellspacing="2">
  <tr>
    <td align="center" >原图</td>
    <td align="center" >wave 滤镜</td>
  </tr>
  <tr>
<td width="150" height="187" ><img src="1.jpg" width="357" height="245" /></td>
<td width="150" ><img src="1.jpg" width="357" height="245" class="p" /></td>
  </tr>
</table>
</body>
</html>
```

在代码中，filter: Wave(Add=true, Freq=2, LightStrength=10, Phase=20, Strength=30)标记用来设置发光效果，在浏览器中的浏览效果如图 10-7 所示。

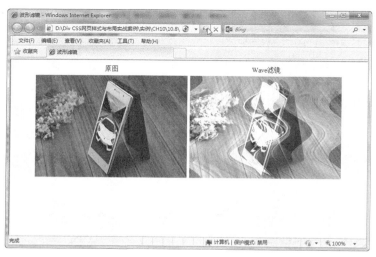

图 10-7　波形效果

10.9 遮罩效果

mask 滤镜用于为对象产生遮盖效果，可以做出像印章一样的效果。

语法：

```
filter: Mask(Color=颜色代码)
```

说明：

color 用于设置外围遮盖的颜色，可以是颜色名称或以十六进制数来设置。

实例：

```
<!doctype html>
<html>
<head>
<meta charset="utf-8">
<title>遮罩效果</title>
<style type="text/css">
<!--
.p {filter: mask(color=#ff9933);}
-->
</style>
</head>
<body>
<table  width="379"  height="206"  border="1"  align="center"  cellpadding="0"
cellspacing="0">
  <tr>
   <td height="23" align="center" >原图</td>
   <td align="center" >mask(color=#e49c34)效果</td>
  </tr>
  <tr>
   <td width="150" ><img src="011.gif" width="250" height="179" /></td>
   <td width="150"><img src="011.gif" width="250" height="179" class="p" /></td>
  </tr>
</table>
</body>
</html>
```

在代码中，filter: Mask(Color=#e49c34)标记用来设置遮罩效果，在浏览器中的浏览效果如图 10-8 所示。

图 10-8　遮罩效果

第11章

Div+CSS 布局入门

CSS + Div 是网站标准中常用的术语之一，CSS 和 Div 的结构被越来越多的人采用。很多人都抛弃了表格而使用 CSS 来布局页面，这样可以使结构简洁，定位更灵活，CSS 布局的最终目的是搭建完善的页面架构。通常在 XHTML 网站设计标准中，不再使用表格定位技术，而是采用 CSS+Div 的方式来实现各种定位。

学习目标

- 认识盒模型
- 边框、内边距和外边距
- CSS 布局理念

11.1 认识盒模型

CSS 盒子是装东西的，比如我们要将文字内容、图片布局到网页中，就需要像盒子一样的东西将其装着。这个时候我们需要对其对象设置 CSS 高度、CSS 宽度、CSS 边框、CSS 边距、填充，即实现盒子模型。

如果想熟练掌握 Div 和 CSS 的布局方法，首先要对盒模型有足够的了解。盒子模型是 CSS 布局网页时非常重要的概念，只有很好地掌握了盒子模型以及其中每个元素的使用方法，才能真正准确地布局网页中各个元素的位置。

所有页面中的元素都可以被看作是一个装了东西的盒子，盒子里面的内容到盒子的边框之间的距离即内边距（padding），盒子本身有边框（border），而盒子边框外和其他盒子之间，还有外边距（margin）。

一个盒子由四个独立部分组成，如图 11-1 所示。

最外面的是外边距（margin）。

第二部分是边框（border），边框可以有不同的样式。

第三部分是内边距（padding），用来填充定义内容区域与边框（border）之间的空白。

第四部分是内容区域。

内边距、边框和外边距都分为"上、右、下、左"4

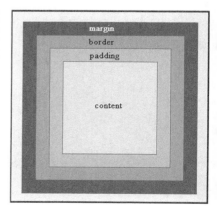

图 11-1 盒子模型图

个方向，既可以分别定义，也可以统一定义。当使用 CSS 定义盒子的 width 和 height 时，定义的并不是内容区域、内边距、边框和外边距所占的总区域。实际上定义的是内容区域 content 的 width 和 height。为了计算盒子所占的实际区域，必须加上 padding、border 和 margin。

实际宽度=左外边距+左边框+左内边距+内容宽度（width）+右内边距+右边框+右外边距
实际高度=上外边距+上边框+上内边距+内容高度（height）+下内边距+下边框+下外边距

例如，假设框的每个边上有 10 像素的外边距和 5 个像素的内边距。如果希望这个元素框达到 100 像素，就需要将内容的宽度设置为 70 像素，如图 11-2 所示。

```css
#box {
  width: 70px;
  margin: 10px;
  padding: 5px;
}
```

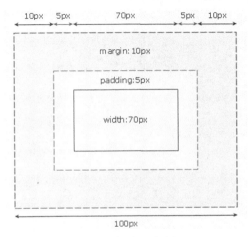

图 11-2　盒子实例

11.2　外边距

围绕在元素边框的空白区域是外边距。设置外边距会在元素外创建额外的"空白"。设置外边距的最简单的方法就是使用 margin 属性，这个属性接受任何长度单位、百分数值甚至负值。

margin 可以设置为 auto。更常见的做法是为外边距设置长度值。下面的声明在 img 元素的各个边上设置了 10px 宽的空白。

```css
img {margin: 0.25px;}
```

下面的例子为 img 元素的四个边分别定义了不同的外边距，所使用的长度单位是像素(px)。

```css
img {margin : 10px 0px 15px 5px;}
```

11.2.1　上外边距 margin-top

上外边距也叫顶端边距，使用上外边距可以设置元素的上边界，可以使用长度值或百分比。

语法：

```
margin-top: 边距值
```

说明：

margin-top 的取值范围如下。

长度值相当于设置顶端的绝对边距值，包括数字和单位。

百分比是设置相对于上级元素的宽度的百分比，允许使用负值。

auto 是自动取边距值，即元素的默认值。

实例：

```
<!doctype html>
<html>
<head>
<meta charset="utf-8">
<style type="text/css">
p.topmargin {margin-top: 5cm}
</style>
</head>
<body>
<p>这个段落没有指定外边距。</p>
<p class="topmargin">这个段落带有指定的上外边距。</p>
</body>
</html>
```

查看结果如图 11-3 所示。

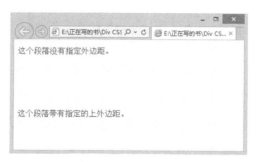

图 11-3　上外边距

11.2.2　右外边距 margin-right

使用右外边距可以设置元素的上边界，可以使用长度值或百分比。

语法：

```
margin-right: 边距值
```

说明：

margin-right 的取值范围如下。

长度值相当于设置顶端的绝对边距值，包括数字和单位。

百分比是设置相对于上级元素的宽度的百分比，允许使用负值。

auto 是自动取边距值，即元素的默认值。

实例：

```
<!doctype html>
<html>
<head>
<meta charset="utf-8">
<style type="text/css">
p.rightmargin {margin-right: 4cm}
</style>
</head>
<body>
<p><strong>这个段落没有指定外边距。</strong></p>
<p>珠泉喷玉是珍珠泉的美称，它位于延庆县珍珠泉乡政府西南 200 米的菜食河畔，毗邻珍珠泉度假村和珍
珠泉山庄，是珍珠山水的代表作和核心景区。珠泉喷玉在明清历史年代，曾是延庆八景之一。据传说，明永乐皇
帝北征时，曾饮此泉水并赐名珠泉喷玉。</p>
<p> </p>
<p class="rightmargin"><strong>这个段落带有指定的右外边距。</strong></p>
<p class="rightmargin">珠泉喷玉公园内种植了各种特色香草花卉、马鞭草、波丝菊、紫苏、醉蝶花、
麦杆菊、小丽花、万寿菊、千日红等在园中争奇斗艳，花丛中阡陌相间，人行其中，到处是嫣红姹紫，暗香浮动，
令人心旷神怡。公园中心，建有红色花朵雕塑，名怒放，远远看去，犹如熊熊燃烧的火焰，充满了热情与活力，
欣欣向荣，表达了珍珠泉乡人民对未来的美好祝愿。</p>
</body>
</html>
```

查看结果如图 11-4 所示。

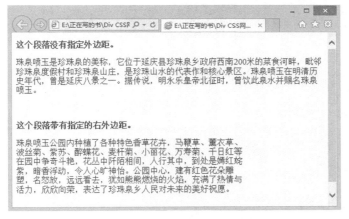

图 11-4　右外边距

11.2.3　下外边距 margin-bottom

使用下外边距可以设置元素的下边界，可以使用长度值或百分比。

语法：

```
margin-bottom: 边距值
```

说明：

margin-bottom 的取值范围如下。

长度值相当于设置顶端的绝对边距值，包括数字和单位。

百分比是设置相对于上级元素的宽度的百分比，允许使用负值。

auto 是自动取边距值，即元素的默认值。

实例：

```
<!doctype html>
<html>
<head>
<meta charset="utf-8">
<style type="text/css">
p.rightmargin {margin-bottom: 4cm}
</style>
</head>
<body>
<p><strong>这个段落没有指定外边距。</strong></p>
<p>珠泉喷玉是珍珠泉的美称，它位于延庆县珍珠泉乡政府西南 200 米的菜食河畔，毗邻珍珠泉度假村和珍
珠泉山庄，是珍珠山水的代表作和核心景区。珠泉喷玉在明清历史年代，曾是延庆八景之一。据传说，明永乐皇
帝北征时，曾饮此泉水并赐名珠泉喷玉。</p>
<p> </p>
<p ><strong>这个段落带有指定的下外边距。</strong></p>
<p class="rightmargin">珠泉喷玉公园内种植了各种特色香草花卉，马鞭草、薰衣草、波丝菊、紫苏、
醉蝶花、麦杆菊、小丽花、万寿菊、千日红等在园中争奇斗艳，花丛中阡陌相间，人行其中，到处是嫣红姹紫，
暗香浮动，令人心旷神怡。公园中心，建有红色花朵雕塑，名怒放，远远看去，犹如熊熊燃烧的火焰，充满了热
情与活力，欣欣向荣，表达了珍珠泉乡人民对未来的美好祝愿。</p>
</body>
</html>
```

查看结果如图 11-5 所示。

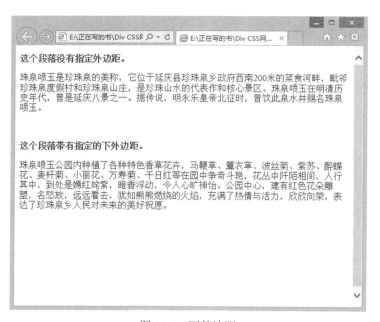

图 11-5　下外边距

11.2.4 左外边距 margin-left

使用左外边距可以设置元素的左边界，可以使用长度值或百分比。

语法：

```
margin-left: 边距值
```

说明：

margin-left 的取值范围如下。

长度值相当于设置顶端的绝对边距值，包括数字和单位。

百分比是设置相对于上级元素的宽度的百分比，允许使用负值。

auto 是自动取边距值，即元素的默认值。

实例：

```
<!doctype html>
<html>
<head>
<meta charset="utf-8">
<style type="text/css">
p.rightmargin {margin-left: 4cm}
</style>
</head>
<body>
<p><strong>这个段落没有指定外边距。</strong></p>
    <p>珠泉喷玉是珠珠泉的美称，它位于延庆县珍珠泉乡政府西南200米的菜食河畔，毗邻珍
珠泉度假村和珍珠泉山庄，是珍珠山水的代表作和核心景区。珠泉喷玉在明清历史年代，曾是延庆八景之一。据传说，明永乐皇
帝北征时，曾饮此泉水并赐名珠泉喷玉。</p>
    <p> </p>
    <p class="rightmargin"><strong>这个段落带有指定的左外边距。</strong></p>
    <p class="rightmargin">珠泉喷玉公园内种植了各种特色香草花卉，马鞭草、薰衣草、波丝菊、紫苏、
醉蝶花、麦杆菊、小丽花、万寿菊、千日红等在园中争奇斗艳，花丛中阡陌相间，人行其中，到处是嫣红姹紫，
暗香浮动，令人心旷神怡。公园中心，建有红色花朵雕塑，名怒放，远远看去，犹如熊熊燃烧的火焰，充满了热
情与活力，欣欣向荣，表达了珍珠泉乡人民对未来的美好祝愿。</p>
    </body>
    </html>
```

查看结果如图 11-6 所示。

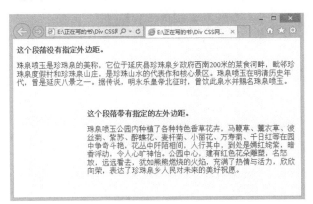

图 11-6 左外边距

11.3　内边距

元素的内边距在边框和内容区之间。控制该区域最简单的属性是 padding 属性。CSS 中的 padding 属性用于定义元素边框与元素内容之间的空白区域。

11.3.1　上内边距 padding-top

padding-top 属性用于设置元素的上内边距。

语法：

```
padding-top:数值
```

说明：

数值可以设置为长度值或百分比。其中，百分比不能使用负数。

实例：

```
<!doctype html>
<html>
<head>
<meta charset="utf-8">
<style type="text/css">
td {padding-top: 3cm}
</style>
</head>
<body>
<table border="1">
<tr>
<td >
这个表格单元拥有 3cm 的上内边距。
</td>
</tr>
</table>
</body>
</html>
```

查看结果如图 11-7 所示。

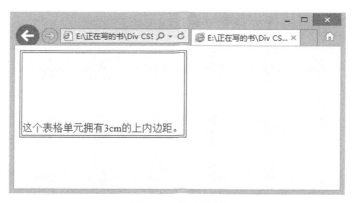

图 11-7　上内边距

11.3.2 右内边距 padding-right

padding-right 属性用于设置元素的右内边距。

语法：

```
padding-right:数值
```

说明：

数值可以设置为长度值或百分比。其中，百分比不能使用负数。

实例：

```
<!doctype html>
<html>
<head>
<meta charset="utf-8">
<style type="text/css">
td {padding-right: 3cm}
</style>
</head>
<body>
<table border="1">
<tr>
<td >
这个表格单元拥有 3cm 的右内边距。
</td>
</tr>
</table>
</body>
</html>
```

查看结果如图 11-8 所示。

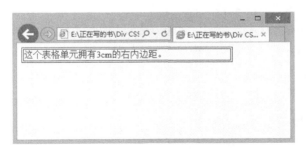

图 11-8 右内边距

11.3.3 下内边距 padding-bottom

padding-bottom 属性用于设置元素的下内边距。

语法：

```
padding-bottom:数值
```

说明：

数值可以设置为长度值或百分比。其中，百分比不能使用负数。

实例：

```
<!doctype html>
<html>
<head>
<meta charset="utf-8">
<style type="text/css">
td {padding-bottom: 3cm}
</style>
</head>
<body>
<table border="1">
<tr>
<td >
这个表格单元拥有 3cm 的下内边距。
</td>
</tr>
</table>
</body>
</html>
```

查看结果如图 11-9 所示。

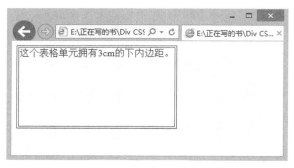

图 11-9　下内边距

11.3.4　左内边距 padding-left

padding-left 属性用于设置元素的左内边距。

语法：

```
padding-left:数值
```

说明：

数值可以设置为长度值或百分比。其中，百分比不能使用负数。

实例：

```
<!doctype html>
<html>
<head>
<meta charset="utf-8">
<style type="text/css">
```

```
td {padding-left: 3cm}
</style>
</head>
<body>
<table border="1">
<tr>
<td >
这个表格单元拥有 3cm 的左内边距。
</td>
</tr>
</table>
</body>
</html>
```

查看结果如图 11-10 所示。

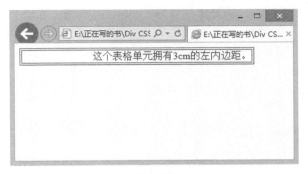

图 11-10　左内边距

11.4　边框

边框中有三个属性：一是边框宽度属性，用于设置边框的宽度；二是边框颜色属性，用于设置边框的颜色；三是属性边框样式，用于控制边框的样式。

11.4.1　边框样式 border-style

使用 border-style 属性可以定义边框的风格样式，这个属性必须用于指定可见的边框。

1．定义多种样式

可以为一个边框定义多个样式，举例如下。

```
p.aside {border-style: solid dotted dashed double;}
```

上面这条规则为类名为 aside 的段落定义了四种边框样式：实线上边框、点线右边框、虚线下边框和一个双线左边框。

2．定义单边样式

如果希望为元素框的某一个边设置边框样式，而不是设置所有 4 个边的边框样式，可以使用下面的单边边框样式属性。

- border-top-style
- border-right-style
- border-bottom-style
- border-left-style

语法：

```
border-style: 样式值
border-top-style: 样式值
border-right-style: 样式值
border-bottom-style:样式值
border-left-style: 样式值
```

说明：

边框的取值有九种，如表 11-1 所示。

表 11-1　　　　　　　　　　边框样式的取值和含义

取值	含义
none	默认值，无边框
dotted	点线边框
dashed	虚线边框
solid	实线边框
double	双实线边框
groove	边框具有立体感的沟槽
ridge	边框成脊形
inset	使整个边框凹陷，即在边框内嵌入一个立体边框
outset	使整个边框凸起，即在边框外嵌入一个立体边框

实例：

```
<!doctype html>
<html>
<head>
<meta charset="utf-8">
<title>边框样式</title>
<style type="text/css">
<!--
.td {
    border-top-style: dashed;
    border-right-style: dashed;
    border-bottom-style: dotted;
    border-left-style: solid;
}
-->
</style>
</head>
```

```
<body>
<table  cellspacing="0" cellpadding="0">
<tr>
<tdclass="td">变色健身彩带球，满足人们追求健康的心理，顺应趋势创业，前途不可限量。变色健身
彩带球是由一根四米多长的五彩带、连接线、万向连接环、手拉环及七彩变色闪光球组成，可随意舞出几十种花样
图案及造型，令人赏心悦目，尤其在沉沉夜幕下，像跃动的彩虹，划出优美的孤线，五光十色，璀璨夺目，多人
在一起玩耍更是光芒四射，群星闪耀，像形态各异的七彩光环，景观令人目瞪口呆。</td>
</tr>
</table>
</body>
</html>
```

代码中加粗部分的标记分别用来设置上、右、下、左边框的样式为虚线边框 dashed、虚线边框 dashed、点线边框 dotted、实线边框 solid，在浏览器中的浏览效果如图 11-11 所示。

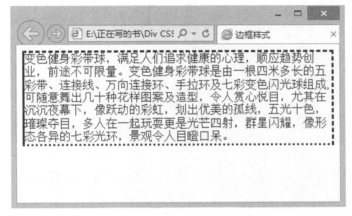

图 11-11 边框样式效果

11.4.2 边框宽度 border-width

border-width 用于设置元素边框的宽度。

可以这样设置边框的宽度。

```
p {border-style: solid; border-width: 5px;}
```

或者：

```
p {border-style: solid; border-width: thick;}
```

可以按照 top-right-bottom-left 的顺序设置元素的各边边框。

```
p {border-style: solid; border-width: 15px 5px 15px 5px;}
```

也可以通过下列属性分别设置边框各边的宽度。

- border-top-width
- border-right-width
- border-bottom-width
- border-left-width

语法：

```
border-width:宽度值
```

```
border-top-width:宽度值
border-right-width:宽度值
border-bottom-width:宽度值
border-left-width:宽度值
```

说明：

边框宽度 border-width 的取值范围如下。

medium 表示默认宽度。

thin 表示小于默认宽度。

thick 表示大于默认宽度。

长度则是由数字和单位组成的长度值，不可为负值。

实例：

```
<!doctype html>
<html>
<head>
<meta charset="utf-8">
<title>边框宽度</title>
<style type="text/css">
<!--
.td {
border-top-style: dashed;
    border-right-style: dashed;
    border-bottom-style: dotted;
    border-left-style: solid;
    border-top-width: 20px;
    border-right-width: 10px;
    border-bottom-width: 30px;
    border-left-width: 5px;
}
-->
</style>
</head>
<body>
<table  cellspacing="0" cellpadding="0">
<tr>
<td class="td">变色健身彩带球，满足人们追求健康的心理，顺应趋势创业，前途不可限量。变色健身
彩带球是由一根四米多长的五彩带、连接线、万向连接环、手拉环及七彩变色闪光球组成，可随意舞出几十种花样
图案及造型，令人赏心悦目，尤其在沉沉夜幕下，像跃动的彩虹，划出优美的孤线，五光十色，璀璨夺目，多人
在一起玩耍更是光芒四射，群星闪耀，像形态各异的七彩光环，景观令人目瞪口呆。</td>
</tr>
</table>
</body>
</html>
```

代码中加粗部分的标记分别用来设置边框的上、右、下、左宽度，在浏览器中的浏览效
果如图 11-12 所示。

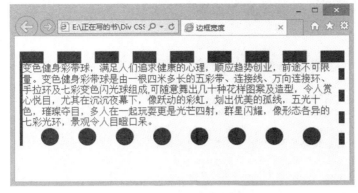

图 11-12 边框宽度效果

11.4.3 边框颜色 border-color

border-color 属性用来设置边框的颜色，可以用 16 种颜色的关键字或 RGB 值来设置。

语法：

```
border-top-color:颜色值
border-right-color:颜色值
border-bottom-color:颜色值
border-left-color:颜色值
```

说明：

border-top-color、border-right-color、border-bottom-color 和 border-left-color 属性分别用来设置上、右、下、左边框的颜色，也可以使用 border-color 属性来统一设置 4 个边框的颜色。

实例：

```
<!doctype html>
<html>
<head>
<meta charset="utf-8">
<title>边框颜色</title>
<style type="text/css">
<!--
.td {
border-top-style: dashed;
border-right-style: dashed;
border-bottom-style: dotted;
border-left-style: solid;
line-height: 20px;
border-top-width: 20px;
border-right-width: 20px;
border-bottom-width: 30px;
border-left-width: 15px;
border-top-color: #FF9900;
border-right-color: #0099FF;
border-bottom-color: #CC33FF;
```

```
border-left-color: #CCFFFF;
}
-->
</style>
</head>
<body>
<table  cellspacing="0" cellpadding="0">
<tr>
<td class="td">变色健身彩带球，满足人们追求健康的心理，顺应趋势创业，前途不可限量。变色健身
彩带球是由一根四米多长的五彩带、连接线、万向连接环、手拉环及七彩变色闪光球组成，可随意舞出几十种花样
图案及造型，令人赏心悦目，尤其在沉沉夜幕下，像跃动的彩虹，划出优美的弧线，五光十色，璀璨夺目，多人
在一起玩耍更是光芒四射，群星闪耀，像形态各异的七彩光环，景观令人目瞪口呆。</td>
</tr>
</table>
</body>
</html>
```

代码中加粗部分的标记用来设置边框颜色，在浏览器中的浏览效果如图 11-13 所示。

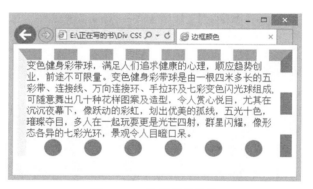

图 11-13　边框颜色效果

11.4.4　边框属性 border

使用 border 属性可以设置元素的边框样式、宽度和颜色。

语法：

```
border:边框宽度, 边框样式, 颜色
border-top:上边框宽度, 上边框样式, 颜色
border-right:右边框宽度, 右边框样式, 颜色
border-bottom:下边框宽度, 下边框样式, 颜色
border-left:左边框宽度, 左边框样式, 颜色
```

说明：

边框属性 border 只能同时设置 4 种边框，也只能给出一组边框的宽度和样式。而其他边
框属性只能给出某一个边框的属性，包括样式、宽度和颜色。

实例：

```
<!doctype html>
<html>
```

```
<head>
<meta charset="utf-8">
<title>边框属性</title>
<style type="text/css">
<!--
.b {
font-family: "宋体";
font-size: 16px;
border-top: 10px dashed #00CCFF;
border-right: 10px solid #3300FF;
border-bottom: 10px dotted #FF0000;
border-left: 10px solid #3300FF;
}
-->
</style>
</head>
<body>
<table cellspacing="0" cellpadding="0">
<tr>
<td class="b">产品不受人数限制，更不受场地限制，室内、户外均可。携带方便、操作简单（三岁以
上任何人均可）、使用安全（采用高级软塑和软橡胶制成）。是一项技术含量高，且价格低廉的集趣味性、娱乐
性、运动性、观赏性、安全性于一体的大众健身玩具。彩带球每到一处学校、公园、广场或公共场所，都引起了
强烈的视觉冲击。小孩、青少年、青年人、中年人、老年人都纷纷驻足欣赏、跃跃欲试，出现了空前的销售火爆
场面，显现了第二代最流行健身产品的超强魅力。</td>
</tr>
</table>
</body>
</html>
```

代码中加粗部分的标记用来设置边框属性，在浏览器中的浏览效果如图 11-14 所示。

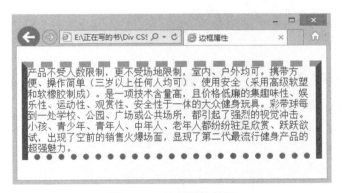

图 11-14　边框属性效果

11.5　CSS 布局理念

无论使用表格还是 CSS，网页布局都是把大块的内容放进网页的不同区域里面。有了

CSS，最常用来组织内容的元素就是<Div>标签。CSS 排版是一种很新的排版理念，首先要将页面使用<Div>整体划分为几个版块，然后对各个版块进行 CSS 定位，最后在各个版块中添加相应的内容。

11.5.1　将页面用 Div 分块

在利用 CSS 布局页面时，首先要有一个整体的规划，包括整个页面分成哪些模块，各个模块之间的父子关系等。以最简单的框架为例，页面由 Banner、主体内容（content）、菜单导航（links）和脚注（footer）几个部分组成，各个部分分别用自己的 id 来标识，如图 11-15 所示。

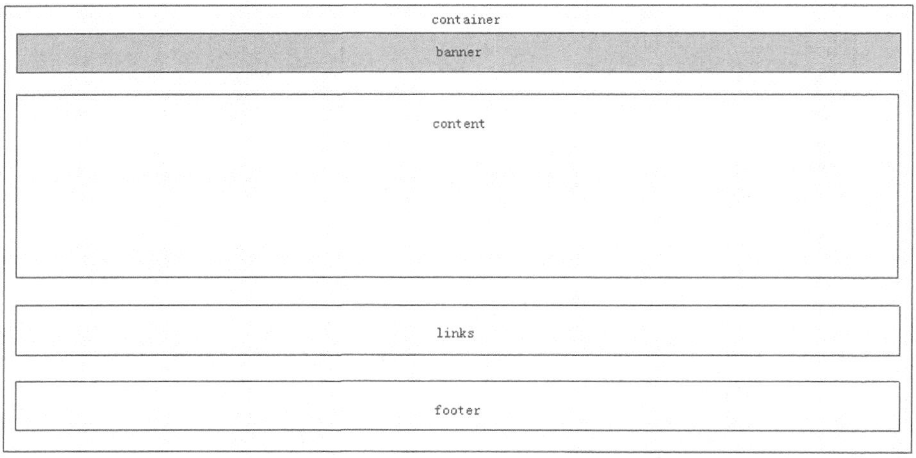

图 11-15　页面内容框架

页面中的 HTML 框架代码如下所示。

```
<Div id="container">container
<Div id="banner">banner</Div>
<Div id="content">content</Div>
<Div id="links">links</Div>
<Div id="footer">footer</Div>
</Div>
```

实例中每个版块都是一个<Div>，这里直接使用 CSS 中的 id 来表示各个版块，页面的所有 Div 块都属于 container，一般的 Div 排版都会在最外面加上这个父 Div，以便于对页面的整体进行调整。对于每个 Div 块，还可以再加入各种元素或行内元素。

11.5.2　设计各块的位置

当页面的内容已经确定后，则需要根据内容本身考虑整体的页面布局类型，如是单栏、双栏还是三栏等，这里采用的布局如图 11-16 所示。

由图 11-16 可以看出，在页面外部有一个整体的框架 container，banner 位于页面整体框架中的最上方，content 与 links 位于页面的中部，其中 content 占据着页面的绝大部分。最下面的是页面的脚注 footer。

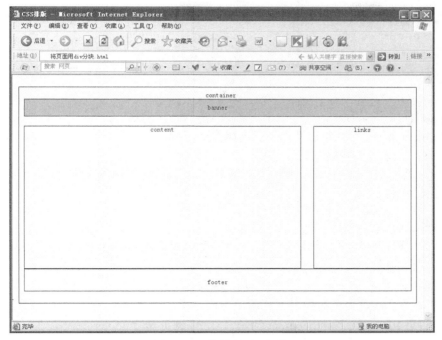

图 11-16　简单的页面框架

11.5.3　用 CSS 定位

　　整理好页面的框架后，就可以利用 CSS 对各个版块进行定位，以实现对页面的整体规划，然后再往各个版块中添加内容。

　　下面首先对 body 标记与 container 父块进行设置，CSS 代码如下所示。

```
body {margin:10px;
    text-align:center;}
#container{width:900px;
    border:2px solid #000000;
    padding:10px;}
```

　　上面代码设置了页面的边界、页面文本的对齐方式，以及将父块的宽度设置为 900px。下面来设置 banner 版块，其 CSS 代码如下所示。

```
#banner{margin-bottom:5px;
    padding:10px;
    background-color:#a2d9ff;
    border:2px solid #000000;
    text-align:center;}
```

　　这里设置了 banner 版块的边界、填充、背景颜色等。

　　下面利用 float 方法将 content 移动到左侧，将 links 移动到页面右侧，这里分别设置了这两个版块的宽度和高度，读者可以根据需要自己调整。

```
#content{float:left;
    width:600px;
    height:300px;
```

```
    border:2px solid #000000;
    text-align:center;}
#links{float:right;
    width:290px;
    height:300px;
    border:2px solid #000000;
    text-align:center;}
```

由于 content 和 links 对象都设置了浮动属性，因此 footer 需要设置 clear 属性，以使其不受浮动的影响，代码如下所示。

```
#footer{clear:both;     /* 不受 float 影响 */
    padding:10px;
    border:2px solid #000000;
    text-align:center;}
```

这样，页面的整体框架便搭建好了，这里需要指出的是，content 块中不能放置宽度过长的元素，如很长的图片或不换行的英文等，否则 links 将再次被挤到 content 下方。

如果后期维护时希望 content 的位置与 links 对调，只需要将 content 和 links 属性中的 left 和 right 改变即可。这是传统的排版方式所不可能简单实现的，也正是 CSS 排版的魅力之一。

另外，如果 links 的内容比 content 的长，在 IE 浏览器上 footer 就会贴在 content 下方而与 links 出现重合。

第12章 用 CSS 定位控制网页布局

在网页开发中，布局是一个永恒的话题。巧妙的布局会让网页具有良好的适应性和扩展性。CSS 的布局主要涉及两个属性——position 和 float。CSS 为定位和浮动提供了一些属性，利用这些属性，可以建立列式布局，将布局的一部分与另一部分重叠，还可以完成多年来通常需要使用多个表格才能完成的任务。

学习目标

- ▣ position 定位
- ▣ float 定位
- ▣ 常见布局类型

12.1 position 定位

通过使用 position 属性，可以选择四种不同类型的定位，可选值如下。

static：无特殊定位。

absolute：绝对位置，使用 left、right、top、bottom 等属性进行绝对定位。而其层叠通过 z-index 属性定义，此时对象不具有边距，但仍有补白和边框。

relative：相对位置，但将依据 left、right、top、bottom 等属性在正常文档流中偏移位置。

fixed：固定位置。

12.1.1 绝对定位 absolute

使用绝对定位 position:absolute，能够很准确地将元素移动到你想要的位置。有时一个布局中的几个小对象，不易用 padding、margin 进行相对定位，这个时候就可以使用绝对定位来轻松搞定。特别是一个盒子里的几个小盒子不规律的布局，这个时候使用 position 绝对定位非常方便布局对象，如图 12-1 所示。

下面的实例演示如何使用绝对值来对元素进行定位，其代码如下所示。

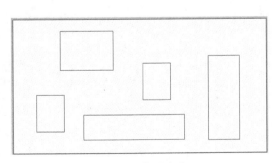

图 12-1　绝对定位

```
<!doctype html>
<html>
<head>
<meta charset="utf-8">
<title>绝对定位</title>
<style type="text/css">
*{margin: 0px;
  padding:0px;}
#all{height:350px;
    width:400px;
    margin-left:20px;
    background-color:#0C0;}
#absDiv1,#absDiv2,#absDiv3{width:120px;
    height:50px;
    border:5px double #000;
    position:absolute;}
#absDiv1{
top:100px;
left:20px;
background-color:#6F9;
}
#absDiv2{bottom:100px;
    left:50px;
    background-color:#9cc;}
#absDiv3{
top:20px;
right:200px;
z-index:9;
background-color:#6F9;
}
#a{width:300px;
    height:100px;
    border:1px solid #000;
    background-color:#FC3;}
</style>
</head>
<body>
<Div id="all">
  <Div id="absDiv1">第 1 个绝对定位的 Div 容器</Div>
  <Div id="absDiv2">第 2 个绝对定位的 Div 容器</Div>
   <Div id="absDiv3">第 3 个绝对定位的 Div 容器</Div>
  <Div id="a">无定位的 Div 容器</Div>
</Div>
</body>
</html>
```

　　这里设置了 3 个绝对定位的 Div，1 个无定位的 Div。给外部 Div 设置了#0C0 背景色，并给内部无定位的 Div 设置了# FC3 背景色，而给绝对定位的 Div 容器设置了#6F9 和#9cc 背景色，并设置了 double 类型的边框。在浏览器中的浏览效果如图 12-2 所示。

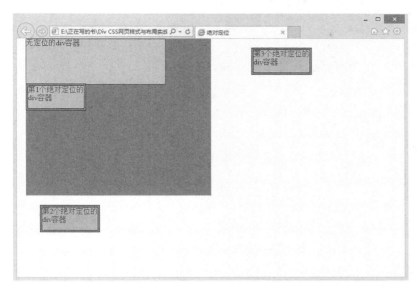

图 12-2　绝对定位效果

从本例可看到，设置 top、bottom、left 和 right 其中至少一种属性后，3 个绝对定位的 Div 容器彻底摆脱了其父容器（id 名称为 all）的束缚，独立地漂浮在上面。

12.1.2　固定定位 fixed

当容器的 position 属性值为 fixed 时，这个容器即被固定定位了。固定定位和绝对定位非常类似，不过被定位的容器不会随着滚动条的拖动而变化位置。在视野中，固定定位的容器的位置是不会改变的。

下面举例讲述固定定位的使用，其代码如下所示。

```
<!doctype html>
<html>
<head>
<meta charset="utf-8">
<title>CSS 固定定位</title>
<style type="text/css">
*{margin: 0px;
  padding:0px;}
#all{ width:400px;
    height:400px;
    background-color: #debedb;}
#fixed{ width:150px;
    height:150px;
    border:5px outset #f0ff00;
    background-color:#9c9000;
    position:fixed;
    top:50px;
```

```
        left:50px;}
#a{ width:200px;
    height:300px;
    margin-left:20px;
    background-color:#F93;
    border:2px outset #060}
</style>
</head>
<body>
<Div id="all">
    <Div id="fixed">固定的容器</Div>
    <Div id="a">无定位的 Div 容器</Div>
</Div>
</body>
</html>
```

在本例中，给外部 Div 设置了#debedb 背景色，并给内部无定位的 Div 设置了# F93 背景色，而给固定定位的 Div 容器设置了#9c9000 背景色，并设置了 outset 类型的边框。在浏览器中的浏览效果如图 12-3 和图 12-4 所示。

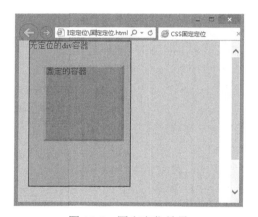

图 12-3　固定定位效果

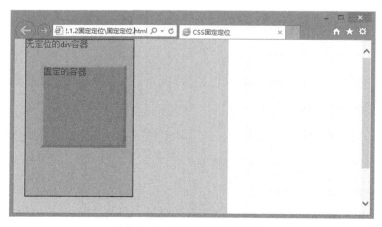

图 12-4　拖动浏览器后效果

可以尝试拖动浏览器的垂直滚动条，会发现固定容器不会有任何位置改变。不过 IE6.0 版本的浏览器不支持 fixed 值的 position 属性，所以网上类似的效果都是采用 JavaScript 脚本编程完成的。

固定定位方式常被用在网页上，图 12-5 所示的网页中，左侧的留言版块采用了固定定位的方式。

图 12-5　左侧留言版块采用固定定位方式

12.1.3　相对定位 relative

相对定位是一个非常容易掌握的概念。如果对一个元素进行相对定位，它将出现在它所在的位置上。然后，可以通过设置垂直或水平位置，让这个元素"相对于"它的起点进行移动。如果将 top 设置为 50px，那么框将在原位置顶部下面 50 像素的地方。如果将 left 设置为 40 像素，那么会在元素左边创建 40 像素的空间，也就是将元素向右移动。

当容器的 position 属性值为 relative 时，这个容器即被相对定位了。相对定位和其他定位相似，也是独立出来浮在上面。不过相对定位的容器的 top（顶部）、bottom（底部）、left（左边）和 right（右边）属性参照对象是其父容器的 4 条边，而不是浏览器窗口。

下面举例讲述相对定位的使用，其代码如下所示。

```
<!doctype html>
<html>
<head>
<meta charset="utf-8">
<title>CSS 相对定位</title>
<style type="text/css">
```

```
*{margin: 0px;
  padding:0px;}
#all{
width:450px;
    height:450px;
    background-color:#F90;
}
#fixed{
    width:100px;
    height:100px;
    border:5px ridge #f00;
    background-color:#9c9;
    position:relative;
    top:130px;
    left:50px;
}
#a,#b{
width:200px;
  height:150px;
  background-color:#6C3;
  border:5px outset #600;
}
</style>
</head>
<body>
<Div id="all">
  <Div id="a">第 1 个无定位的 Div 容器</Div>
  <Div id="fixed">相对定位的容器</Div>
  <Div id="b">第 2 个无定位的 Div 容器</Div>
</Div>
</body>
</html>
```

　　相对定位的容器其实并未完全独立，其浮动范围仍然在父容器内，并且其所占的空白位置仍然有效地存在于前后两个容器之间。

　　这里给外部 Div 设置了#F90 背景色，并给内部无定位的 Div 设置了#6C3 背景色，而给相对定位的 Div 容器设置了#9c9 背景色，并设置了 inset 类型的边框。在浏览器中的浏览效果如图 12-6 所示。

　　absolute 与 relative 怎么区分?我们都知道 absolute 是绝对定位，relative 是相对定位，但是这个绝对与相对是什么意思呢?

　　absolute，CSS 中的写法是 position:absolute，意思是绝对定位，它是参照浏览器的左上角，配合 top、right、bottom、left 进行定位。

　　relative，CSS 中的写法是 position:relative，意思是相对定位，它是参照父级的原始点为原始点，无父级则以文本流的顺序在上一个元素的底部为原始点，配合 top、right、bottom、left 进行定位。

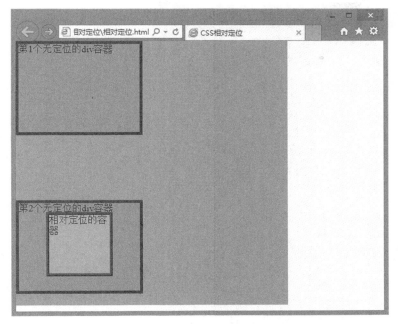

图 12-6 相对定位方式效果

12.2 浮动定位

float 属性用于定义元素在哪个方向浮动。以往这个属性总被应用于图像，使文本围绕在图像周围，不过在 CSS 中，任何元素都可以浮动。浮动元素会生成一个块级框，而不论它本身是何种元素。

12.2.1 float 属性

float 是相对定位的，会随着浏览器的大小和分辨率的变化而改变。float 浮动属性是元素定位中非常重要的属性，常常通过对 Div 元素应用 float 浮动来进行定位。

语法：

```
float:none|left|right
```

说明：

none 是默认值，表示对象不浮动；left 表示对象浮在左边；right 表示对象浮在右边。

CSS 允许任何元素浮动，不论是图像、段落，还是列表。无论先前元素是什么状态，浮动后都成为块级元素。浮动元素的宽度默认为 auto。

如果 float 取值为 none 或没有设置 float 时，不会发生任何浮动，块元素独占一行，紧随其后的块元素将在新行中显示。其代码如下所示，在浏览器中浏览如图 12-7 所示的网页时，可以看到由于没有设置 Div 的 float 属性，因此每个 Div 都单独占一行，两个 Div 分两行显示。

```
<!doctype html>
<html>
```

```
<head>
<meta charset="utf-8">
 <title>没有设置 float 时</title>
 <style type="text/css">
  #content_a {
width:250px;
height:100px;
border:3px solid #000000;
margin:20px;
background: #F90;
}
  #content_b {
width:250px;
height:100px;
border:3px solid #000000;
margin:20px;
background: #6C6;
}
</style>
</head>
<body>
  <Div id="content_a">这是第一个 Div</Div>
  <Div id="content_b">这是第二个 Div</Div>
</body>
</html>
```

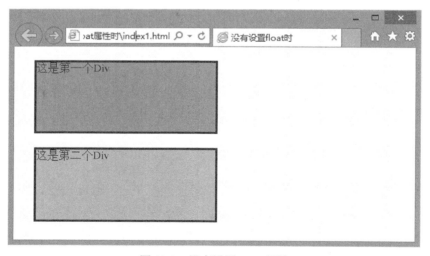

图 12-7　没有设置 float 属性

　　下面修改一下代码，使用 float:left 对 content_a 应用向左的浮动，而 content_b 不应用任何浮动。其代码如下所示，在浏览器中的浏览效果如图 12-8 所示，可以看到对 content_a 应用向左的浮动后，content_a 向左浮动，content_b 在水平方向紧跟着它的后面，两个 Div 占一行，在一行上并列显示。

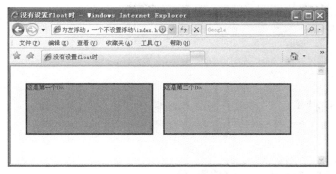

图 12-8　设置 float 属性，使两个 Div 并列显示

12.2.2　浮动布局的新问题

在 CSS 布局中，float 属性经常会被用到，但使用 float 属性后会使其在普通流中脱离父容器，这让人很苦恼。

看下面的实例，其代码如下。

```
<!doctype html>
<html>
<meta charset="utf-8">
<head>
    <meta charset="UTF-8">
    <title>浮动布局</title>
    <style type="text/css">
        .container{
            margin: 30px auto;
            width:500px;
            height: 300px;
        }
        .p{
            border:solid 3px  #CC0000;
        }
        .c{
            width: 120px;
            height: 120px;
            background-color:#360;
            margin: 10px;
            float: left;
        }
    </style>
</head>
<body>
<Div class="container">
        <Div class="p">
            <Div class="c"></Div>
            <Div class="c"></Div>
```

```
            <Div class="c"></Div>
        </Div>
    </Div>
</body>
</html>
```

我们希望看到的效果如图 12-9 所示，但实际效果却如图 12-10 所示。父容器并没有把浮动的子元素包围起来，俗称塌陷，为了消除这种现象，需要一些清除浮动的技巧。

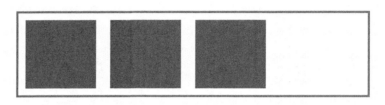

图 12-9　希望的效果

图 12-10　实际效果

12.2.3　清除浮动 clear

clear 属性定义了元素的哪些边上不允许出现浮动元素。在 CSS1 和 CSS2 中，这是通过自动为清除元素（即设置了 clear 属性的元素）增加上外边距来实现的。在 CSS2.1 中，会在元素上外边距之上增加清除空间，而外边距本身并不改变。不论哪一种改变，最终结果都是一样的，如果声明为左边或右边清除，会使元素的上外边框边界刚好在该边上浮动元素的下外边距边界之下。

语法：

```
Clear: none | left | right | both
```

说明：

none 表示允许两边都可以有浮动对象，是默认值。

left 表示不允许左边有浮动对象。

right 表示不允许右边有浮动对象。

both 表示不允许有浮动对象。

修改一下上一节实例中的代码，如图 12-11 所示，可以看到第二个 Div 添加了 clear: left 属性后，其左侧的 Div（第一个 Div）不再浮动，所以后面的 Div 都换行了。可以利用这点在父容器的最后添加一个空的 Div，设置属性 clear:left，这样就可以达到我们的目的了。

```
<Div class="p">
    <Div class="c"></Div>
```

```
    <Div class="c" style="clear:left;"></Div>
    <Div class="c"></Div>
</Div>
```

图 12-11   clear: left

1. 添加空 Div 清理浮动

对刚才的代码稍作修改。

```
<Div class="p">
    <Div class="c"></Div>
    <Div class="c"></Div>
    <Div class="c"></Div>
    <Div style="clear:left;"></Div>
</Div>
```

此时的效果如图 12-12 所示。clear:left 属性只是消除其左侧 Div 浮动对它自己造成的影响，而不会改变左侧 Div 甚至于父容器的表现。

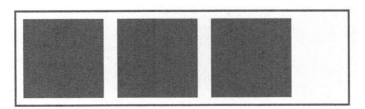

图 12-12   添加空 Div 清理浮动

2. 使用 CSS 插入元素

上面的做法可以使浏览器兼容性不错，但是有个很大的问题就是向页面添加了内容来达到改变效果的目的，也就是数据和表现混淆。下面看看怎么使用 CSS 来解决这一问题。根本的做法还是向父容器最后追加元素，但可以利用 CSS 的:after 伪元素来做此事。

在 CSS 中添加一个类 floatfix，对父容器添加 floatfix 类后，会为其追加一个不可见的块元素，然后设置其 clear 属性为 left。

```
.floatfix:after{
    content:".";
```

```
display:block;
height:0;
visibility:hidden;
clear:left;
}
```

对父容器添加此类。

```
<Div class="p floatfix">
    <Div class="c"></Div>
    <Div class="c"></Div>
    <Div class="c"></Div>
</Div>
```

这样就可以看到正确效果了，如图 12-13 所示。

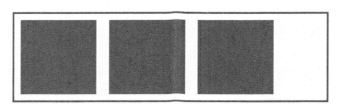

图 12-13　使用 CSS 插入元素

12.3　定位层叠

如果在一个页面中同时使用几个定位元素，就可能发生定位元素重叠的情况。默认情况下，后添加的元素会覆盖先添加的元素，通过使用层叠定位属性(z-index)，可以调整各个元素的显示顺序。

12.3.1　层叠顺序

z-index 用来定义定位元素的显示顺序，在层叠定位属性中，其属性值使用 auto 值和没有单位的数字。

语法：

```
z-index: auto | 数字
```

说明：

auto 遵从其父对象的定位；数字必须是无单位的整数值，可以取负值。

下面通过实例讲述 z-index 的使用方法，其代码如下。

```
<!doctype html>
<html>
<head>
<meta charset="utf-8">
 <title>CSS 属性</title>
  <style>
    .index1 {
    top: 50px;
```

```
    left: 50px;
    background:#090;
    z-index: 2;
    }
  .index2{
     top: 100px;
     left: 100px;
     background:#F93;
     z-index: -1;
    }
  .index3{
    top: 150px;
    left: 150px;
    background:#F39;
    z-index: 1;
   }
   Div {
      position: absolute;
      width: 250px;
      height: 200px;
    }
 </style>
</head>
<body>
<Div class="index1"></Div>
<Div class="index2"></Div>
<Div class="index3"></Div>
</body>
</html>
```

通过定义层叠定位属性可以随意更改元素的显示顺序，如图 12-14 所示。

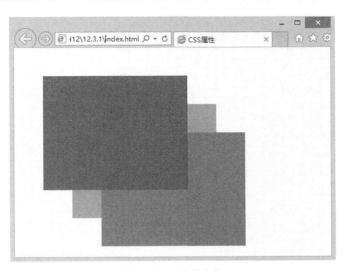

图 12-14　层叠定位

如果取消层叠定位属性的话，效果如图 12-15 所示。

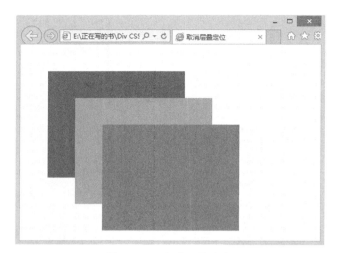

图 12-15 取消层叠定位

12.3.2 简单嵌套元素中的层叠定位

在嵌套元素中，如果父元素和子元素中都使用了定位属性，则无论父元素中层叠定位属性定义为何值，子元素均会覆盖父元素。

```
<!doctype html>
<html>
<head>
<meta charset="utf-8">
 <title>CSS 属性值</title>
  <style>
   .main {
    position: absolute;
    width: 450px;
    height: 300px;
    background: #090;
    z-index: -1;
   }
    .include {
    position: absolute;
    width: 220px;
    height: 150px;
    background: #F96;
    z-index: -1;
    }
  </style>
 </head>
<body>
 <Div class="main">
```

```
    <Div class="include"></Div>
  </Div>
 </body>
</html>
```

在上面的代码中，在父元素中定义层叠定位属性值为 1，在子元素中定义层叠定位属性值为-1，同时定义两个元素的定位属性均为绝对定位，虽然在父元素中定义的层叠定位属性值大于在子元素中定义的层叠定位属性值，但是子元素依然会覆盖父元素，如图 12-16 所示。

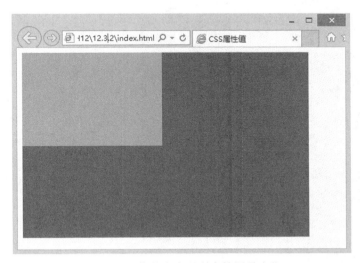

图 12-16　简单嵌套元素中的层叠定位

12.3.3　包含子元素的复杂层叠定位

在使用包含层叠定位属性的元素时，有时候在元素中会包含子元素，但子元素的显示效果不能超过父元素中定义的层叠顺序。

```
<!doctype html>
<html>
<head>
<meta charset="utf-8">
<style>
  .sun {
    position: absolute;
    width: 150px;
    height: 100px;
    background: #000;
    z-index: 10;
  }
  .index1 {
    top: 50px;
    left: 50px;
    background: #390;
    z-index: 2;
```

```
        }
    .index2 {
     position: relative;
     top: 100px;
     left: 100px;
     background: #F60;
     z-index: -1;
     }
    .index3 {
    top: 150px;
    left: 150px;
    background: #39C;
     z-index: 1;
     }
    Div {
      position: absolute;
      width: 200px;
      height: 150px;
    }
  </style>
</head>
<body>
  <Div class="index1"></Div>
  <Div class="index2"></Div>
 <Div class="index3">
  <Div class="sun"></Div>
  </Div>
 </body>
 </html>
```

从图 12-17 可以看出，虽然在子元素中定义了很大的层叠定位属性值，但是子元素的显示顺序依然要受到父元素的影响。

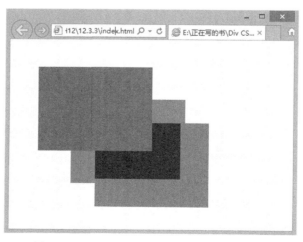

图 12-17　子元素的显示顺序受父元素的影响

12.4　常见布局类型

现在一些比较知名的网页设计都采用 Div+CSS 来排版布局，其好处是可以使 HTML 代码更整齐，更容易使人理解，而且在浏览时的速度也比传统的布局方式快，最重要的是它的可控性要比表格强得多。下面介绍常见的布局类型。

12.4.1　一列固定宽度

一列式布局是所有布局的基础，也是最简单的布局形式。一列固定宽度中，宽度的属性值是固定像素。下面举例说明一列固定宽度的布局方法，具体步骤如下。

（1）新建一个空白文档，在 HTML 文档的\<head\>与\</head\>之间相应的位置输入定义的 CSS 样式代码，如图 12-18 所示。

```
<style>
#Layer{
    background-color:#ff0;
    border:3px solid #ff3399;
    width:500px;
    height:350px;
}
</style>
```

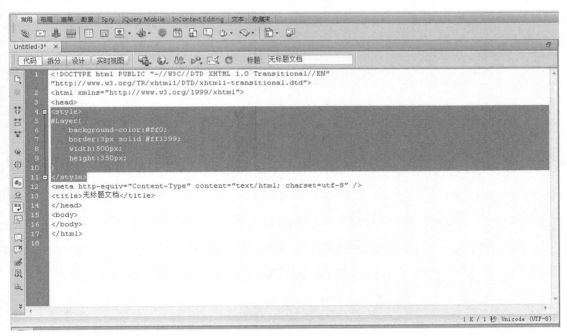

图 12-18　输入代码

（2）在 HTML 文档的\<body\>与\<body\>之间的正文中输入以下代码，给 Div 使用了 layer 作为 id 名称，如图 12-19 所示。

```
<Div id="Layer">1 列固定宽度</Div>
```

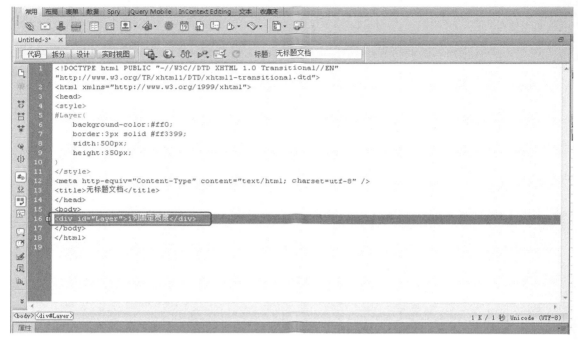

图 12-19　输入代码

（3）在浏览器中浏览，由于是固定宽度，所以无论怎样改变浏览器窗口的大小，Div 的宽度都不改变，如图 12-20 和图 12-21 所示。

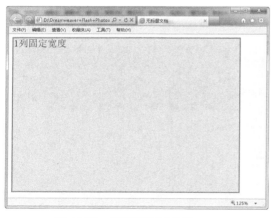

图 12-20　浏览器窗口效果

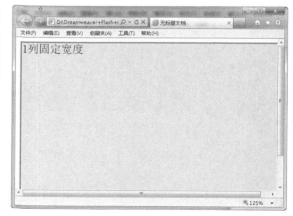

图 12-21　浏览器窗口变小效果

12.4.2　一列宽度自适应

在网页设计中自适应布局是常见的一种布局形式，自适应的布局能够根据浏览器窗口的大小，自动改变其宽度或高度值，是一种非常灵活的布局形式，良好的自适应布局网站对不同分辨率的显示器都能提供最好的显示效果。自适应布局需要将宽度由固定值改为百分比。下面是一列自适应布局的 CSS 代码。

```
<html xmlns="http://www.w3.org/1999/xhtml">
<head>
<meta http-equiv="Content-Type" content="text/html; charset=gb2312"/>
<title>列自适应</title>
<style>
#Layer{
    background-color:#ff0;
    border:3px solid #ff3399;
    width:60%;
    height:60%;
}
</style>
</head>
<body>
<Div id="Layer">列自适应</Div>
</body>
</html>
```

这里将宽度值和高度值都设置为 60%，从浏览效果中可以看到，Div 的宽度已经变为浏览器宽度值的 60%，当扩大或缩小浏览器窗口时，其宽度和高度还将维持在与浏览器当前宽度比例的 60%，如图 12-22 所示。

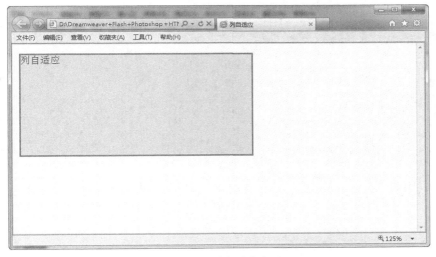

图 12-22　列自适应布局

12.4.3　两列固定宽度

两列固定宽度非常简单，两列的布局需要用到两个 Div，分别将两个 Div 的 id 设置为 left 与 right，来表示两个 Div 的名称。首先为它们制定宽度，然后让两个 Div 在水平线中并排显示，从而形成两列式布局，具体步骤如下。

（1）新建一个空白文档，在 HTML 文档的<head>与</head>之间相应的位置输入定义的 CSS 样式代码，如图 12-23 所示。

```
<style>
#left{
    background-color:#00cc33;
    border:1px solid #ff3399;
    width:250px;
    height:250px;
    float:left;
    }
#right{
    background-color:#ffcc33;
    border:1px solid #ff3399;
    width:250px;
    height:250px;
    float:left;
}
</style>
```

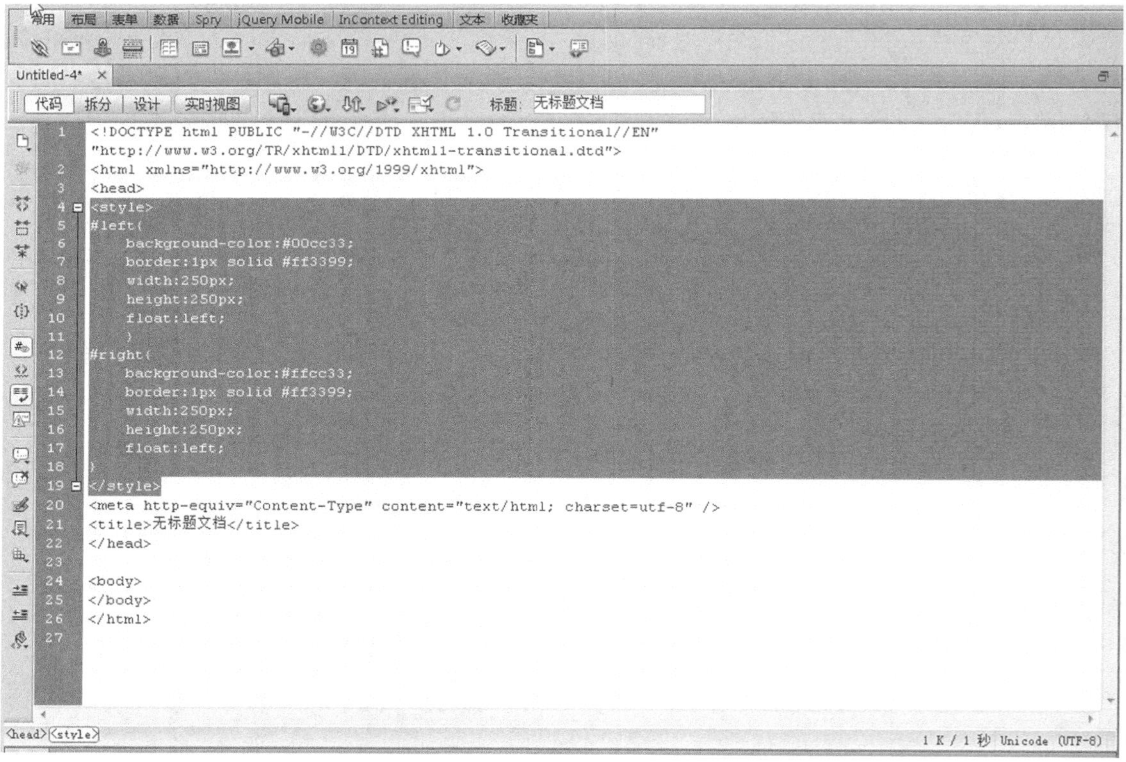

图 12-23　输入代码

（2）在 HTML 文档的<body>与<body>之间的正文中输入以下代码，给 Div 使用 left 和 right 作为 id 名称，如图 12-24 所示。

```
<Div id="left">左列</Div>
<Div id="right">右列</Div>
```

（3）在浏览器中的浏览效果是两列固定宽度布局，如图 12-25 所示。

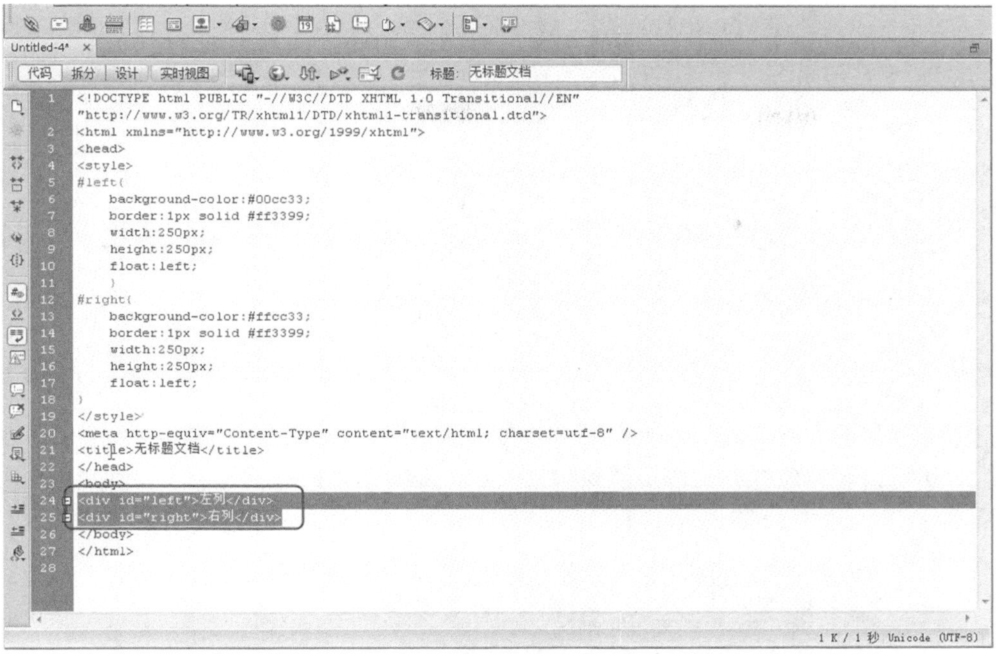

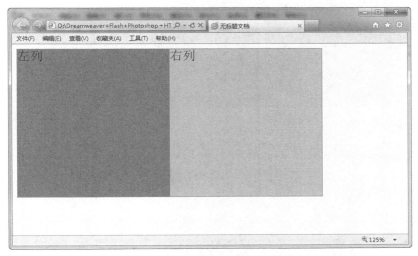

图 12-24 输入代码

图 12-25 两列固定宽度布局

12.4.4 两列宽度自适应

下面使用两列宽度自适应性，以实现左右列宽度能够做到自动适应。设置自适应主要通过设置宽度的百分比值来实现，将 CSS 代码修改为如下形式。

```
<style>
#left{
    background-color:#00cc33;
    border:1px solid #ff3399;
```

```
    width:60%;
    height:250px;
    float:left;
    }
#right{
    background-color:#ffcc33;
    border:1px solid #ff3399;
    width:30%;
    height:250px;
    float:left;
}
</style>
```

　　这里主要修改左列宽度为 60%，右列宽度为 30%。在浏览器中的浏览效果如图 12-26 和图 12-27 所示，无论怎样改变浏览器窗口的大小，左右两列的宽度与浏览器窗口的百分比都不改变。

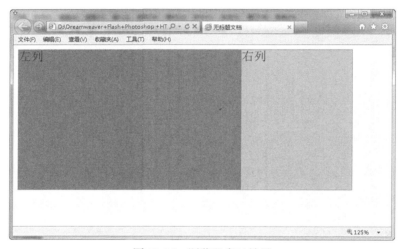

图 12-26　浏览器窗口效果

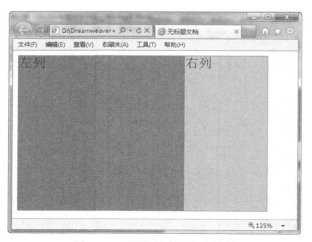

图 12-27　浏览器窗口变小效果

12.4.5 两列右列宽度自适应

在实际应用中，有时候需要使用右列固定宽度来实现右列根据浏览器窗口大小自动适应，在 CSS 中只要设置左列的宽度即可，如上例中左右列都采用了百分比来实现宽度自适应，这里只要将左列宽度设定为固定值，右列不设置任何宽度值，并且右列不浮动，CSS 样式代码如下。

```
<style>
#left{
    background-color:#00cc33;
    border:1px solid #ff3399;
    width:200px;
    height:250px;
    float:left;
    }
#right{
    background-color:#ffcc33;
    border:1px solid #ff3399;
    height:250px;
}
</style>
```

这样，左列将呈现 200px 的宽度，而右列将根据浏览器窗口大小自动适应，如图 12-28 和图 12-29 所示。

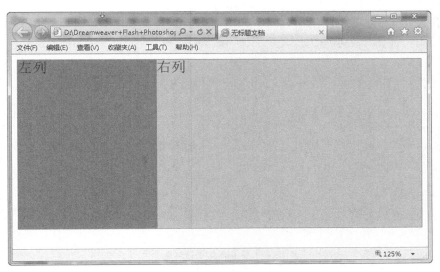

图 12-28　右列宽度

12.4.6　三列浮动中间宽度自适应

使用浮动定位方式，基本上可以简单完成从一列到多列的固定宽度及自适应，包括三列的固定宽度。而在这里给我们提出了一个新的要求，希望有一个三列式布局，其中左列要求为固定宽度，并居左显示，右列要求为固定宽度并居右显示，而中间列需要在左列和右列的中间，根据左右列的间距变化自动适应。

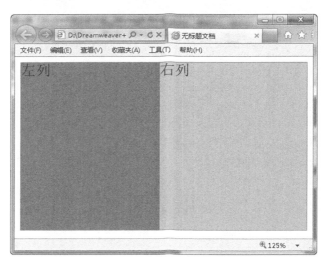

图 12-29　右列宽度

在开始这样的三列布局之前，有必要了解一个新的定位方式——绝对定位。前面的浮动定位方式主要由浏览器根据对象的内容自动进行浮动方向的调整，但是当这种方式不能满足定位需求时，就需要新的方法来实现了。CSS 提供的除浮动定位之外，另一种定位方式就是绝对定位，绝对定位使用 position 属性来实现。

下面讲述三列浮动中间宽度自适应布局的创建方法，具体操作步骤如下。

（1）新建一个空白文档，在 HTML 文档的<head>与</head>之间相应的位置输入定义的 CSS 样式代码，如图 12-30 所示。

```
<style>
body{ margin:0px; }
#left{ background-color:#00cc00;
    border:2px solid #333333;
    width:100px;
    height:250px;
    position:absolute;
    top:0px;
    left:0px; }
#center{ background-color:#ccffcc;
    border:2px solid #333333;
    height:250px;
    margin-left:100px;
    margin-right:100px; }
#right{ background-color:#00cc00;
    border:2px solid #333333;
    width:100px;
    height:250px;
    position:absolute;
    right:0px;
    top:0px; }
</style>
```

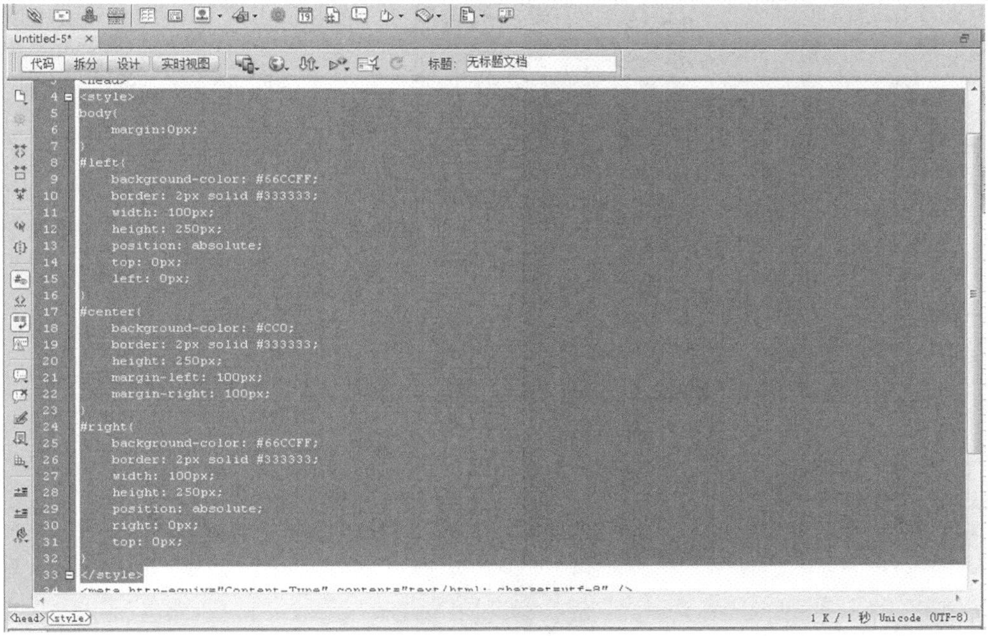

图 12-30 输入代码

（2）在 HTML 文档的<body>与<body>之间的正文中输入以下代码，给 Div 使用 left、right 和 center 作为 id 名称，如图 12-31 所示。

```
<Div id="left">左列</Div>
<Div id="center">右列</Div>
<Div id="right">右列</Div>
```

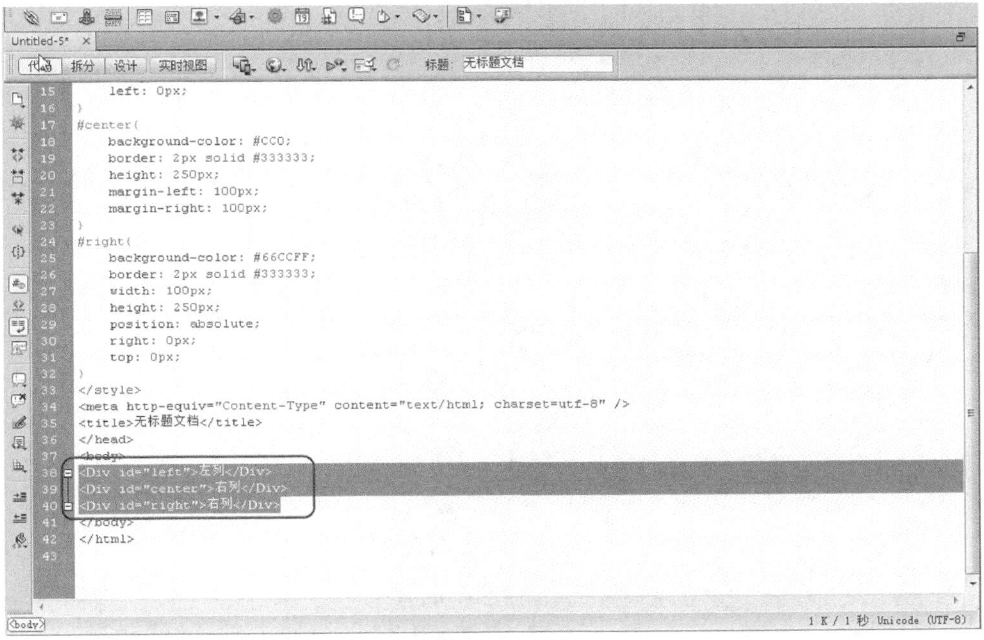

图 12-31 输入代码

（3）在浏览器中浏览，如图 12-32 所示，随着浏览器窗口的改变，中间宽度是变化的。

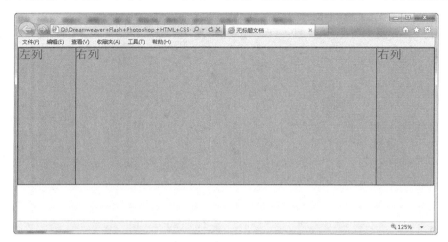

图 12-32　中间宽度自适应

12.5　实例应用

对于刚开始接触 Div+CSS 的初学者来说，记住那些对象属性以及对应的值就很困难了，更何况来完成页面的定位布局。下面介绍一些简单易懂的布局实例，希望对刚开始接触 Div+CSS 的初学者有帮助。

12.5.1　带有边框和边界的图像浮动于文本右侧

本例制作一个带有边框和边界的图像浮动于文本右侧，其代码如下。

```
<!doctype html>
<html>
<head>
<meta charset="utf-8">
<style type="text/css">
img
{
float:right;
border:5px  double black;
margin:0px 0px 15px 20px;
}
</style>
</head>
<body>
<p> </p>
<p>
<img src="005.jpeg" width="400" height="266" />恐怕京郊没有哪片花海像延庆的四季花海
那样令人过目难忘了。当我们乘了两个小时的车、昏昏欲睡时突然发现了这么一个世外幽谷，数千亩橙色的万寿
菊被群山环抱，每一块菊田明亮得就像是画家的油画笔肆意涂抹上的痕迹，带着醉人的艺术感。如此情景，让大
```

家都不约而同地惊叹起来。四</p>
　　　　<p>四季花海沟域位于京郊延庆县，包括延庆县东部山区的四海镇、珍珠泉乡和刘斌堡乡。这里海拔高、林木覆盖率高、日照充足，是一个天然大花圃，今年在已有花卉数千亩的基础上，又新增种植了大片花卉，逐渐形成了万寿菊、百合、茶菊、玫瑰、种籽种苗、宿根花卉和草盆花六大园区，不但种苗自己培育，还实现了四季鲜花不断。</p>
　　　　<p>在这个入秋时节，数千亩的万寿菊在山野间竞相开放，天地四野好像都被染尽了一片金黄，此情此景构成了一幅极具冲击力的震撼画面。花海的山谷里赏花的人流、车流摩肩接踵。山顶设有观景台，俨然已经成了摄影天堂，人们纷纷拿出相机不停拍照。山下金灿灿的万寿菊成块连片，像铺在山谷中的地毯，青山绿水间，数千亩鲜花铺展开来，姹紫嫣红得万分醉人。</p>
　　　　<p>游览四季花海只需一天即可。早晨出发约两小时后到达四季花海，在田间穿梭拍照，感受回归田园的乐趣。也可以登上高台观景。中午来到农家院吃饭，体验农家饭的质朴与醇美。下午可以去珍珠泉乡的留香谷薰衣草园，畅意游赏、拍照，约四点钟左右便可以踏上回程的旅途了。时间充足并且对这个地方意犹未尽的朋友也可以在农家多住一晚，也许会体验到其他乐趣。游客来到四季花海，不但可以赏花，还可以大大方方摘花，并且摘花还能赚钱。只要事先联系好四季花海的合同公司，就可以和村民一起采摘万寿菊，摘后过秤，按份量付给劳动报酬，有些手头快的村民一天就可以收入一二百元。
　　　　
　　　　</p>
　　　　</body>
　　　　</html>

　　在实例的段落中，图像会浮动到右侧，并且添加了 **double** 的边框。这里还为图像添加了边距，这样就可以使文本与图像之间有一段间隔：上和右外边距是 0px，下外边距是 15px，而图像左侧的外边距是 20px，如图 12-33 所示。

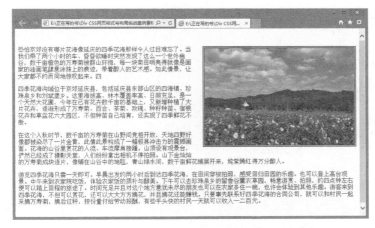

图 12-33　带有边框和边界的图像浮动于文本右侧

12.5.2　创建水平菜单

下面使用浮动和 **ul** 元素创建一个水平菜单，其代码如下。

```
<!doctype html>
<html>
<head>
<meta charset="utf-8">
<style type="text/css">
```

```
ul
{
float:left;
width:100%;
padding:0;
margin:0;
list-style-type:none;
}
a
{
float:left;
width:6em;
text-decoration:none;
color:white;
background-color:#C0C;
padding:0.2em 0.6em;
border-right:2px solid white;
}
a:hover {background-color:#ff3300}
li {display:inline}
</style>
</head>
<body>
<ul>
<li><a href="#">首页</a></li>
<li><a href="#">关于我们</a></li>
<li><a href="#">公司新闻</a></li>
<li><a href="#">产品介绍</a></li>
<li><a href="#">技术支持</a></li>
<li><a href="#">联系我们</a></li>
</ul>
</body>
</html>
```

在上面的例子中，把 ul 元素和 a 元素向左浮动。li 元素显示为行内元素，这样就可以使列表排列成一行。ul 元素的宽度是 100%，列表中的每个超链接的宽度是 6em（当前字体尺寸的 6 倍）。这里还添加了颜色和边框，以使其更漂亮，如图 12-34 所示。

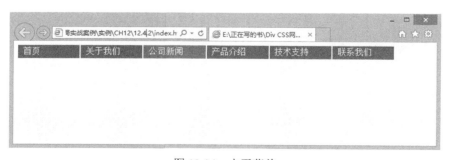

图 12-34　水平菜单

第13章

移动网页设计基础 CSS3

CSS3 是 CSS 规范的最新版本,它在 CSS2.1 的基础上增加了很多强大的新功能以帮助开发人员解决一些问题,例如圆角、多背景、透明度、阴影等功能,并且不再需要非语义标签、复杂的 JavaScript 脚本以及图片。CSS2.1 是单一的规范,而 CSS3 被划分成几个模块组,每个模块组都有自己的规范。这样的好处是整个 CSS3 的规范发布不会因为部分难缠的部分而影响其他模块的推进。

学习目标

- ☐ 边框
- ☐ 背景
- ☐ 文本
- ☐ 多列
- ☐ 转换
- ☐ 过渡
- ☐ 动画
- ☐ 用户界面

13.1 边框

通过 CSS3 能够创建圆角边框,向矩形添加阴影,使用图片来绘制边框,并且不需使用设计软件,如 Photoshop。对于边框,在 CSS2 中仅局限于边框的线型、粗细、颜色的设置,如果需要特殊的边框效果,只能使用背景图片来模仿。CSS3 的 border-image 属性使元素边框的样式变得丰富起来,还可以使用该属性实现类似 background 的效果,对边框进行扭曲、拉伸和平铺等。

13.1.1 圆角边框 border-radius

圆角是 CSS3 中使用最多的一个属性,原因很简单:圆角比直线更美观,而且不会与设计产生任何冲突。在 CSS2 中,大家都碰到过圆角的制作。当时,对于圆角的制作,我们都需要使用多张圆角图片作为背景,然后将其分别应用到每个角上,制作起来非常麻烦。

CSS3 无需添加任何标签元素与图片,也不需借用任何 JavaScript 脚本,一个 border-radius 属性就能搞定。而且其还有多个优点:其一是减少网站维护的工作量,少了对图片的更新制作、代码的替换等；其二是提高网站的性能，少了对图片进行 http 的请求，网页的载入速度将变快；其三是增加视觉美观性。

语法

```
border-radius: none | <length>{1,4} [/ <length>{1,4} ];
```

按此顺序设置每个 radius 的四个值。如果省略 bottom-left，则与 top-right 相同。如果省略 bottom-right，则与 top-left 相同。如果省略 top-right，则与 top-left 相同。

1. border-radius 设置一个值

border-radius 只有一个取值时，四个角具有相同的圆角设置，其效果是一致的，代码如下。

```
. box {border-radius: 10px;}
```

其等价于：

```
. box {
border-top-left-radius: 10px;
border-top-right-radius: 10px;
border-bottom-right-radius: 10px;
border-bottom-left-radius: 10px;
}
```

下面是一个四个角相同的设置，其 HTML 代码如下。

```
<!DOCTYPE html>
<html>
<head>
<meta http-equiv="Content-Type" content="text/html; charset=utf-8" />
<title>四个角具有相同的圆角设置</title>
<link href="images/style.css" rel="stylesheet" type="text/css" />
</head>
<body>
<Div class="box"> 四个角具有相同的圆角</Div>
</body>
</html>
```

其 CSS 代码如下。

```
.box {border-radius:10px;
border:1px solid #000;
width:400px;
 height:200px;
background:#FC6;
margin:0 auto}
```

这里使用 border-radius:10px 设置四个角 10 像素圆角效果，在浏览器中的效果如图 13-1 所示，可以看到四个角都相同。

2. border-radius 设置两个值

border-radius 用于设置两个值，此时 top-left 等于 bottom-right，并且它们取第一个值；top-right 等于 bottom-left，并且它们取第二个值，也就是说元素左上角和右下角相同，右上角和左下角相同。

图 13-1　四个角都相同

代码如下。

```
. box {
border-radius: 10px 40px;
}
```

等价于：

```
. box {
border-top-left-radius: 10px;
border-bottom-right-radius: 10px;
border-top-right-radius: 40px;
border-bottom-left-radius: 40px;
}
```

下面是一个 border-radius 取两个值的实例，其 CSS 代码如下。

```
.box {
border-radius:10px  40px;
border:1px solid #000;
width:400px;
height:200px;
background:#FC6;
margin:0 auto}
```

这里使用 border-radius:10px 40px；设置对象盒子左上角和右下角为 10px 圆角，右上角
和左下角为 40px 圆角，如图 13-2 所示。

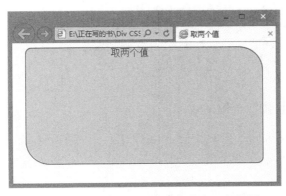

图 13-2　只取两个值，左上角和右下角相同

3．border-radius 设置三个值

border-radius 用于设置三个值，此时 top-left 取第一个值，top-right 等于 bottom-left，并且它们取第二个值，bottom-right 取第三个值。

代码如下。

```
.box {
border-radius: 10px 40px 30px;
}
```

等价于

```
.box {
border-top-left-radius: 10px;
border-top-right-radius: 40px;
border-bottom-left-radius: 40px;
border-bottom-right-radius: 30px;
}
```

下面是一个 border-radius 取三个值的实例，其 CSS 代码如下。

```
.box {
border-radius:10px 40px 30px;
border:1px solid #000;
width:400px;
height:200px;
background:#FC6;
margin:0 auto
}
```

这里使用 border-radius:10px 40px 30px；设置对象盒子左上角为 10px 圆角，右上角和左下角为 40px 圆角，右下角为 30px 圆角，如图 13-3 所示。

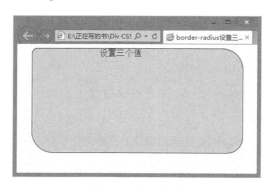

图 13-3　取三个值

4．border-radius 设置四个值

border-radius 用于设置四个值，此时 top-left 取第一个值，top-right 取第二个值，bottom-right 取第三个值，bottom-left 取第四个值。

代码如下。

```
.box {
```

```
border-radius:10px 20px 30px 40px;
}
```

等价于

```
.box {
border-top-left-radius: 10px;
border-top-right-radius: 20px;
border-bottom-right-radius: 30px;
border-bottom-left-radius: 40px;
}
```

下面是一个 border-radius 取四个值的实例，其 CSS 代码如下。

```
.box {
border-radius:10px 20px 30px 40px;
border:1px solid #000;
width:400px;
height:200px;
background:#FC6;
margin:0 auto
}
```

这里使用 border-radius:10px 20px 30px 40px;分别设置了四个角的大小，如图 13-4 所示。

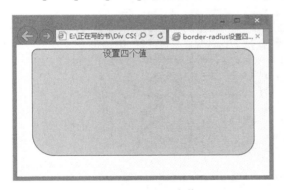

图 13-4　设置四个值

13.1.2　边框图片 border–image

border-images 可以说也是 CSS3 中的重量级属性，从其字面意思上看，可以将其理解为"边框图片"，通俗地说也就是使用图片作为边框，这样一来边框的样式就不像以前那样只有实线、虚线、点状线那样单调了，通过 CSS3 的 border-image 属性，可以使用图片来创建边框。

border-image 属性是一个简写属性，可以用于设置以下属性。

border-image-source：该属性用于指定是否用图片定义边框样式或图片来源路径。

border-image-slice：该属性用于指定图片边框向内偏移。

border-image-width：该属性用于指定图片边框的宽度。

border-image-outset：该属性用于指定边框图片区域超出边框的量。

border-image-repeat：该属性用于指定图片边框是否应平铺、铺满或拉伸。

IE11、Firefox、Opera 15、Chrome 以及 Safari 6 等浏览器都支持 border-image 属性。

下面通过 CSS3 的 border-image 属性，使用图片来创建边框，实例代码如下。

```html
<!doctype html>
<html>
<head>
<meta charset="utf-8">
<style>
Div
{
border:30px solid transparent;
width:300px;
padding:15px 20px;
}
#round
{
-moz-border-image:url(i/border.png) 30 30 round;  /* Old Firefox */
-webkit-border-image:url(i/border.png) 30 30 round;   /* Safari and Chrome */
-o-border-image:url(i/border.png) 30 30 round;        /* Opera */
border-image:url(i/border.png) 30 30 round;
}
#stretch
{
-moz-border-image:url(i/border.png) 30 30 stretch;    /* Old Firefox */
-webkit-border-image:url(i/border.png) 30 30 stretch; /* Safari and Chrome */
-o-border-image:url(i/border.png) 30 30 stretch;  /* Opera */
border-image:url(i/border.png) 30 30 stretch;
}
</style>
</head>
<body>
<Div id="round">在这里设置 round，图片铺满整个边框。</Div>
<br>
<Div id="stretch">在这里设置 stretch，图片被拉伸以填充该区域。</Div>
<p>这是我们使用的图片：</p>
<img src="i/border.png">
</body>
</html>
```

设置 round，图片将铺满整个边框。设置 stretch，图片被拉伸以填充该区域，如图 13-5 所示。

13.1.3　边框阴影 box–shadow

以前给一个块元素设置阴影，只能通过给该块级元素设置背景来实现，当然在 IE 下还可以通过微软的 shadow 滤镜来实现，不过也只在 IE 下有效，那它的兼容性也就可想而知了。但是 CSS3 的 box-shadow 属性的出现使这一问题变得简单了。在 CSS3 中，box-shadow 用于向方框添加阴影。

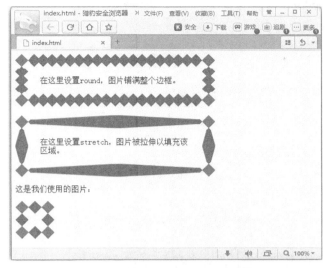

图 13-5　边框图片 border-image

语法:

box-shadow: h-shadow v-shadow blur spread color inset;

说明:

box-shadow 用于向框添加一个或多个阴影。该属性是由逗号分隔的阴影列表，每个阴影由 2～4 个长度值、可选的颜色值以及可选的 inset 关键词来规定。省略长度的值是 0。

h-shadow: 必需，用于设置水平阴影的位置，允许是负值。

v-shadow: 必需，用于设置垂直阴影的位置，允许是负值。

blur: 可选，用于设置模糊距离。

spread: 可选，用于设置阴影的尺寸。

color: 可选，用于设置阴影的颜色。

inset: 可选，用于将外部阴影（outset）改为内部阴影。

下面创建一个对方框添加阴影的实例，其代码如下。

```
<!doctype html>
<html>
<head>
<meta charset="utf-8">
<style>
Div
{
width:400px;
height:300px;
background-color:#ff9900;
-moz-box-shadow: 10px 10px 10px #888888; /* 老的 Firefox */
box-shadow: 20px 20px 15px #888888;
}
</style>
<title>box-shadow</title>
```

```
</head>
<body>
<Div></Div>
</body>
</html>
```

这里使用 box-shadow: 20px 20px 15px #888888 设置了阴影的偏移量和颜色，如图 13-6 所示。

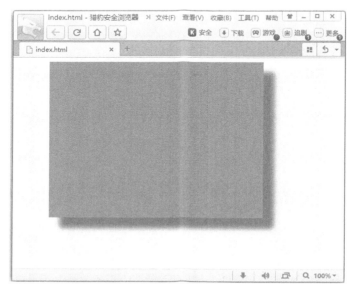

图 13-6　边框阴影

13.2　背景

CSS3 不再局限于背景色、背景图像的运用，其新特性中添加了多个新的属性值，例如 background-origin、background-clip、background-size，此外，还可以在一个元素上设置多个背景图片。这样，如果要设计比较复杂的 Web 页面效果，就不再需要使用一些多余标签来辅助实现了。

13.2.1　背景图片尺寸 background-size

在 CSS3 之前，背景图片的尺寸是由图片的实际尺寸决定的。在 CSS3 中，可以规定背景图片的尺寸，这就允许我们在不同的环境中重复使用背景图片。

语法：

```
background-size: length|percentage|cover|contain;
```

说明：

length：用长度值指定背景图片大小。不允许是负值。

percentage：用百分比指定背景图片大小。不允许是负值。

cover：将背景图片等比缩放到完全覆盖容器，背景图片有可能超出容器。

contain：将背景图片等比缩放到宽度或高度与容器的宽度或高度相等，背景图片始终被包含在容器内。

下面的实例规定了背景图片的尺寸，其代码如下。

```
<!doctype html>
<html>
<head>
<meta charset="utf-8">
<style>
body
{
background:url(001.jpg);
background-size:100px 90px;
-moz-background-size:63px 100px; /* 老版本的 Firefox */
background-repeat:no-repeat;
padding-top:80px;
}
</style>
</head>
<body>
<p>上面是缩小的背景图片。</p>
<p>原始图片: <img src="001.jpg" alt="Flowers" width="350" height="319"></p>
</body>
</html>
```

这里使用 background-size:100px 90px;设置了背景图片的显示尺寸，如图 13-7 所示。

图 13-7　缩小背景图片尺寸

13.2.2　背景图片定位区域 background-origin

background-origin 属性用于规定背景图片的定位区域。

语法：

```
background-origin: padding-box|border-box|content-box;
```

说明：

padding-box：背景图片相对于内边距框来定位。

border-box：背景图片相对于边框盒来定位。

content-box：背景图片相对于内容框来定位。

下面的代码是相对于内容框来定位背景图片。

```
Div
{
background-image:url('smiley.gif');
background-repeat:no-repeat;
background-position:left;
background-origin:content-box;
}
```

下面通过实例讲述背景图片定位区域的使用方法，其代码如下。

```
<!doctype html>
<html>
<head>
<meta charset="utf-8">
<style>
Div{
border:1px solid black;
padding:50px;
background-image:url('001.jpg');
background-repeat:no-repeat;
background-position:left;}
#Div1{background-origin:border-box;}
#Div2{background-origin:content-box;}
</style>
</head>
<body>
<p>background-origin:border-box:</p>
<Div id="Div1"> 白石山坐落在河北西部的涞源县境内，这里群山环绕，远离都市，拥有良好的自然生
态环境，纯净清新的空气，凉爽宜人的气候。暑期平均温度只有21.7摄氏度。
白石山山体高大，奇峰林立，具有良好的天然生态环境。地貌景观独特，人文旅游资源丰富，是一个集地质、
科研、教学、观赏、旅游为一体的天然地质公园。</Div>
<p>background-origin:content-box:</p>
<Div id="Div2">
白石山植被茂密，动植物种类繁多，是华北地区物种多样性中心区之一。不少专家认为白石山是一个集黄山
之奇，华山之险、张家界之秀的旅游胜地。白石山不仅山奇而且水美，以高山、峡谷、溪流、瀑布景观为主的十
瀑峡景区是白石山脚下的一条峡谷。</Div>
</body>
</html>
```

这里使用 background-origin:border-box:定义背景图片相对于边框盒来定位，使用
background-origin:content-box:定义背景图片相对于内容框来定位，如图13-8所示。

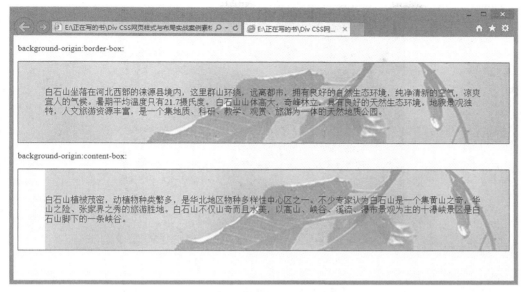

图 13-8　背景图片定位区域

13.2.3　背景绘制区域 background-clip

background-clip 该属性指定了背景在哪些区域可以显示,但与背景开始绘制的位置无关。背景绘制的位置可以出现在不显示背景的区域,这就相当于背景图片被不显示背景的区域裁剪了一部分一样。

语法:

```
background-clip: border-box|padding-box|content-box;
```

说明:

border-box:背景被裁剪到边框盒。

padding-box:背景被裁剪到内边距框。

content-box:背景被裁剪到内容框。

下面介绍 background-clip 的三个属性值 border-box、padding-box、content-box 在实际应用中的效果,为了更好地区分它们之间的不同,先创建一个共同的实例,实例的 HTML 代码如下。

```
<Div class="demo"></Div>
```

CSS 代码如下所示。

```
.demo {width: 350px;
    height: 280px;
    padding: 20px;
    border: 20px dashed rgba(255,0,0,0.8);
    background: green url("pic.jpg") no-repeat;
    font-size: 16px;
    font-weight: bold;
    color: red;   }
```

效果如图 13-9 所示,显示的是在没有应用 background-clip 对背景进行任何设置下的效果。

图 13-9　没有应用 background-clip

在前面实例的基础上，在 CSS 中添加 background-box:border-box 属性，CSS 代码如下。

```
-moz-background-clip: border;
-webkit-background-clip: border-box;
-o-background-clip: border-box;
background-clip: border-box;
```

效果如图 13-10 所示，可以看出，background-clip 取值为 border-box 时，跟没有设置 background-clip 效果是完全一样的，那是因为 background-clip 的默认值为 border-box。

图 13-10　设置为 border-box

在上面的基础上稍微做一下修改，把刚才的 border-box 换成 padding-box 值，此时的效果如图 13-11 所示，与原来默认状态下有明显的区别了，只要超过 padding 边缘的背景都被裁剪掉了，此时的裁剪并不是让背景成比例裁剪，而是直接将超过 padding 边缘的背景剪切掉。

图 13-11　设置为 padding-box

使用同样的方法，把刚才的 padding-box 换成 content-box，效果如图 13-12 所示。明显背景只在内容区域显示，超过内容边缘的背景直接被裁剪掉了。

图 13-12　设置为 content-box

13.3　文本

对于网页设计师而言，文本也同样是不可忽视的因素。一直以来都是使用 Photoshop 来编辑一些漂亮的样式，并插入文本。同样 CSS3 也可以帮你搞定这些，甚至效果会更好。CSS3 包含多个新的文本特性。

13.3.1　文本阴影 text-shadow

在 CSS3 中，text-shadow 可向文本应用阴影。可以设置水平阴影、垂直阴影、模糊距离，以及阴影的颜色。

语法：

```
text-shadow: h-shadow v-shadow blur color;
```

说明：

text-shadow 属性用于向文本添加一个或多个阴影。该属性是逗号分隔的阴影列表，每个阴影由两个或三个长度值和一个可选的颜色值进行规定。

h-shadow：必需，用于设置水平阴影的位置。允许是负值。

v-shadow：必需，用于设置垂直阴影的位置。允许是负值。

blur：可选，用于设置模糊的距离。

color：可选，用于设置阴影的颜色。

下面利用 text-shadow 制作一个文本阴影效果，其代码如下。

```
<!doctype html>
<html>
<head>
<meta charset="utf-8">
<style>
h1
{
text-shadow: 8px 8px 6px #FF0000;
}
</style>
<title>文本阴影效</title>
</head>
<body>
<h1>文本阴影效果! </h1>
</body>
</html>
```

这里使用 text-shadow: 8px 8px 6px #FF0000;设置了文本的阴影位置和颜色，如图 13-13 所示。

图 13-13　文本阴影

13.3.2　强制换行 word-wrap

word-wrap 属性允许长单词或 URL 地址换行到下一行。

语法：

```
word-wrap: normal|break-word;
```

说明：

normal：只在允许的断字点换行（浏览器保持默认处理）。

break-word：在长单词或 URL 地址内部进行换行。

下面是使用 word-wrap 换行的实例，其代码如下。

```
<!doctype html>
<html>
<head>
<meta charset="utf-8">
<style>
p.test
{
width:11em;
border:3px  dotted  #009900;
word-wrap:break-word;
}
</style>
</head>
<body>
<p class="test">这是个很长的单词：pneumonoultramicroscopicsilicovolcanoconiosis.
这个很长的单词将会被分开并且强制换行.</p>
</body>
</html>
```

图 13-14 所示的是没有换行的效果，当使用了 word-wrap:break-word;时就可以将长单词换行，如图 13-15 所示。

这是个很长的单词：
pneumonoultramicroscopicsilicovolcanoconiosis.
这个很长的单词将会被分
开并且强制换行.

图 13-14　没有换行的效果

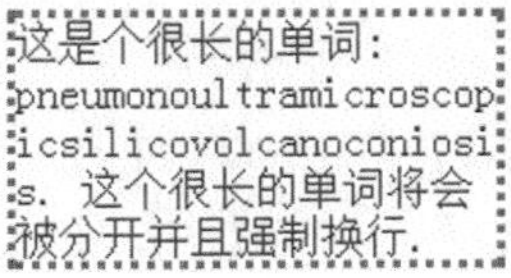

这是个很长的单词：
pneumonoultramicroscop
icsilicovolcanoconiosi
s. 这个很长的单词将会
被分开并且强制换行.

图 13-15　长单词换行

13.3.3　文本溢出 text-overflow

文本溢出 text-overflow 用于设置或检索是否使用一个省略标记（...）标示对象内文本的溢出。

语法：

```
text-overflow: clip | ellipsis
```

说明：

clip：当对象内文本溢出时不显示省略标记（...），而是将溢出的部分裁切掉。

ellipsis：当对象内文本溢出时显示省略标记（...）。

下面通过实例讲述 text-overflow 的使用方法，其代码如下。

```
<!doctype html>
<html>
<head>
<meta charset="utf-8">
```

```
<title>text-overflow 实例</title>
<style>
.test_clip {
    text-overflow:clip;
    overflow:hidden;
    white-space:nowrap;
    width:224px;
    background: #FC9;
}
.test_ellipsis {
    text-overflow:ellipsis;
    overflow:hidden;
    white-space:nowrap;
    width:224px;
    background:#FC9;
}
</style>
</head>
<body>
<h2>text-overflow : clip </h2>
  <Div class="test_clip">
  不显示省略标记，而是简单的裁切掉
</Div>
<h2>text-overflow : ellipsis </h2>
<Div class="test_ellipsis">
    当对象内文本溢出时显示省略标记
</Div>
</body>
</html>
```

运行代码，结果如图 13-16 所示。设置 text-overflow:clip 时，不显示省略标记，而是简单的裁切掉多余的文字。设置 text-overflow: ellipsis 时，当对象内文本溢出时显示省略标记。

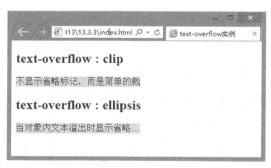

图 13-16　text-overflow 实例

13.3.4　文字描边 text-stroke

CSS 边框的一个不足就是只有矩形的元素才能使用。ext-stroke 可以为文字添加描边。它不但可以设置文字边框的宽度，也能设置其颜色。

语法：

```
text-stroke: text-stroke-width | text-stroke-color
```

说明：

text-stroke-width：设置对象中的文字的描边厚度。

text-stroke-color：设置对象中的文字的描边颜色。

下面通过实例讲述 text-stroke 的使用方法，其代码如下。

```html
<!doctype html>
<html>
<head>
<meta charset="utf-8">
<title>text-stroke 实例</title>
<style>
html,body{font:bold 14px/1.5 georgia,simsun,sans-serif;text-align:center;}
.stroke h1{margin:2;padding:15px 0 0;}
.stroke p{
  margin:50px auto 100px;font-size:100px;
  -webkit-text-stroke:3px #F00;
}
</style>
</head>
<body>
<Div class="stroke">
  <h1>text-stroke 描边文字：</h1>
  <p>我被描了 3 像素红边</p>
</Div>
</body>
</html>
```

这里使用 text-stroke:3px #F00 设置了段落中的文字描边厚度和颜色，如图 13-17 所示。

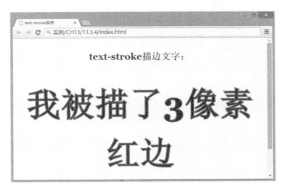

图 13-17　描边

13.3.5　文本填充颜色 text-fill-color

text-fill-color 是 CSS3 中的属性，表示文字颜色填充，其实现的效果基本上与 color 一样，目前仅在 webkit 核心的浏览器下支持此属性。从某种程度上讲，text-fill-color 与 color 的作用基本上是一样的，如果同时设置 color 与 text-fill-color 属性，显然是用颜色填充覆盖本身的颜色，也就是文字只显示 text-fill-color 设置的颜色。

语法：

```
text-fill-color: color
```

说明：

color：指定文字的填充颜色。

下面通过实例讲述 text-fill-color 的使用方法，其代码如下。

```
<!doctype html>
<html>
<head>
<meta charset="utf-8">
<title>text-fill-color 实例</title>
<style>
html,body{
  margin:50px 0;
}
.text-fill-color{
  width:600px;
  margin:0 auto;
  background:-webkit-linear-gradient(top,#eee,#aaa 50%,#333 51%,#000);
  -webkit-background-clip:text;
  -webkit-text-fill-color:transparent ;
  font:bold 80px/1.231 georgia,sans-serif;
  text-transform:uppercase;
}
</style>
</head>
<body>
<Div class="text-fill-color">文本填充颜色</Div>
</body>
</html>
```

这里使用 text-fill-color:transparent 设置文本填充颜色为透明，在浏览器中的效果如图 13-18 所示。

图 13-18　文本填充颜色

13.4 多列

通过 CSS3 能够创建多个列来对文本进行布局，就像报纸那样！在本节中，将学习如下多列属性：column-count、column-gap、column-rule。

13.4.1 创建多列 column-count

column-count 属性用于规定元素应该被分隔的列数。

语法：

```
column-count: number|auto;
```

说明：

number：元素内容将被划分的最佳列数。

auto：由其他属性决定列数，比如 column-width。

将 Div 元素中的文本分为如下三列。

```
Div
{
-moz-column-count:3; /* Firefox */
-webkit-column-count:3; /* Safari 和 Chrome */
column-count:3;
}
```

下面通过实例讲述 column-count 的使用方法，其代码如下。

```
<!doctype html>
<html>
<head>
<meta charset="utf-8">
<style>
.newspaper
{-moz-column-count:3; /* Firefox */
-webkit-column-count:3; /* Safari and Chrome */
column-count:3;}
</style>
</head>
<body>
<Div class="newspaper">
蔚蓝的大海上，漂浮着几座迷人的岛屿，那就是长岛！
长岛一直是我向往的地方，那里是中国北方最美海岛。那里远离大陆，空气清新，没有工厂，因此更谈不上
污染。而且长岛旅游资源十分丰富，素有"海上仙山"之称，是理想的旅游休闲避暑胜地。去过长岛，特别留恋
那里的天蓝、海碧、岛秀、礁奇、湾美、滩洁、林密，那里的自然景观非常迷人，是一个不加人工修饰的天然海上
公园。下午游览的第一站选择了九丈崖，这是长岛最值得去的地方。九丈崖是全岛风景最好的地方，既有沙滩，
可以戏水，也有悬崖峭壁，可以登高望远，还可下到悬崖下面的礁石滩，在海边寻找各色海里小螃蟹、贝类等，
海水非常清，可以看见鱼儿穿梭在海水中。
</Div>
</body>
</html>
```

这里使用 column-count:3;将整段文字分成 3 列，如图 13-19 所示。

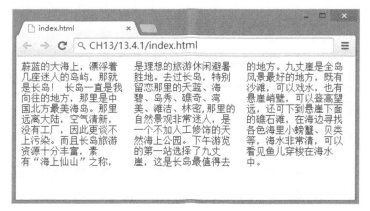

图 13-19　创建 3 列

13.4.2　列的宽度 column-width

column-width 用于设置对象每列的宽度。

语法：

```
column-width: length | auto
默认值：auto
```

说明：

length：用长度值来定义列宽。

auto：根据 column-count 自定分配宽度。

下面通过实例讲述 column-width 的使用方法，其代码如下。

```
<!doctype html>
<html>
<head>
<meta charset="utf-8">
<style>
.newspaper
{-moz-column-width:100px; /* Firefox */
-webkit-column-width:100px; /* Safari and Chrome */
column-width:100px;}
</style>
</head>
<body>
<Div class="newspaper">
蔚蓝的大海上，漂浮着几座迷人的岛屿，那就是长岛！
长岛一直是我向往的地方，那里是中国北方最美海岛。那里远离大陆，空气清新，没有工厂，因此更谈不上
污染。而且长岛旅游资源十分丰富，素有“海上仙山”之称，是理想的旅游休闲避暑胜地。去过长岛，特别留恋
那里的天蓝、海碧、岛秀、礁奇、湾美、滩洁、林密,那里的自然景观非常迷人，是一个不加人工修饰的天然海上
公园。下午游览的第一站选择了九丈崖，这是长岛最值得去的地方。九丈崖是全岛风景最好的地方，既有沙滩，
可以戏水，也有悬崖峭壁，可以登高望远，还可下到悬崖下面的礁石滩，在海边寻找各色海里小螃蟹、贝类等，
海水非常清，可以看见鱼儿穿梭在海水中。
</Div>
```

```
</body>
</html>
```

这里使用 column-width:100px;设置每列的宽度，左右拖动改变浏览器的宽度，可以看到每列宽度都是固定的 100px，如图 13-20 和图 13-21 所示。

图 13-20 宽度固定

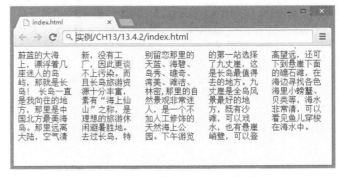

图 13-21 浏览器变宽，宽度固定

13.4.3 列的间隔 column-gap

column-gap 属性用于规定列之间的间隔。

语法：

```
column-gap: length|normal;
```

说明：

Length：把列间的间隔设置为指定的长度。

Normal：规定列间间隔为一个常规的间隔。

下面的代码规定了列间的间隔为 50 像素。

```
Div
{
-moz-column-gap:50px; /* Firefox */
-webkit-column-gap:50px; /* Safari 和 Chrome */
column-gap:50px;
}
```

下面通过实例讲述 column-gap 的使用方法，其代码如下。

```
<!doctype html>
<html>
<head>
<meta charset="utf-8">
<style>
.newspaper
{
-moz-column-count:3; /* Firefox */
```

```
-webkit-column-count:3; /* Safari and Chrome */
column-count:3;
-moz-column-gap:50px; /* Firefox */
-webkit-column-gap:50px; /* Safari and Chrome */
column-gap:50px;
}
</style>
</head>
<body>
<Div class="newspaper">
蔚蓝的大海上，漂浮着几座迷人的岛屿，那就是长岛！
    长岛一直是我向往的地方，那里是中国北方最美海岛。那里远离大陆，空气清新，没有工厂，因此更谈不上
污染。而且长岛旅游资源十分丰富，素有"海上仙山"之称，是理想的旅游休闲避暑胜地。去过长岛，特别留恋
那里的天蓝、海碧、岛秀、礁奇、湾美、滩洁、林密，那里的自然景观非常迷人，是一个不加人工修饰的天然海上
公园。下午游览的第一站选择了九丈崖，这是长岛最值得去的地方。九丈崖是全岛风景最好的地方，既有沙滩，
可以戏水，也有悬崖峭壁，可以登高望远，还可下到悬崖下面的礁石滩，在海边寻找各色海里小螃蟹、贝类等，
海水非常清，可以看见鱼儿穿梭在海水中。
</Div>
</body>
</html>
```

这里使用 column-gap:50px;设置每列的间隔是 50px，左右拖动改变浏览器的宽度，可以
看到每列间隔都是固定的 50px，如图 13-22 和图 13-23 所示。

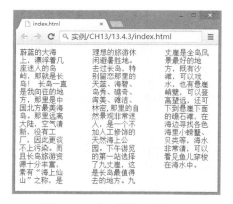

图 13-22　每列的间隔是 50px

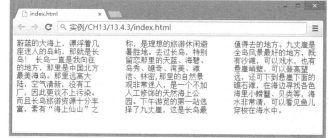

图 13-23　改变浏览器的宽度每列的间隔还是 50px

13.4.4　列的规则 column-rule

column-rule 用于规定列之间的宽度、样式和颜色规则。

语法：

```
column-rule: column-rule-width column-rule-style column-rule-color;
```

说明：

column-rule-width：设置列之间的宽度规则。

column-rule-style：设置列之间的样式规则。

column-rule-color：设置列之间的颜色规则。

下面的代码规定了列之间的宽度、样式和颜色规则。

```
Div
{-moz-column-rule:3px outset #ff00ff; /* Firefox */
-webkit-column-rule:3px outset #ff00ff; /* Safari 和 Chrome */
column-rule:3px outset #ff00ff;}
```

下面通过实例讲述 column-rule 的使用方法，其代码如下。

```
<!doctype html>
<html>
<head>
<meta charset="utf-8">
<style>
.newspaper
{-moz-column-count:3; /* Firefox */
-webkit-column-count:3; /* Safari and Chrome */
column-count:3;
-moz-column-gap:50px; /* Firefox */
-webkit-column-gap:50px; /* Safari and Chrome */
column-gap:50px;
-moz-column-rule:4px outset #ff0000; /* Firefox */
-webkit-column-rule:4px outset #ff0000; /* Safari and Chrome */
column-rule:4px outset #ff0000;}
</style>
</head>
<body>
<Div class="newspaper">
蔚蓝的大海上，漂浮着几座迷人的岛屿，那就是长岛！
长岛一直是我向往的地方，那里是中国北方最美海岛。那里远离大陆，空气清新，没有工厂，因此更谈不上
污染。而且长岛旅游资源十分丰富，素有"海上仙山"之称，是理想的旅游休闲避暑胜地。去过长岛，特别留恋
那里的天蓝、海碧、岛秀、礁奇、湾美、滩洁、林密，那里的自然景观非常迷人，是一个不加人工修饰的天然海上
公园。下午游览的第一站选择了九丈崖，这是长岛最值得去的地方。九丈崖是全岛风景最好的地方，既有沙滩，
可以戏水，也有悬崖峭壁，可以登高望远，还可到悬崖下面的礁石滩，在海边寻找各色海里小螃蟹、贝类等，
海水非常清，可以看见鱼儿穿梭在海水中。

</Div>
</body>
</html>
```

这里使用 column-rule:4px outset #ff0000 设置了列之间的宽度、样式和颜色规则，如图
13-24 所示。

图 13-24　列间的宽度、样式和颜色规则

13.5　转换

Transform 在字面上的意思就是变形，转换。在 CSS3 中 transform 主要包括以下几种：旋转、扭曲、缩放和移动。

13.5.1　移动 translate()

通过 translate()方法，元素根据给定的 left（x 坐标）和 top（y 坐标）位置参数，可以从其当前位置移动。

移动 translate 分为如下三种情况。

translate(x,y)：水平方向和垂直方向同时移动（也就是 X 轴和 Y 轴同时移动）。

translateX(x)：仅水平方向移动（X 轴移动）。

translateY(Y)：仅垂直方向移动（Y 轴移动）。

例如，下面的 translate(50px,100px)把元素从左侧移动 50 像素，从顶端移动 100 像素。

```
Div
{
transform: translate(50px,100px);
-ms-transform: translate(50px,100px);      /* IE 9 */
-webkit-transform: translate(50px,100px);/* Safari and Chrome */
-o-transform: translate(50px,100px);       /* Opera */
-moz-transform: translate(50px,100px);        /* Firefox */
}
```

下面通过实例讲述 translate()方法的使用，其代码如下。

```
<!doctype html>
<html>
<head>
<meta charset="utf-8">
<style>
Div
{width:150px;
height:100px;
background-color: #3F9;
border:3px solid red;}
Div#Div2{
transform:translate(100px,100px);
-ms-transform:translate(100px,100px); /* IE 9 */
-moz-transform:translate(100px,100px); /* Firefox */
-webkit-transform:translate(100px,100px); /* Safari and Chrome */
-o-transform:translate(100px,100px); /* Opera */}
</style>
</head>
<body>
<Div>这是 Div 的原始位置。</Div>
<Div id="Div2">这是从左侧移动 100 像素，从顶端移动 100 像素后的 Div 的位置。</Div>
</body>
```

```
</html>
```
这里使用 transform:translate(100px,100px);设置了将 Div 从左侧移动 100 像素，从顶端移动 100 像素，如图 13-25 所示。

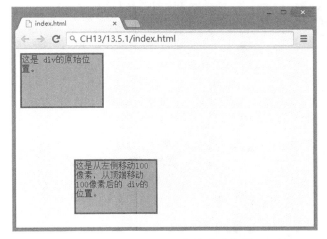

图 13-25　translate()方法移动位置

13.5.2　旋转 rotate()

rotate()方法通过指定的角度参数对原元素指定一个 2D 旋转，如果设置的值为正数表示顺时针旋转，如果设置的值为负数，则表示逆时针旋转。

例如下面的代码是 rotate(30deg)把元素顺时针旋转 30 度。

```
Div{
transform: rotate(30deg);
-ms-transform: rotate(30deg);        /* IE 9 */
-webkit-transform: rotate(30deg);     /* Safari and Chrome */
-o-transform: rotate(30deg);        /* Opera */
-moz-transform: rotate(30deg);       /* Firefox */
}
```

下面通过实例讲述 rotate()方法的使用，其代码如下。

```
<!doctype html>
<html>
<head>
<meta charset="utf-8">
<style>
Div{
width:150px;
height:100px;
background-color: #3F9;
border:3px solid red;}
Div#Div2{
transform:rotate(30deg);
-ms-transform:rotate(30deg); /* IE 9 */
```

```
-moz-transform:rotate(30deg); /* Firefox */
-webkit-transform:rotate(30deg); /* Safari and Chrome */
-o-transform:rotate(30deg); /* Opera */}
</style>
</head>
<body>
<Div>这是 Div 的原始位置。</Div>
<Div id="Div2">这是 rotate(30deg)把元素顺时针旋转 30 度后的 Div 的位置。</Div>
</body>
</html>
```

这使用 rotate(30deg)把元素顺时针旋转 30 度，以改变 Div 的位置，如图 13-26 所示。

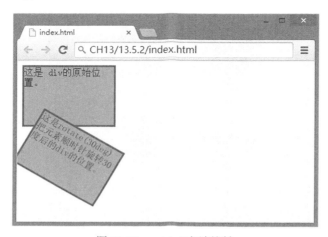

图 13-26　rotate()方法旋转

13.5.3　缩放 scale()

通过 scale()方法，根据给定的宽度（X 轴）和高度（Y 轴）参数，元素的尺寸会增加或减少。缩放 scale 和移动 translate 是极其相似的，也具有三种情况：scale(x,y)使元素水平方向和垂直方向同时缩放（也就是 X 轴和 Y 轴同时缩放）；scaleX(x)元素仅水平方向缩放（X 轴缩放）；scaleY(y)元素仅垂直方向缩放（Y 轴缩放），但它们具有相同的缩放中心点和基数，其中心点就是元素的中心位置，缩放基数为 1，如果其值大于 1，元素就放大，反之其值小于 1，元素缩小。

例如，scale(2,3)把宽度转换为原始尺寸的 2 倍，把高度转换为原始高度的 3 倍。

```
Div{
transform: scale(2,3);
-ms-transform: scale(2,3);    /* IE 9 */
-webkit-transform: scale(2,3);    /* Safari 和 Chrome */
-o-transform: scale(2,3);    /* Opera */
-moz-transform: scale(2,3);  /* Firefox */
}
```

下面通过实例讲述 scale()方法的使用，其代码如下。

```
<!doctype html>
```

```
<html>
<head>
<meta charset="utf-8">
<style>
Div{
width:160px;
height:100px;
background-color: #3F9;
border:3px solid red;
}
Div#Div2{
margin:100px;
transform:scale(2,3);
-ms-transform:scale(2,3); /* IE 9 */
-moz-transform:scale(2,3); /* Firefox */
-webkit-transform:scale(2,3); /* Safari and Chrome */
-o-transform:scale(2,3); /* Opera */
}
</style>
</head>
<body>
<Div>这是 Div 的原始位置。</Div>
<Div id="Div2">transform:scale(2,3)把元素宽度转换为原始的 2 倍，把高度转换为原始的 3 倍。
</Div>
</body>
</html>
```

这使用 transform:scale(2,3)把元素宽度转换为原始的 2 倍，把高度转换为原始的 3 倍，如图 13-27 所示。

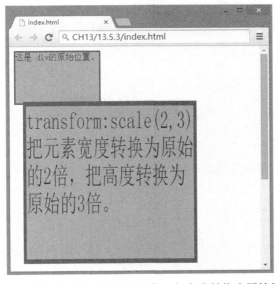

图 13-27　把宽度转换为原始的 2 倍，把高度转换为原始的 3 倍

13.5.4 扭曲 skew()

扭曲 skew 和 translate、scale 一样，同样具有三种情况：skew(x,y)使元素在水平和垂直方向同时扭曲（X 轴和 Y 轴同时按一定的角度值进行扭曲变形）；skewX(x)仅使元素在水平方向扭曲变形（X 轴扭曲变形）；skewY(y)仅使元素在垂直方向扭曲变形（Y 轴扭曲变形）。

例如，skew(30deg,40deg)围绕 X 轴把元素翻转 30 度，围绕 Y 轴翻转 40 度。

```
Div
{
transform: skew(30deg,40deg);
-ms-transform: skew(30deg,40deg);      /* IE 9 */
-webkit-transform: skew(30deg,40deg);/* Safari and Chrome */
-o-transform: skew(30deg,40deg); /* Opera */
-moz-transform: skew(30deg,40deg);     /* Firefox */
}
```

下面通过实例讲述 skew()方法的使用，其代码如下。

```
<!doctype html>
<html>
<head>
<meta charset="utf-8">
<style>
Div{
width:150px;
height:100px;
background-color: #3F9;
border:3px solid red;}
Div#Div2{
transform:skew(10deg,5deg);
-ms-transform:skew(10deg,5deg); /* IE 9 */
-moz-transform:skew(10deg,5deg); /* Firefox */
-webkit-transform:skew(10deg,5deg); /* Safari and Chrome */
-o-transform:skew(10deg,5deg); /* Opera */}
</style>
</head>
<body>
<Div>这是 Div 的原始位置。</Div>
<Div id="Div2">围绕 X 轴把元素翻转 10 度，围绕 Y 轴翻转 5 度。</Div>
</body>
</html>
```

这里使用 transform:skew(10deg,5deg);设置围绕 X 轴把元素翻转 10 度，围绕 Y 轴翻转 5 度，如图 13-28 所示。

13.5.5 矩阵 matrix()

matrix()方法是把所有 2D 转换方法组合在一起。matrix()方法需要六个参数，包含数学函数，允许旋转、缩放、移动以及倾斜元素，相当于直接应用一个变换矩阵。

下面通过实例讲述 matrix()方法的使用，其代码如下。

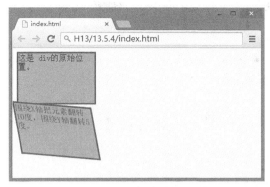

图 13-28　围绕 X 轴把元素翻转 10 度，围绕 Y 轴翻转 5 度

```
<!doctype html>
<html>
<head>
<meta charset="utf-8">
<style>
Div{
width:150px;
height:100px;
background-color: #3F9;
border:3px solid red;}
Div#Div2{
transform:matrix(0.866,0.5,-0.5,0.866,0,0);
-ms-transform:matrix(0.866,0.5,-0.5,0.866,0,0);          /* IE 9 */
-moz-transform:matrix(0.866,0.5,-0.5,0.866,0,0);       /* Firefox */
-webkit-transform:matrix(0.866,0.5,-0.5,0.866,0,0);    /* Safari and Chrome */
-o-transform:matrix(0.866,0.5,-0.5,0.866,0,0);           /* Opera */</style>
</head>
<body>
<Div>这是 Div 的原始位置。</Div>
<Div id="Div2">使用 matrix 方法将 Div 元素旋转 30 度。</Div>
</body>
</html>
```

这里使用了 matrix 方法将 Div 元素旋转 30 度，如图 13-29 所示。

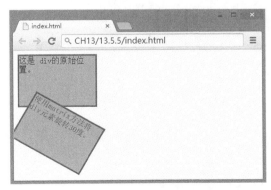

图 13-29　将 Div 元素旋转 30 度

13.6　过渡

CSS3 的"过渡"（transition）特性能在 Web 制作中实现一些简单的动画效果，让某些效果变得更具流线性、平滑性。

语法：

```
transition: property duration timing-function delay;
```

说明：

transition-property：规定设置过渡效果的 CSS 属性的名称。

transition-duration：规定完成过渡效果需要多少秒或毫秒。

transition-timing-function：规定速度效果的速度曲线。

transition-delay：定义过渡效果何时开始。

例如应用于宽度属性的过渡效果，时长为 2 秒，其代码如下。

```
Div
{
transition: width 2s;
-moz-transition: width 2s;    /* Firefox 4 */
-webkit-transition: width 2s;    /* Safari 和 Chrome */
-o-transition: width 2s; /* Opera */
}
```

下面的实例把鼠标指针放到 Div 元素上，其宽度会从 200px 逐渐变为 350px，其代码如下。

```
<!doctype html>
<html>
<head>
<meta charset="utf-8">
<style>
Div
{
width:200px;
height:150px;
background:green;
transition:width 3s;
-moz-transition:width 3s; /* Firefox 4 */
-webkit-transition:width 3s; /* Safari and Chrome */
-o-transition:width 3s; /* Opera */
}
Div:hover
{
width:350px;
}
</style>
</head>
<body>
<Div></Div>
```

```
<p>把鼠标指针移动到绿色的 Div 元素上，就可以看到过渡效果。</p>
</body>
</html>
```

通过 CSS3 可以在不使用 Flash 动画或 JavaScript 的情况下，将元素从一种样式变换为另一种样式时为元素添加效果。当把鼠标指针移动到绿色的 Div 元素上，就可以看到过渡效果，如图 13-30 和图 13-31 所示。

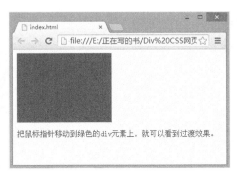

图 13-30　原始效果

图 13-31　过渡后效果

13.7　动画

CSS3 中的"动画"特性能够实现更复杂的样式变化，以及一些交互效果，而不需要使用任何 Flash 或 JavaScript 脚本代码。

13.7.1　@keyframes 规则声明动画

如需在 CSS3 中创建动画，需要学习@keyframes 规则。@keyframes 规则用于创建动画。在@keyframes 中规定某项 CSS 样式，就能创建由当前样式逐渐改为新样式的动画效果。

不同的浏览器要给@keyframes 添加不同的前缀，为使动画能在所有浏览器中正常工作，可以同时声明多个不同前缀的同名动画。举例如下。

```
@keyframes myfirst
{
    from {background: red;}
    to {background: yellow;}
}
@-moz-keyframes myfirst /* Firefox */
{
    from {background: red;}
    to {background: yellow;}
}
@-webkit-keyframes myfirst /* Safari 和 Chrome */
{
  from {background: red;}
    to {background: yellow;}
}
@-o-keyframes myfirst /* Opera */
{
```

```
    from {background: red;}
    to {background: yellow;}
}
```

动画也可以用百分比控制，"from"和"to"就等同于 0%和 100%。

```
@keyframes myfirst
{
0%   {background: red;}
25%  {background: yellow;}
50%  {background: blue;}
100% {background: green;}
}
@-moz-keyframes myfirst /* Firefox */
{
0%   {background: red;}
25%  {background: yellow;}
50%  {background: blue;}
100% {background: green;}
}
@-webkit-keyframes myfirst /* Safari 和 Chrome */
{
0%   {background: red;}
25%  {background: yellow;}
50%  {background: blue;}
100% {background: green;}
}
@-o-keyframes myfirst /* Opera */
{
0%   {background: red;}
25%  {background: yellow;}
50%  {background: blue;}
100% {background: green;}
}
```

在上面的代码中，当动画为 25%及 50% 时改变背景色，然后当动画 100% 完成时再次改变背景色，如图 13-32、图 13-33、图 13-34 和图 13-35 所示。

图 13-32　红色

图 13-33　黄色

图 13-34 蓝色

图 13-35 绿色

13.7.2 animation 使用动画

animation 只应用在页面上已存在的 DOM 元素上，使用 CSS3 的 animation 制作动画可以省去复杂的代码。CSS3 的 animation 类似于 transition 属性，它们都是随着时间改变元素的属性值。它们主要的区别是 transition 需要触发一个事件（hover 事件或 click 事件等）才会随时间改变其 CSS 属性；而 animation 在不需要触发任何事件的情况下也可以显式的随着时间变化来改变元素 CSS 的属性值，从而达到一种动画的效果。

animation 属性是一个简写属性，用于设置六个动画属性。

语法：

```
animation: name duration timing-function delay iteration-count direction;
```

说明：

animation-name：规定需要绑定到选择器的 keyframe 名称。

animation-duration：规定完成动画所花费的时间，以秒或毫秒计。

animation-timing-function：规定动画的速度曲线。

animation-delay：规定在动画开始之前的延迟。

animation-iteration-count：规定动画应该播放的次数。

animation-direction：规定是否应该轮流反向播放动画。

下面来看看怎么给一个元素调用 animation 属性。

```
.demo1 {
    width: 50px;
    height: 50px;
    margin-left: 100px;
    background: blue;
    -webkit-animation-name:'myfirst';/*动画属性名，也就是 keyframes 定义的动画名*/
    -webkit-animation-duration: 10s;/*动画持续时间*/
    -webkit-animation-timing-function: ease-in-out; /*动画频率*/
    -webkit-animation-delay: 2s;/*动画延迟时间*/
    -webkit-animation-iteration-count: 10;/*定义循环资料，infinite 为无限次*/
    -webkit-animation-direction: alternate;/*定义动画方式*/
}
```

下面来看发光按钮实例的制作过程，以加强对 animation 的实践能力。

HTML 代码如下。

```
<a href="" class="btn">发光渐变的按钮</a>
```

CSS 代码如下。

```
@-webkit-keyframes 'buttonLight'
{
from {
  background: rgba(96, 203, 27,0.5);
-webkit-box-shadow: 0 0 5px rgba(255, 255, 255, 0.3) inset,0 0 3px rgba(220,120,
200,0.5);
  color: red;
 }
25% {
background: rgba(196, 203, 27,0.8);
-webkit-box-shadow: 0 0 10px rgba(255,155,255,0.5) inset, 0 0 8px rgba(120,120,
200,0.8);
color: blue;
 }
 50% {
 background: rgba(196, 203, 127,1);
 -webkit-box-shadow: 0 0 5px rgba(155, 255,255,0.3) inset, 0 0 3px rgba(220,120,
100,1);
 color: orange;
 }
 75% {
 background: rgba(196, 203, 27,0.8);
 -webkit-box-shadow: 0 0 10px rgba(255,155,255,0.5) inset, 0 0 8px rgba(120,120,
200,0.8);
 color: black;
 }
to {
background: rgba(96, 203, 27,0.5);
-webkit-box-shadow: 0 0 5px rgba(255,255,255,0.3) inset, 0 0 3px rgba(220,120,
200,0.5);
color: green;
 }
 }
a.btn {
    /*按钮的基本属性*/
    background: #60cb1b;
    font-size: 26px;
    padding: 15px 15px;
    color: #fff;
    text-align: center;
    text-decoration: none;
    font-weight: bold;
```

```
        text-shadow: 0 -1px 1px rgba(0,0,0,0.3);
        -moz-border-radius: 5px;
        -webkit-border-radius: 5px;
        border-radius: 5px;
        -moz-box-shadow: 0 0 5px rgba(255,255,255,0.6) inset, 0 0 3px rgba(220,120,
200,0.8);
        -webkit-box-shadow:0 0 5px rgba(255,255,255,0.6) inset,0 0 3px rgba(220,120,200,
0.8);
        box-shadow: 0 0 5px rgba(255, 255, 255, 0.6) inset, 0 0 3px rgba(220, 120, 200,
0.8);
        /*调用 animation 属性，从而让按钮在载入页面时就具有动画效果*/
        -webkit-animation-name: "buttonLight"; /*动画名称，跟@keyframes定义名称一致*/
        -webkit-animation-duration: 5s;/*动画持续的时间长*/
        -webkit-animation-iteration-count: infinite;/*动画循环播放的次数*/
    }
```

本例主要是通过在 keyframes 中改变元素的 background、color、box-shadow 三个属性来达到发光变色的按钮效果，如图 13-36 所示。CSS3 的 animation 到目前为止只支持 webkit 内核的浏览器。

图 13-36 发光按钮

13.8 用户界面

在 CSS3 中，新的用户界面特性包括重设元素尺寸、盒尺寸以及轮廓等。

13.8.1 box sizing

box-sizing 是 CSS3 的 box 属性之一。box-sizing 属性允许以确切的方式定义适应某个区域的具体内容。例如，假如需要并排放置两个带边框的框，可通过将 box-sizing 设置为"border-box"来实现。这可令浏览器呈现出带有指定宽度和高度的框，并把边框和内边距放入框中。

语法：

```
box-sizing: content-box|border-box|inherit;
```

说明：

content-box：宽度和高度分别应用到元素的内容框。在宽度和高度之外绘制元素的内边距和边框。

border-box：为元素设定的宽度和高度决定了元素的边框盒。

Inherit：规定应从父元素继承 box-sizing 属性的值。

现在的浏览器都支持 box-sizing，但 IE 家族只有 IE8 版本以上才支持，虽然浏览器支持 box-sizing，但有些浏览器还是需要加上自己的前缀，Mozilla 需要加上-moz-，Webkit 内核需要加上-webkit-，Presto 内核需要加上-o-,IE8 需要加上-ms-，所以 box-sizing 兼容浏览器时需要加上各自的前缀。

```
Element {
    -moz-box-sizing: content-box;   /*Firefox3.5+*/
    -webkit-box-sizing: content-box; /*Safari3.2+*/
```

```
    -o-box-sizing: content-box; /*Opera9.6*/
    -ms-box-sizing: content-box; /*IE8*/
    box-sizing:content-box; /*W3C标准(IE9+,Safari5.1+,Chrome10.0+,Opera10.6+*/
}
/*Border box*/
Element {
    -moz-box-sizing: border-box;  /*Firefox3.5+*/
    -webkit-box-sizing: border-box; /*Safari3.2+*/
    -o-box-sizing: border-box; /*Opera9.6*/
    -ms-box-sizing: border-box; /*IE8*/
    box-sizing:border-box; /*W3C标准(IE9+,Safari5.1+,Chrome10.0+,Opera10.6+)*/
}
```

下面通过实例看看 content-box 和 border-box 的区别。其 HTML 代码如下。

<Div class="imgBox" id="contentBox"><img src="banner.jpg" alt="" /></Div>

<Div class="imgBox" id="borderBox"><img src="banner.jpg" alt="" /></Div>

CSS 代码如下。

```
.imgBox img{
    width: 140px;
    height: 140px;
    padding: 15px;
    border: 15px solid green;
    margin: 20px;
}
#contentBox img{
    -moz-box-sizing: content-box;
    -webkit-box-sizing: content-box;
    -o-box-sizing: content-box;
    -ms-box-sizing: content-box;
    box-sizing: content-box;
}
#borderBox img{
    -moz-box-sizing: border-box;
    -webkit-box-sizing: border-box;
    -o-box-sizing: border-box;
    -ms-box-sizing: border-box;
    box-sizing: border-box;
}
```

box-sizing:content-box 是维持了 W3C 的标准 Box Model，而 box-sizing:border-box 是维持了 IE 传统下的 Box Model，如图 13-37 所示。

13.8.2　resize

在 CSS3 中，resize 属性规定是否可由用户调整元素尺寸。

语法

```
resize: none|both|horizontal|vertical;
```

图 13-37　box-sizing 实例

说明：

none：用户无法调整元素的尺寸。

both：用户可调整元素的高度和宽度。

horizontal：用户可调整元素的宽度。

vertical：用户可调整元素的高度。

下面通过实例规定 Div 元素可由用户调整大小。

```
<!doctype html>
<html>
<head>
<meta charset="utf-8">
<style>
Div{
border:5px solid;
padding:15px 40px;
width:350px;
resize:both;
overflow:auto;
}
</style>
</head>
<body>
<Div>resize 属性规定是否可由用户调整元素尺寸。</Div>
<p><b>注释：</b> Firefox 4+、Safari 以及 Chrome 支持 resize 属性。</p>
</body>
</html>
```

在浏览器中的效果如图 13-38 所示。

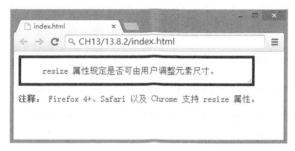

图 13-38　resize 属性

13.8.3　outline offset

outline-offset 属性用于对轮廓进行偏移，并在超出边框边缘的位置绘制轮廓。

语法：

```
outline-offset: length|inherit;
```

说明：

length：用于设置轮廓与边框边缘的距离。

inherit：规定应从父元素继承 outline-offset 属性的值。

例如，下面的代码规定了边框边缘之外 15 像素处的轮廓。

```
Div
{
border:2px solid black;
outline:2px solid red;
outline-offset:15px;
}
```

下面是一个 outline-offset 使用的实例，其代码如下。

```
<!doctype html>
<html>
<head>
<meta charset="utf-8">
<style>
Div
{
margin:25px;
width:250px;
padding:15px;
height:150px;
border:2px solid black;
outline:2px solid red;
outline-offset:20px;
}
</style>
</head>
<body>
<Div>这个 Div 在边框边缘之外 20 像素处有一个轮廓。</Div>
```

```
</body>
</html>
```

这个实例使用 outline-offset:20px;定义了这个 Div 在边框边缘之外 20 像素处有一个轮廓，如图 13-39 所示。

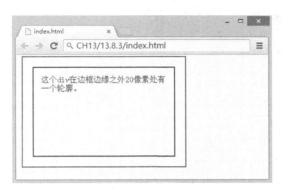

图 13-39　轮廓

13.9　实例应用

CSS3 是现在 Web 开发领域的技术热点，它给 Web 开发带来了革命性的影响。下面介绍 CSS3 应用的例子，从中你能体会到 CSS3 中许多让人欣喜的特性。

13.9.1　鼠标放上去显示全部内容

下面制作一个当鼠标移动到文字上时显示全篇文章内容的实例，其代码如下。

```
<!doctype html>
<html>
<head>
<meta charset="utf-8">
<title>text-overflow</title>
<meta charset="utf-8" />
<style>
.box {text-overflow:ellipsis;
    -o-text-overflow:ellipsis;
    overflow:hidden;
    white-space:nowrap;
    border:1px solid #000;
    width:400px;
    padding:20px;
    color:rgba(0, 0, 0, .7);
    cursor:pointer;}
.box:hover {white-space:normal;
    color:rgba(0, 0, 0, 1);
    background:#e3e3e3;
    border:1px solid #666;}
```

```
</style>
</head>
<body>
<Div class="box">
```
秋，轻踏着岁月的脚步而来。午后，静静地行走在乡村的小路上，风夹杂着泥土的气息，路面仍有些许的潮湿。呼吸着清新的空气，静静地感受着秋的气息。

秋天的风，带着丰收的气息。它轻轻地漫过稻田，惹得稻香阵阵。稻田里，金黄一片，风，轻轻地拨动着这片丰收的海洋。波浪阵阵，此起彼伏。稻子，用它特有的方式解释着秋的内涵。

秋天的风，带着喜悦的气息。玉米地的农人们，一边擦拭着脸上的汗水，一边笑呵呵的将裂着嘴的玉米收进了背篓。犹记得那时辍学在家，也曾背着背篓穿梭在玉米地里。只不过，那时除了喜悦，更多的是一份生活的沉重。玉米地，远没有诗人笔下的那份惬意，它沾满着农人的汗水与喜悦。而今，看着忙碌的他们，再次回想起来，我的心中竟然是一份暖暖的回忆。
```
</Div>
</body>
</html>
```

这里使用 text-overflow:ellipsis 设置了文本溢出时显示省略号，如图 13-40 所示，并且定义了当盒子触发时显示全部文本，如图 13-41 所示。

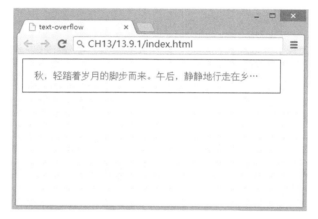

图 13-40　文本溢出时显示省略号

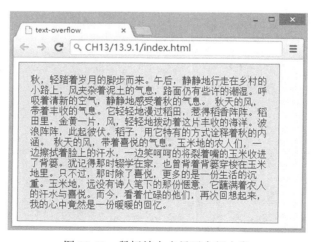

图 13-41　鼠标放上去显示全部内容

13.9.2 美观的图片排列

本例演示如何排列美观的图片，并旋转图片。

```html
<!doctype html>
<html>
<head>
<meta charset="utf-8">
<style>
body
{
margin:30px;
background-color:#E9E9E9;
}
Div.polaroid
{
width:410px;
padding:10px 10px 20px 10px;
border:2px solid #BFBFBF;
background-color:white;
/* 添加盒子阴影 */
box-shadow:4px 4px 4px #aaaaaa;
}
Div.rotate_left
{
float:left;
-ms-transform:rotate(7deg); /* IE 9 */
-moz-transform:rotate(7deg); /* Firefox */
-webkit-transform:rotate(7deg); /* Safari and Chrome */
-o-transform:rotate(7deg); /* Opera */
transform:rotate(7deg);
}
Div.rotate_right
{
float:left;
-ms-transform:rotate(-8deg); /* IE 9 */
-moz-transform:rotate(-8deg); /* Firefox */
-webkit-transform:rotate(-8deg); /* Safari and Chrome */
-o-transform:rotate(-8deg); /* Opera */
transform:rotate(-8deg);
}
</style>
</head>
<body>
<Div class="polaroid rotate_left">
<img src="001.jpg"  width="400" height="400" />
<p class="caption">满山遍野的花儿，蓝天白云</p>
</Div>
```

```
<Div class="polaroid rotate_right">
<img src="002.jpg"  width="400" height="400" />
<p class="caption">黄色的花儿开的多美啊</p>
</Div>
</body>
</html>
```

这里分别使用 transform:rotate(7deg)和 transform:rotate(-8deg)对图片进行顺时针旋转和逆时针旋转，如图 13-42 所示。

图 13-42　美观的图片

第14章

CSS 与 JavaScript 应用

JavaScript 语言是网页中广泛使用的一种脚本语言,也是目前网页设计中最容易学又最方便的语言,现在的网页开发基本上离不开 JavaScript。使用 JavaScript 可以使网页产生动态效果,并以其小巧简单倍受用户的欢迎。

学习目标

- ☐ JavaScript 简介
- ☐ JavaScript 基本语法
- ☐ JavaScript 程序语句
- ☐ JavaScript 的事件
- ☐ 浏览器的内部对象

14.1 JavaScript 概述

JavaScript 是一种基于对象和事件驱动并具有相对安全性的客户端脚本语言,同时也是一种广泛用于客户端 Web 开发的脚本语言, 常用来给 HTML 网页添加动态功能,比如响应用户的各种操作。

14.1.1 JavaScript 简介

JavaScript 仅仅是一种嵌入到 HTML 文件中的描述性语言, 它并不编译产生机器代码,只是由浏览器的解释器将其动态地处理成可执行的代码。而 Java 语言则是一种比较复杂的编译性语言。

由于 JavaScript 由 Java 集成而来, 因此它是一种面向对象的程序设计语言。它所包含的对象有两个组合部分, 即变量和函数, 也称为属性和方法。

JavaScript 是一种解释型的、基于对象的脚本语言。尽管与 C++这样成熟的面向对象的语言相比, JavaScript 的功能要弱一些, 但对于它的预期用途而言, JavaScript 的功能已经足够大了。JavaScript 是一种宽松类型的语言,宽松类型意味着不必显式定义变量的数据类型。事实上, 无法在 JavaScript 上明确地定义数据类型。此外, 在大多数情况下, JavaScript 将根据需要自动进行转换。

14.1.2　JavaScript 放置位置

页面中的脚本会在页面载入浏览器后立即执行，我们并不希望总是这样。有时，希望当页面载入时执行脚本，而另外的时候，则希望当用户触发事件时才执行脚本。

1. 位于 head 部分的脚本

当脚本被调用时，或者当事件被触发时，脚本就会被执行。当把脚本放置到 head 部分后，就可以确保在需要使用脚本之前，它已经被载入了。把样式表放到文档的 head 内部会加快页面的下载速度。这是因为把样式表放到 head 内会使页面有步骤的加载显示。

```
<!doctype html>
<html>
<head>
<meta charset="utf-8">
<head>
<script type="text/javascript">
....
</script>
</head>
```

2. 位于 body 部分的脚本

在页面载入时脚本就会被执行。当把脚本放置于 body 部分后，它就会生成页面的内容。

```
<!doctype html>
<html>
<head>
<meta charset="utf-8">
<head>
</head>
<body>
<script type="text/javascript">
....
</script>
</body>
</html>
```

3. 使用外部 JavaScript

如果打算在多个页面中使用同一个脚本，则最好将其放置在一个外部 JavaScript 文件中。在实际应用中使用外部文件可以提高页面速度，因为 JavaScript 文件都能在浏览器中产生缓存。内置在 HTML 文档中的 JavaScript 则会在每次请求中随 HTML 文档重新下载，这增加了 HTML 文档的大小。

```
<!doctype html>
<html>
<head>
<meta charset="utf-8">
<head>
```

```
<script src="xxx.js">....</script>
</head>
<body>
</body>
</html>
```

14.2　JavaScript 基本语法

JavaScript 语言有着自己的常量、变量、表达式、运算符以及程序的基本框架，下面将一一进行介绍。

14.2.1　变量

变量就是内存中的一块存储空间，这个空间中存放的数据就是变量的值。为这块区域贴个标识符，就是变量名。

变量值在程序运行期间是可以改变的，它主要是作为数据的存取容器。在使用变量的时候，最好对其进行声明。虽然在 JavaScript 中并不要求一定要对变量进行声明，但为了不至于混淆，还是要养成一个声明变量的习惯。变量的声明主要是明确变量的名字、变量的类型以及变量的作用域。

变量的命名是可以随意取的，但要注意以下几点。

● 变量名只能由字母、数字和下画线"__"组成，以字母开头，除此之外不能有空格和其他符号。

● 变量名不能使用 JavaScript 中的关键字，所谓关键字就是 JavaScript 中已经定义好并有着一定用途的字符，如 int、true 等。

● 在对变量命名时最好把变量的意义与其代表的意思对应起来，以免出现错误。

明确变量的类型，在 JavaScript 中声明变量使用的是 var 关键字，举例如下。

var city1：

此处定义了一个名为 city1 的变量。

定义了变量就要向其赋值，也就是向里面存储一个值，这是利用赋值符"＝"来完成的。举例如下。

```
var city1=100;
var city2=北京；
var city3=true;
var city4=null;
```

上面分别声明了 4 个变量，并同时赋予了它们值。变量的类型是由数据的类型来确定的。如上面的代码中，给变量 city1 赋值为 100，100 为数值，该变量就是数值变量；给变量 city2 赋值为"北京"，"北京"为字符串，该变量就是字符串变量，字符串就是使用双引号或单引号括起来的字符；给变量 city3 赋值为 true，true 为布尔常量，该变量就是布尔型变量，布尔型的数据类型一般使用 true 或 false 表示；给变量 city4 赋值为 null，null 就表示空值，即什么也没有。

变量有一定的作用范围，在 JavaScript 中有全局变量和局部变量两种。全局变量是定义在所有函数体之外，其作用范围是整个函数；而局部变量是定义在函数体之内，只对该函数是可见的，而对其他函数则是不可见的。

14.2.2　数据类型

JavaScript 变量的基本数据类型除了数字型、布尔型和字符串型外，还有组合数据类型的对象和数组、特殊数据类型 Null 和 Undefined。

1．数字数据类型

JavaScript 数字数据类型的整数和浮点数并没有什么不同，数字数据类型的变量值可以是整数或浮点数。简单地说，数字数据类型就是浮点数据类型，数字数据类型的变量值有如下几种。

（1）整数值

整数值包含 0、正整数和负整数，可以使用十进制、八进制和十六进制表示。以 0 开头的数字且每个位数的值为 0～7 的整数是八进制；以 0x 开头，位数值为 0～9 和 A～F 的数字是十六进制。

（2）浮点数值

浮点数就是整数加上小数，其范围最大为 ±1.7976931348623157E308，最小为 ±5E-324，使用 e 或 E 符号代表以 10 为底的指数。

2．字符串数据类型

字符串可以包含 0 或多个 Unicode 字符，其中包含文字、数字和标点符号。字符串数据类型是用来保存文字内容的变量，JavaScript 程序代码的字符串需要使用 """ 或 "'" 符号括起来。

JavaScript 没有表示单一字符的函数，例如 Basic 或 C++的 chr( )函数，只能使用单一字符的字符串，例如"J"、'c'等，如果连一个字符都没有，""就是空字符串。

3．布尔数据类型

布尔数据类型只有两个值，即 true 和 false，主要用于条件和循环控制的判断，以便决定是否继续运行对应段的程序代码，或判断循环是否结束。

4．Null 数据类型

Null 数据类型只有一个 null 值，null 是一个关键字并不是 0，如果变量值为 null，表示变量没有值或不是一个对象。

5．Undefined 数据类型

Undifined 数据类型指的是一个变量有声明，但是不曾指定变量值，或者一个对象属性根本不存在。

14.2.3　表达式和运算符

在定义完变量后，就可以对其进行赋值、改变、计算等一系列操作了，这一过程通过表达式来完成，而表达式中的一大部分是在做运算符处理。

1. 表达式

表达式是常量、变量、布尔和运算符的集合，因此，表达式可以分为算术表达式、字符表达式、赋值表达式及布尔表达式等。

2. 运算符

运算符是用于完成操作的一系列符号。在 JavaScript 中，运算符包括算术运算符、比较运算符和逻辑布尔运算符。

算术运算符可以进行加、减、乘、除和其他数学运算，如表 14-1 所示。

表 14-1　　　　　　　　　　　　算术运算符

算术运算符	描述
+	加
—	减
*	乘
/	除
%	取模
++	递加 1
--	递减 1

逻辑运算符用于比较两个布尔值（真或假），然后返回一个布尔值，如表 14-2 所示。

表 14-2　　　　　　　　　　　　逻辑运算符

逻辑运算符	描述
&&	逻辑与，在形式 A&&B 中，只有当两个条件 A 和 B 成立，整个表达式值才为真 true
||	逻辑或，在形式 A||B 中，只要两个条件 A 和 B 有一个成立，整个表达式值就为 true
!	逻辑非，在 !A 中，当 A 成立时，表达式的值为 false；当 A 不成立时，表达式的值为 true

比较运算符可以比较表达式的值，并返回一个布尔值，如表 14-3 所示。

表 14-3　　　　　　　　　　　　比较运算符

比较运算符	描述
<	小于
>	大于
<=	小于等于
>=	大于等于
=	等于
!=	不等于

14.2.4　函数

函数是一个拥有名字的一系列 JavaScript 语句的有效组合。只要这个函数被调用，就意味着这一系列 JavaScript 语句被按顺序解释执行。一个函数可以有自己的参数，并可以在函数内使用参数。

语法：

```
function 函数名称 ( 参数表 )
}
函数执行部分
}
```

说明：

在这一语法中，函数名用于定义函数名称，参数是传递给函数使用或操作的值，其值可以是常量、变量或其他表达式。

14.2.5　注释

可以添加注释来对 JavaScript 进行解释，以提高其可读性。

单行的注释以 // 开始。

```
<script type="text/javascript">
// 这行代码输出标题:
document.write("<h1>This is a header</h1>");
// 这行代码输出段落:
document.write("<p>This is a paragraph</p>");
document.write("<p>This is another paragraph</p>");
</script>
```

多行注释以 /* 开头，以 */ 结尾。

```
<script type="text/javascript">
/*
下面的代码将输出一个标题和两个段落
*/
document.write("<h1>This is a header</h1>");
document.write("<p>This is a paragraph</p>");
document.write("<p>This is another paragraph</p>");
</script>
```

过多的 JavaScript 注释会降低 JavaScript 的执行速度与加载速度，因此应在发布网站时，去掉 JavaScript 注释。

注释块（/* ... */）中不能有/*或*/（但 JavaScript 正则表达式中可能产生这种代码），这样会产生语法错误，因此推荐使用//作为注释代码。

14.3　JavaScript 程序语句

在 JavaScript 中主要有两种基本语句，一种是循环语句，如 for、while；一种是条件语句，如 if 等。另外还有其他的一些程序控制语句，下面就来详细介绍基本语句的使用。

14.3.1 if...else 语句

if...else 语句是 JavaScript 中最基本的控制语句，通过它可以改变语句的执行顺序。

语法：

```
if(条件)
{执行语句1
}
else
{执行语句2
}
```

说明：

当表达式的值为 true 时，则执行语句 1，否则执行语句 2。若 if 后的语句有多行，括在大括号 ({}) 内通常是一个好习惯，这样就更清楚，并可以避免无意中造成错误。

实例：

```
<!doctype html>
<html>
<head>
<meta charset="utf-8">
<title>if 语句</title>
</head>
<body>
<script language="javascript">
for(a=10;
a<=15;
a++)
if(a%2==0)    // 使用 if 语句来控制图像的交叉显示
document.write("<img src=8.gif width=",a,"% height=",3*a,"%>");
else
document.write("<img src=9.gif width=",a,"% height=",2*a,"%>");
</script>
</body>
</html>
```

代码中加粗部分的代码应用了 if...else 语句。在语句中的 if(a%2==0)，% 为取模运算符，该表达式的意思就是变量 a 对常量 2 的取模，如果能除尽就显示图像 8.gif，如果不能除尽则显示图像 9.gif。同时变量 a 的值一直递增下去，这样图像就能不断交替显示下去，如图 14-1 所示。

14.3.2 for 语句

for 语句的作用是重复执行语句，直到循环条件为 false 为止。

语法：

```
for (初始化；条件；增量)
{
语句集；
……
}
```

图 14-1　if 语句

说明：

初始化参数是告诉循环的开始位置，必须赋予变量初值；条件是用于判别循环停止时的条件，若条件满足，则执行循环体，否则跳出循环；增量主要是定义循环控制变量在每次循环时按什么方式变化。在 3 个主要语句之间，必须使用分号（；）分隔。

实例：

```
<!doctype html>
<html>
<head>
<meta charset="utf-8">
<title>for 语句</title>
</head>
<body>
<script language="javascript">
for(a=1;a<=7;a++)
document.write("<font size="+a+">小蝌蚪找妈妈<br></font size="+a+">");
</script>
</body>
</html>
```

代码中加粗部分的代码应用了 for 语句，使用 for 语句首先给变量 a 赋值 1，接着执行"a++"，使变量 a 加 1，即等于 a=a+1，这时变量 a 的值就变为 2，再判断条件是否满足 a<=7，继续执行语句，直到 a 的值变为 7，这时结束循环，可以看到效果如图 14-2 所示。

14.3.3　switch 语句

switch 语句是多分支选择语句，到底执行哪一语句块，取决于表达式的值与常量表达式相匹配的那一路，它不同于 if...else 语句，它的所有分支都是并列的，执行程序时，由第一分支开始查找，如果相匹配，执行其后的块，接着执行第 2 分支、第 3 分支……的块，如果不匹配，继续查找下一个分支是否匹配。

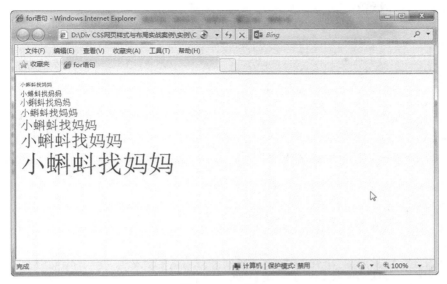

图 14-2　for 语句

语法：

```
switch()
{
case 条件1:
语句块1
case 条件2:
语句块2
……
default
语句块N
}
```

说明：

　　当判断条件比较多时，为了使程序更加清晰，可以使用 switch 语句。使用 switch 语句时，表达式的值将与每个 case 语句中的常量做比较。如果相匹配，则执行该 case 语句后的代码；如果没有一个 case 的常量与表达式的值相匹配，则执行 default 语句。当然，default 语句是可选的。如果没有相匹配的 case 语句，也没有 default 语句，则什么也不执行。

14.3.4　while 循环

　　while 语句与 for 语句一样，当条件为真时，重复循环，否则退出循环。

语法：

```
while(条件){
语句集；
……
}
```

说明：

　　在 while 语句中，条件语句只有一个，当条件不符合时跳出循环。

实例：

```
<!doctype html>
<html>
<head>
<meta charset="utf-8">
<title>while 语句</title>
</head>
<body>
<script language="javascript">
var a=1
while(a<=5)
{
document.write("<h",a,">标题文字</h",a,">");
a++;
}
</script>
</body>
</html>
```

代码中加粗部分的代码应用了 while 语句。在 HTML 部分已经介绍了标题标记<h>，它共分为 6 个层次的大小，这里采用 while 语句来控制<h>标记依次显示。首先声明变量 a，然后在 while 语句中控制变量 a 的最大值。由于在前面声明变量时已经将变量 a 的值赋为 1，因此在第 1 次判断时是满足条件的，就执行大括号中的值。在这里，将变量 a 的最大值设为 5，如此循环下去直到变量为 6，这时已不满足条件，从而循环结束，因此在图 14-3 中只看到了 5 种层次的标题文字大小。

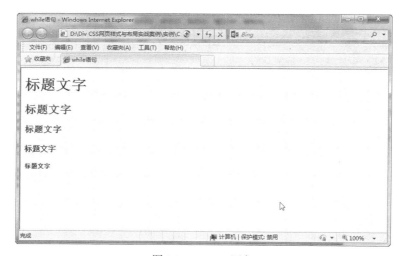

图 14-3　while 语句

14.3.5　break 语句

break 语句用于终止包含它的 for、switch 或 while 语句的执行，以控制传递给该终止语句的后续语句。

语法：

```
break;
```

说明：

当程序遇到 break 语句时，会跳出循环并执行下一条语句。

14.3.6 continue 语句

continue 语句只能用在循环结构中。一旦条件为真，执行 continue 语句，程序跳过循环体中位于该语句后的所有语句，提前结束本次循环周期并开始下一个循环周期。

语法：

```
continue;
```

说明：

执行 continue 语句会停止当前循环的迭代，并从循环的开始处继续程序流程。

14.4 JavaScript 的事件

通常鼠标或键盘的动作称之为事件，而由鼠标或键盘引发的一连串程序的动作，称之为事件驱动。而对事件进行处理程序或函数，称之为事件处理程序。

14.4.1 onClick 事件

鼠标单击事件是最常用的事件之一，当用户单击鼠标时，产生 onClick 事件，同时 onClick 指定的事件处理程序或代码将被调用执行。

实例：

```
<!doctype html>
<html>
<head>
<meta charset="utf-8">
<title></title>
</head>
<body>
<Div align="center"><img src="200508101757579 15.jpg" width="778" height="407">
<input type="button" name="fullsreen" value="全屏"
onclick="window.open(document.location, 'big', 'fullscreen=yes')">
<input type="button" name="close" value="还原"
onclick="window.close()"></Div>
</body>
</html>
```

代码中加粗部分的代码设置了 onClick 事件，如图 14-4 所示，单击其中的【全屏】按钮，将全屏显示网页，如图 14-5 所示。单击【还原】按钮，将还原到原来的窗口。

14.4.2 onChange 事件

onChange 事件是一种与表单相关的事件，当利用 text 或 textarea 元素输入的字符值改变时发生该事件，同时在 select 表格项中的一个选项状态改变后也会引发该事件。

图 14-4　onClick 事件

图 14-5　全屏显示

实例：

```
<!doctype html>
<html>
<head>
<meta charset="utf-8">
<title>onchange 事件</title>
</head>
<body>招商加盟：
<form id="form1" name="form1" method="post" action="">
<p>您的姓名:
```

```
<input type="text" name="textfield" />
</p>
<p><br />
留言内容: <br />
<br />
<textarea name="textarea" cols="50" rows="5"
onchange=alert("输入留言内容")></textarea>
</p>
</form>
</body>
</html>
```

代码中加粗部分的代码设置了 onChange 事件，在文本区域中输入留言内容，在外部单击，会弹出警告提示对话框，如图 14-6 所示。

图 14-6 onChange 事件

14.4.3 onSelect 事件

onSelect 事件是指当文本框中的内容被选中时所发生的事件。

实例:

```
<!doctype html>
<html>
<head>
<meta charset="utf-8">
<title>无标题文档</title>
</head>
<body>
<Div align=center>
<center>
<table height=50 cellspacing=0 cellpadding=0 width=778 border=0>
<tbody>
```

```
<tr>
  <td background=bg.jpg bgcolor=#f9dbd3
height=35></td></tr></tbody></table>
<table cellspacing=0 cellpadding=0 width=778 border=0>
<tbody>
<tr>
<td align=middle bgcolor=#f9dbd3>
<table cellspacing=0 cellpadding=0 width="95%" bgcolor=#ffffff border=0>
<tbody>
<tr>
<td align=middle width=25 height=20> </td>
<td class=f14>中秋节祝福</td></tr>
</tbody></table>
<table cellspacing=1 cellpadding=3 width="95%" bgcolor=#ffe8e8 border=0>
<tbody>
<tr>
<td bgcolor=#ffe8e8>
<table cellspacing=0 cellpadding=0 width="100%" bgcolor=#ffffff
border=0>
<tbody>
<tr>
<td align=middle>
<table cellspacing=0 cellpadding=2 width="100%" border=0>
<tbody>
<tr>
<td width="69%" height=1
colspan=2 background=images/dot_05.gif></td></tr>
<tr>
<td class=f9 align=middle colspan=2>
</td></tr>
<tr>
<td colspan=2 valign=top class=style14>
```

如果你想送朋友祝福，请在下面输入你的名字，将会自动生成含有你名字的个性祝福，在中秋节前夕，给你的朋友送去一份意外的惊喜吧！！

```
<p>请在下面输入你的名字：
<input name=stra id=stra tabindex=1 value="选择输入的名称" size=16 onselect=alert("
选择输入的名称")>
</p></td></tr>
<tr>
<td background=images/dot_05.gif
colspan=2 height=1></td></tr>
</tbody></table></td></tr></tbody></table></td></tr></tbody></table></td></tr
>
<tr>
<td                                                               align=middle
bgcolor=#f9dbd3> </td></tr></tbody></table></center></Div>
```

```
</body>
</html>
```

代码中加粗部分的代码应用了 onSelect 事件，在文本域中选中文字，会弹出选择文字的
提示对话框，如图 14-7 所示。

图 14-7　onSelect 事件

14.4.4　onFocus 事件

当单击表单对象时，即将光标落在文本框或选择框时产生 onFocus 事件。

实例：

```
<!doctype html>
<html>
<head>
<meta charset="utf-8">
<title>onfocus事件</title>
</head>
<body>个人爱好:
<form name="form1" method="post" action="">
<p>
<label>
<input type="radio" name="radiogroup1" value="旅游"onfocus=alert("选择旅游！")>
旅游</label>
<br>
<label>
<input type="radio" name="radiogroup1" value="骑单车"onfocus=alert("选择骑单车！
")>
骑单车</label>
<br>
<label>
<input type="radio" name="radiogroup1" value="唱歌"onfocus=alert("选择唱歌！")>
```

```
唱歌</label>
<br>
<label>
<input type="radio" name="radiogroup1" value="跳舞"onfocus=alert("选择跳舞！")>
跳舞</label>
<br>
<label>
<input type="radio" name="radiogroup1" value="游泳"onfocus=alert("选择游泳！")>
游泳</label>
<br>
</p>
</form>
</body>
</html>
```

代码中加粗部分的代码应用了 onFocus 事件，选择其中的一项，弹出选择提示的对话框，
如图 14-8 所示。

图 14-8　onFocus 事件

14.4.5　onLoad 事件

当加载网页文档时，会产生 onLoad 事件。onLoad 事件的一个作用就是在首次载入一个
页面文件时检测 cookie 的值，并用一个变量为其赋值，使它可以被源代码使用。

实例：

```
<!doctype html>
<html>
<head>
<meta charset="utf-8">
<title>onload事件</title>
<script type="text/javascript">
```

```
<!--
function mm_popupmsg(msg) { //v1.0
alert(msg);
}
//-->
</script>
</head>
<body onload="mm_popupmsg('欢迎光临！')">
<img src="10.jpg" width="990" height="585">
</body>
</html>
```

代码中加粗部分的代码应用了 onLoad 事件，在浏览器中预览效果时，会自动弹出提示的对话框，如图 14-9 所示。

图 14-9 onLoad 事件

14.4.6 onUnload 事件

当网页退出时会引发 onUnload 事件，并可更新 cookie 的状态。

实例：

```
<!doctype html>
<html>
<head>
<meta charset="utf-8">
<title>onunloat 事件</title>
<script type="text/javascript">
<!--
function mm_popupmsg(msg) { //v1.0
alert(msg);
```

```
}
//-->
</script>
</head>
<body onunload="mm_popupmsg('关闭本文档！')">
<img src="10.jpg" width="990" height="585">
</body>
</html>
```

代码中加粗部分的代码应用了 onUnLoad 事件，在浏览器中的预览效果如图 14-10 所示。单击"关闭"按钮退出页面时，弹出图 14-11 所示的提示对话框。

图 14-10　浏览效果

图 14-11　onUnLoat 事件

14.4.7　onBlur 事件

失去焦点事件正好与获得焦点事件相对，当 text 对象、textarea 对象或 select 对象不再拥有焦点而退到后台时，引发 onBlur 事件。

实例：

```
<!doctype html>
<html>
<head>
<meta charset="utf-8">
<title>onblur 事件</title>
<script type="text/javascript">
<!--
function mm_popupmsg(msg) { //v1.0
alert(msg);
}
//-->
```

```
</script>
</head>
<body>
<p>会员注册: </p>
<p>帐号:
<input name="textfield" type="text" onblur="mm_popupmsg('文档中的"帐号"文本域失
去焦点! ')" />
</p>
<p>密码:
<input name="textfield2" type="text" onblur="mm_popupmsg('文档中的"密码"文本域失
去焦点! ')" />
</p>
</body>
</html>
```

代码中加粗部分的代码应用了 onBlur 事件，在浏览器中预览效果，将光标移动到任意一个文本框中，再将光标移动到其他的位置，就会弹出一个提示对话框，以说明某个文本框失去了焦点，如图 14-12 所示。

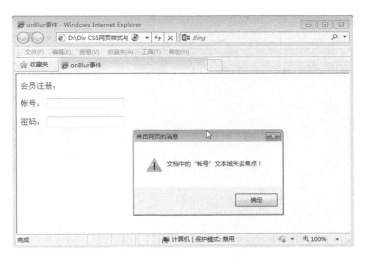

图 14-12　onBlur 事件

14.4.8　onMouseOver 事件

onMouseOver 是当鼠标移动到某对象范围的上方时触发的事件。

实例：

```
<!doctype html>
<html>
<head>
<meta charset="utf-8">
<title>onmouseover 事件</title>
<style type="text/css">
<!--
```

```
#layer1 {
position:absolute;
width:257px;
height:171px;
z-index:1;
visibility: hidden;
}
-->
</style>
<script type="text/javascript">
<!--
function mm_findobj(n, d) { //v4.01
var p,i,x;  if(!d) d=document; if((p=n.indexof("?"))>0&&parent.frames.length) {
d=parent.frames[n.substring(p+1)].document; n=n.substring(0,p);}
if(!(x=d[n])&&d.all) x=d.all[n]; for (i=0;!x&&i<d.forms.length;i++) x=d.forms[i][n];
for(i=0;!x&&d.layers&&i<d.layers.length;i++)
x=mm_findobj(n,d.layers[i].document);
 if(!x && d.getelementbyid) x=d.getelementbyid(n); return x;
}
function mm_showhidelayers() { //v6.0
var i,p,v,obj,args=mm_showhidelayers.arguments;
 for (i=0; i<(args.length-2); i+=3) if ((obj=mm_findobj(args[i]))!=null) { v=args
[i+2];
 if (obj.style) { obj=obj.style; v=(v=='show')?'visible':(v=='hide')?'hidden':v; }
 obj.visibility=v; }
}
//-->
</script>
</head>
<body>
<input name="submit" type="submit"
onmouseover="mm_showhidelayers('layer1','','show')" value="显示图像" />
<Div id="layer1"><img src="66.gif" width="257" height="171" /></Div>
</body>
</html>
```

代码中加粗部分的代码应用了 onMouseOver 事件，在浏览器中预览效果，将光标移动到
【显示图像】按钮的上方，就会显示图像，如图 14-13 所示。

14.4.9　onMouseOut 事件

onMouseOut 是当鼠标离开某对象范围时触发的事件。
实例：

```
<!doctype html>
<html>
<head>
<meta charset="utf-8">
```

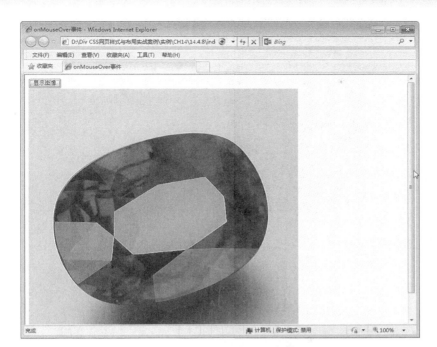

图 14-13　onMouseOver 事件

```
<title>onmouseout 事件</title>
<script type="text/javascript">
function mouseover()
{
document.getelementbyid('b1').src ="66.jpg"
}
function mouseout()
{
document.getelementbyid('b1').src ="88.jpg"
}
</script>
</head>
<body>
<a href="#"
onmouseover="mouseover()" onmouseout="mouseout()">
<img src="88.jpg"  width="300" height="300" id="b1" />
</a>
</body>
</html>
```

代码中加粗部分的代码应用了 onMouseOut 事件，在浏览器中预览效果，将光标移动到图像上显示图片 66，如图 14-14 所示，将鼠标移开时，图像将显示图片 88，如图 14-15 所示。

14.4.10　onDblClick 事件

onDblClick 事件是鼠标双击时触发的事件。

图 14-14　鼠标在图像上时

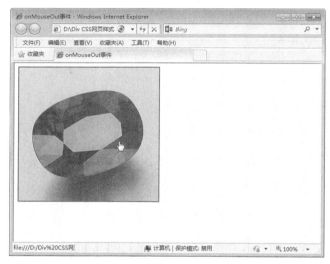

图 14-15　鼠标不在图像上时

实例：

```
<!doctype html>
<html>
<head>
<meta charset="utf-8">
<title>ondblclick 事件</title>
</head>
1:
<input type="text" id="1" value="i love you!">
<br />
2:
<input type="text" id="2">
```

```
<br /><br />
双击下面的按钮，把 1 的内容拷贝到 2 中:
<br />
<button ondblclick="document.getelementbyid('2').value=
document.getelementbyid('1').value">复制</button>
</body>
</html>
```

代码中加粗部分的代码应用了 onDblClick 事件，在浏览器中的预览效果如图 14-16 所示。双击底部的【复制】按钮，即可成功复制 1 中的内容，如图 14-17 所示。

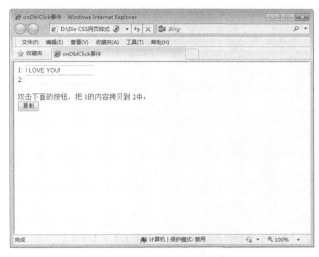

图 14-16　onDblClick 事件

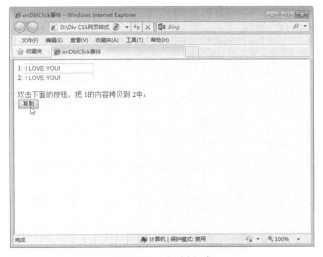

图 14-17　复制文本

14.4.11　其他常用事件

在 JavaScript 中还提供了一些其他的事件，如表 14-4 所示。

表 14-4　　　　　　　　　　　　　　　其他常用事件

事件	描述
onmousedown	按下鼠标时触发此事件
onmouseup	鼠标按下后松开鼠标时触发此事件
onmousemove	鼠标移动时触发此事件
onkeypress	当键盘上的某个键被按下并且释放时触发此事件
onkeydown	当键盘上某个按键被按下时触发此事件
onkeyup	当键盘上某个按键被按放开时触发此事件
onabort	图片在下载时被用户中断
onbeforeunload	当前页面的内容将要被改变时触发此事件
onerror	出现错误时触发此事件
onmove	浏览器的窗口被移动时触发此事件
onresize	当浏览器的窗口大小被改变时触发此事件
onscroll	浏览器的滚动条位置发生变化时触发此事件
onstop	浏览器的停止按钮被按下时触发此事件或者正在下载的文件被中断
onreset	当表单中 reset 的属性被激发时触发此事件
onsubmit	一个表单被递交时触发此事件
onbounce	在 Marquee 内的内容移动至 Marquee 显示范围之外时触发此事件
onfinish	当 Marquee 元素完成需要显示的内容后触发此事件
onstart	当 Marquee 元素开始显示内容时触发此事件
onbeforecopy	当页面当前的被选择内容将要复制到浏览者系统的剪贴板前触发此事件
onbeforecut	当页面中的一部分或者全部的内容将被移离当前页面剪贴并移动到浏览者的系统剪贴板时触发此事件
onbeforeeditfocus	当前元素将要进入编辑状态
onbeforepaste	内容将要从浏览者的系统剪贴板粘贴到页面中时触发此事件
onbeforeupdate	当浏览者粘贴系统剪贴板中的内容时通知目标对象
oncontextmenu	当浏览者按下鼠标右键出现菜单时或者通过键盘的按键触发页面菜单时触发的事件
oncopy	当页面当前的被选择内容被复制后触发此事件
oncut	当页面当前的被选择内容被剪切时触发此事件
ondrag	当某个对象被拖动时触发此事件 [活动事件]
ondragdrop	一个外部对象被鼠标拖进当前窗口或者帧
ondragend	当鼠标拖动结束时触发此事件，即鼠标的按钮被释放了
ondragenter	当对象被鼠标拖动的对象进入其容器范围内时触发此事件
ondragleave	当对象被鼠标拖动的对象离开其容器范围内时触发此事件
ondragover	当某被拖动的对象在另一对象容器范围内拖动时触发此事件
ondragstart	当某对象将被拖动时触发此事件
ondrop	在一个拖动过程中，释放鼠标键时触发此事件
onlosecapture	当元素失去鼠标移动所形成的选择焦点时触发此事件

续表

事件	描述
onpaste	当内容被粘贴时触发此事件
onselectstart	当文本内容选择将开始发生时触发的事件
onafterupdate	当数据完成由数据源到对象的传送时触发此事件
oncellchange	当数据来源发生变化时
ondataavailable	当数据接收完成时触发的事件
ondatasetchanged	数据在数据源发生变化时触发的事件
ondatasetcomplete	当来自数据源的全部有效数据读取完毕时触发此事件
onerrorupdate	当使用 onBeforeUpdate 事件触发取消了数据传送时，代替 onAfterUpdate 事件
onrowenter	当前数据源的数据发生变化并且有新的有效数据时触发的事件
onrowexit	当前数据源的数据将要发生变化时触发的事件
onrowsdelete	当前数据记录将被删除时触发此事件
onrowsinserted	当前数据源将要插入新数据记录时触发此事件
onafterprint	当文档被打印后触发此事件
onbeforeprint	当文档即将打印时触发此事件
onfilterchange	当某个对象的滤镜效果发生变化时触发的事件
onhelp	当浏览者按下 F1 键或者浏览器的帮助选择时触发此事件
onpropertychange	当对象的属性之一发生变化时触发此事件
onreadystatechange	当对象的初始化属性值发生变化时触发此事件

14.5 浏览器的内部对象

JavaScript 中提供了非常丰富的内部方法和属性，从而减轻了编程人员的工作，提高了编程效率。在这些对象系统中，文档对象属性非常重要，它位于最底层，但对实现页面信息交互起着关键作用，因而它是对象系统的核心部分。

14.5.1 navigator 对象

navigator 对象可用来存取浏览器的相关信息，其常用的属性如表 14-5 所示。

表 14-5　　　　　　　　　　navigator 对象的常用属性

属性	说明
appName	浏览器的名称
appVersion	浏览器的版本
appCodeName	浏览器的代码名称
browserLanguage	浏览器所使用的语言
plugins	可以使用的插件信息
platform	浏览器系统所使用的平台，如 win32 等
cookieEnabled	浏览器的 cookie 功能是否打开

实例：

```
<!doctype html>
<html>
<head>
<meta charset="utf-8">
<title>浏览器信息</title>
</head>
<body onload=check()>
<script language=javascript>
function check()
{
name=navigator.appname;
if(name=="netscape"){
document.write("您现在使用的是 netscape 网页浏览器<br>");}
else if(name=="microsoft internet explorer"){
document.write("您现在使用的是 microsoft internet explorer 网页浏览器<br>");}
else{
document.write("您现在使用的是"+navigator.appname+"网页浏览器<br>");}
}
</script>
</body>
</html>
```

代码中加粗部分的代码进行判断浏览器的类型的操作，在浏览器中的预览效果如图 14-18 所示。

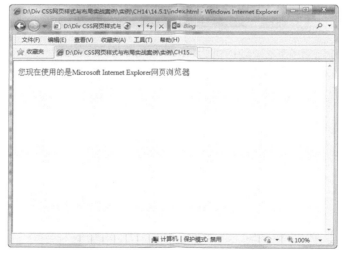

图 14-18　判断浏览器类型

14.5.2　document 对象

JavaScript 的输出可通过 document 对象实现。在 document 中主要有 links、anchor 和 form 3 个最重要的对象。

● anchor 锚对象：它是指<a name=...></a>标记在 HTML 源码中存在时产生的对象，它包含着文档中所有的 anchor 信息。

● links 链接对象：是指用<a href=...></a>标记链接一个超文本或超媒体的元素作为一个特定的 URL。

● form 窗体对象：是文档对象的一个元素，它含有多种格式的对象储存信息，使用它可以在 JavaScript 脚本中编写程序，并可以用来动态改变文档的行为。

document 对象有以下方法。

输出显示 write()和 writeln()：该方法主要用来实现在 Web 页面上显示输出信息。

实例：

```
<!doctype html>
<html>
<head>
<meta charset="utf-8">
<title> document 对象</title>
<script language=javascript>
function links()
{
n=document.links.length;  //获得链接个数
s="";
for(j=0;j<n;j++)
s=s+document.links[j].href+"\n";  //获得链接地址
if(s=="")
s=="没有任何链接"
else
alert(s);
}
</script>
</head>
<body>
<form>
<input type="button" value="所有链接地址" onclick="links()"><br>
</form>
<p><a href="#">文档 1</a><br>
<a href="#">文档 2</a><br>
<a href="#">文档 3</a><br>
<a href="#">文档 4</a><br>
</p>
</body>
</html>
```

代码中加粗部分的代码应用了 document 对象，在浏览器中的预览效果如图 14-19 所示。

14.5.3 windows 对象

windows 对象处于对象层次的最顶端，它提供了处理 navigator 窗口的方法和属性。JavaScript 的输入可以通过 windows 对象来实现。windows 对象常用的方法主要如表 14-6 所示。

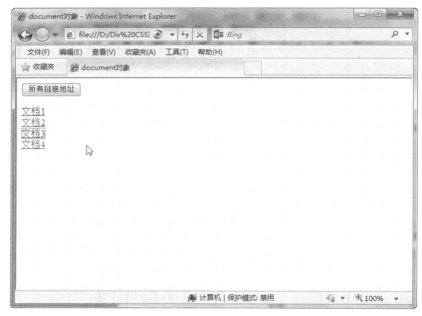

图 14-19　document 对象

表 14-6　　　　　　　　　　　　windows 对象常用的方法

方法	方法的含义及参数说明
Open(url,windowName,parameterlist)	创建一个新窗口，3 个参数分别用于设置 URL 地址、窗口名称和窗口打开属性（一般可以包括宽度、高度、定位、工具栏等）
Close()	关闭一个窗口
Alert(text)	弹出式窗口，text 参数为窗口中显示的文字
Confirm(text)	弹出确认域，text 参数为窗口中的文字
Promt(text,defaulttext)	弹出提示框，text 为窗口中的文字，document 参数用来设置默认情况下显示的文字
moveBy(水平位移，垂直位移)	将窗口移至指定的位移
moveTo(x,y)	将窗口移动到指定的坐标
resizeBy(水平位移,垂直位移)	按给定的位移量重新设置窗口大小
resizeTo(x,y)	将窗口设定为指定大小
Back()	页面的后退
Forward()	页面前进
Home()	返回主页
Stop()	停止装载网页
Print()	打印网页
status	状态栏信息
location	当前窗口 URL 信息

实例：

```
<!doctype html>
<html>
<head>
<meta charset="utf-8">
<title>打开浏览器窗口</title>
<script type="text/javascript">
<!--
function mm_openbrwindow(theurl,winname,features) { //v2.0
window.open(theurl,winname,features);
}
//-->
</script>
</head>
<body onload="mm_openbrwindow('custom.htm','','width=600,height=500')">打开浏览
器窗口
</body>
</html>
```

代码中加粗部分的代码应用了 windows 对象，在浏览器中预览效果，弹出一个宽为 600 像素、高为 500 像素的窗口，如图 14-20 所示。

图 14-20　打开浏览器窗口

14.5.4　location 对象

location 对象是一个静态的对象，它描述的是某一个窗口对象所打开的地址。location 对象常用的属性如表 14-7 所示。

表 14-7　　　　　　　　　　　　　常用的 **location** 属性

属性	实现的功能
protocol	返回地址的协议，取值为 http:、https:、file:等
hostname	返回地址的主机名，例如"http：//www.microsoft.com/china/"的地址主机名为 www.microsoft.com
port	返回地址的端口号，一般 http 的端口号是 80
host	返回主机名和端口号，如 www.a.com:8080
pathname	返回路径名，如"http：//www.a.com/d/index.html"的路径为 d/index.html
hash	返回"#"以及以后的内容，如地址为 c.html#chapter4，则返回#chapter4；如果地址里没有"#"，则返回字符串
search	返回"?"以及以后的内容，如果地址里没有"?"，则返回空字符串
href	返回整个地址，即返回在浏览器的地址栏上显示的内容

location 对象常用的方法主要如下。

● reload()：相当于 Internet Explorer 浏览器上的"刷新"功能。

● replace()：打开一个 URL，并取代历史对象中当前位置的地址。用这个方法打开一个 URL 后，单击浏览器的【后退】按钮将不能返回到刚才的页面。

14.5.5　history 对象

history 对象是浏览器的浏览历史，history 对象常用的方法主要如下。

● back()：后退，与单击【后退】按钮是等效的。

● forward()：前进，与单击【前进】按钮是等效的。

● go()：该方法用来进入指定的页面。

实例：

```
<!doctype html>
<html>
<head>
<meta charset="utf-8">
<title>history 对象</title>
</head>
<body>
<p><a href="index1.html">history 对象</a></p>
<form name="form1" method="post" action="">
<input name="按钮" type="button" onclick="history.back()" value="返回">
<input type="button" value="前进" onclick="history.forward()">
</form>
</body>
</html>
```

代码中加粗部分的代码应用了 history 对象，在浏览器中的预览效果如图 14-21 所示。

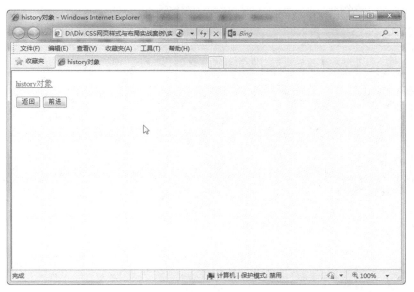

图 14-21 history 对象

14.6 实例应用

在网页中经常可以看到各种各样的动态时间显示，在网页中合理的使用时间可以增加网页的时效感。

14.6.1 显示当前时间

在很多的网页上都能显示当前的时间，下面利用 getHours()、getMinutes()、getSeconds() 分别获得当前小时数、当前分钟数、当前秒数，然后给时间变量 timer 赋值，最后在文本框中显示，具体操作步骤如下。

（1）打开网页文档，在<head>与</head>之间输入以下代码，如图 14-22 所示。

```javascript
<script language="javascript">
function showtime()  //创建函数
{
var now_time = new date();  //创建时间对象的实例
var hours = now_time.gethours();  //获得当前小时数
var minutes = now_time.getminutes();  //获得当前分钟数
var seconds = now_time.getseconds();  //获得当前秒数
var timer = "" + ((hours > 12) ? hours - 12 : hours);  //将小时数值赋予变量 timer
timer += ((minutes < 10) ? ":0" : ":") + minutes;  //将分钟数值赋予变量 timer
timer += ((seconds < 10) ? ":0" : ":") + seconds;  //将秒数值赋予变量 timer
timer +=" " + ((hours > 12) ? "pm" : "am");  //将字符 am 或 pm 赋予变量 timer
document.clock.show.value = timer;  //在名为 clock 的表单中输出变量 timer 的值
settimeout("showtime()",1000); //设置每隔一秒钟自动调用一次 showtime()函数
}
</script>
```

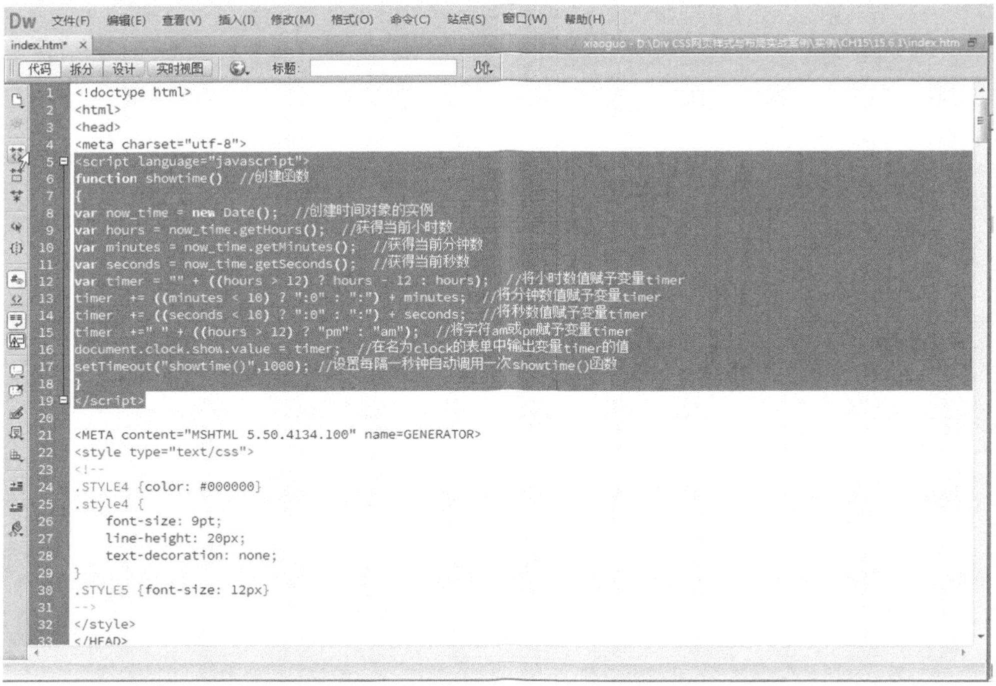

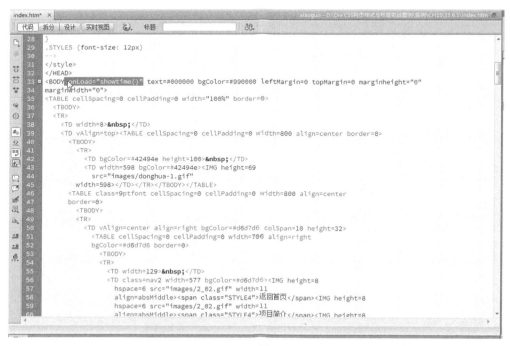

图 14-22　输入代码

（2）将光标放置在<body >标记内，输入代码 onLoad="showtime()"，如图 14-23 所示。

图 14-23　输入代码

（3）将光标放置在<body >与</body >之间相应的位置，输入以下代码，如图 14-24 所示。

图 14-24 输入代码

```
<form name="clock" onsubmit="0">
<input type="text" name="show" size="10" style="background-color: lightyellow;
border-width:3;">
</form>
```

（4）保存文档，在浏览器中的浏览效果如图 14-25 所示。

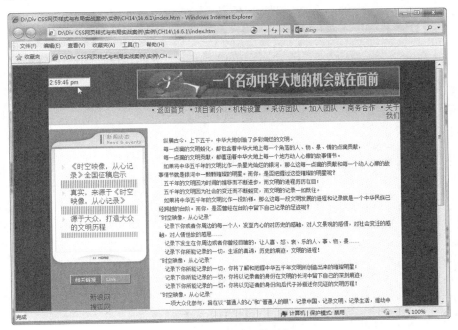

图 14-25 显示当前时间

14.6.2　当鼠标指针经过图像时图像震动效果

下面制作当鼠标放在图片上的时候，图像会出现震动效果，具体操作步骤如下。

（1）打开网页文档，在<head>与</head>之间输入以下代码。

```
<style>
.zhendimage{
position:relative
}
</style>
<script language="javascript1.2">
var rector=3
var stopit=0
var a=1
function init(which){
stopit=0
zhend=which
zhend.style.left=0
zhend.style.top=0
}
function rattleimage(){
if ((!document.all&&!document.getelementbyid)||stopit==1)
return
if (a==1){
zhend.style.top=parseint(zhend.style.top)+rector
}
else if (a==2){
zhend.style.left=parseint(zhend.style.left)+rector
}
else if (a==3){
zhend.style.top=parseint(zhend.style.top)-rector
}
else{
zhend.style.left=parseint(zhend.style.left)-rector
}
if (a<4)
a++
else
a=1
settimeout("rattleimage()",50)
}
function stoprattle(which){
stopit=1
which.style.left=0
which.style.top=0
}
</script>
```

（2）在震动图像的标记内输入以下代码 class="zhendimage" onMouseover="init(this); rattleimage()" onMouseout="stoprattle(this)"，如图 14-26 所示。

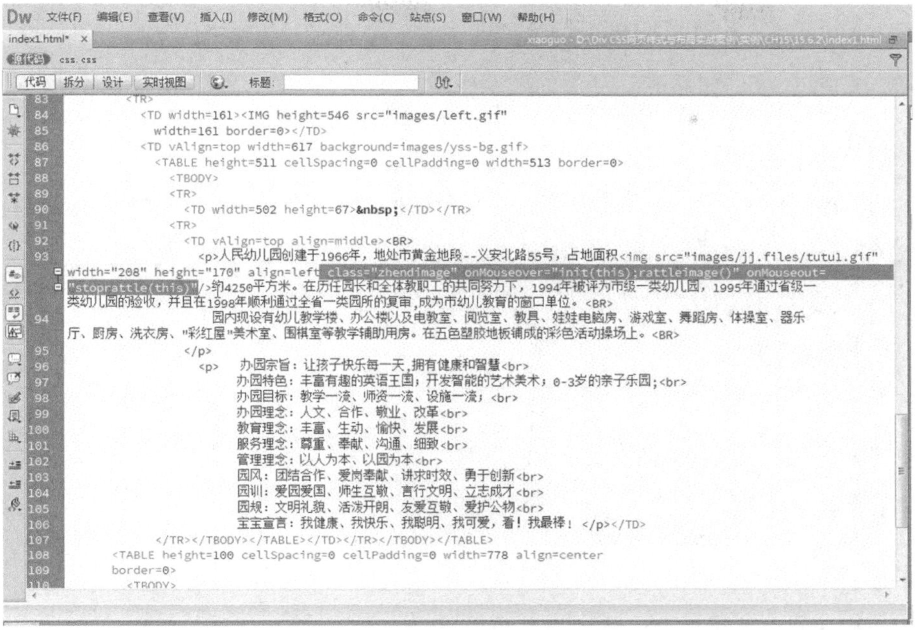

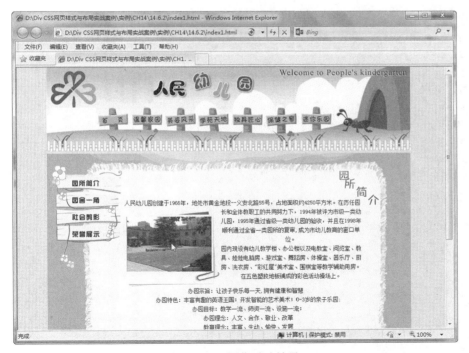

图 14-26 输入代码

（3）保存文档，在浏览器中的浏览效果如图 14-27 所示。

图 14-27 图像震动效果

14.6.3　自动切换图像

利用图像数组可以实现自动切换图像的效果，具体操作步骤如下。

（1）打开网页文档，在<head>与</head>之间输入以下代码，如图 14-28 所示。

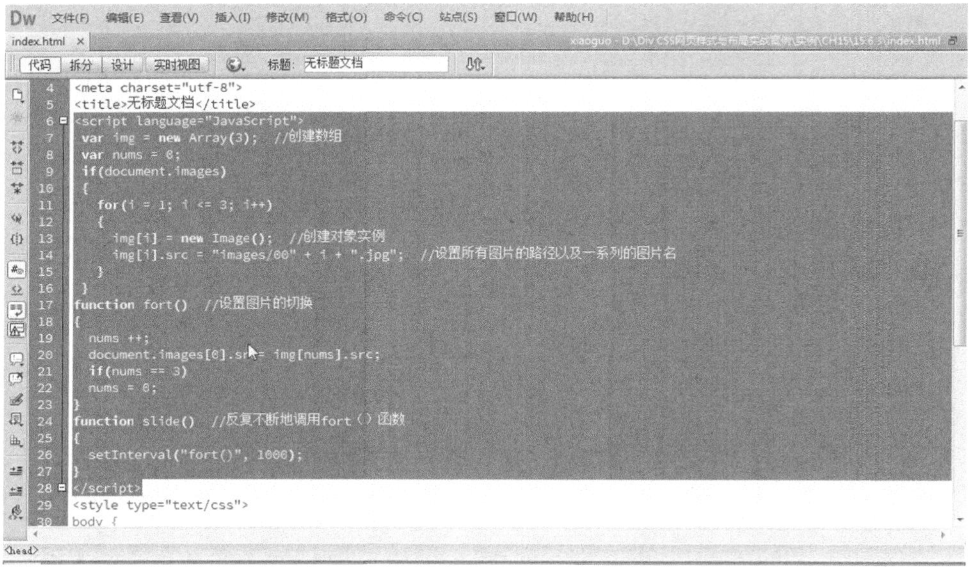

图 14-28　输入代码

```
<script language="javascript">
var img = new array(3);  // 创建数组
var nums = 0;
if(document.images)
{
  for(i = 1; i <= 3; i++)
  {
  img[i] = new image();  // 创建对象实例
  img[i].src = "images/00" + i + ".jpg"; // 设置所有图片的路径及名称
  }
}
function fort()  // 定义图片切换函数
{
  nums ++;
  document.images[0].src= img[nums].src;
  if(nums == 3)
  nums = 0;
}
function slide()  // 每隔 1 秒连续不断的调用 fort()函数
{
  setinterval("fort()", 1000);
}
</script>
```

（2）将光标放置在<body >标记内，输入代码 onload=slide()，如图 14-29 所示。

图 14-29　输入代码

（3）保存文档，在浏览器中的浏览效果如图 14-30 所示。

图 14-30　自动切换图像

第15章

企业网站设计

本章将分析、策划、设计制作一个完整的企业网站案例。通过这个综合案例的学习，读者不仅可以了解其中的技术细节，而且能够掌握一套遵从 Web 标准的网页设计流程。

学习目标
- 企业网站设计概述
- 网站内容和结构分析
- 具体制作网站页面

15.1 企业网站设计概述

企业网站的范围很广，涉及各个领域，但它们有一个共同特点，即以宣传为主。其目的是提升企业形象，希望有更多的人关注自己的公司和产品，以获得更大的发展。

15.1.1 企业网站分类

1. 以形象为主的企业网站

互联网作为新经济时代的一种新型传播媒体，在企业宣传中发挥越来越重要的作用，成为公司以最低的成本在更广的范围内宣传企业形象、开辟营销渠道、加强与客户沟通的一项必不可少的重要工具。图 15-1 所示的是以形象为主的企业网站。

企业网站的表现形式要独具创意，充分展示企业形象，并将最吸引人的信息放在主页比较显著的位置，尽量能在最短的时间内吸引浏览者的注意力，从而让浏览者有兴趣浏览一些详细的信息。整个设计要给浏览者

图 15-1　以形象为主的企业网站

一个清晰的导航，以方便其操作。

这类网站在设计时要参考一些大型同行业网站，多吸收它们的优点，以公司自己的特色进行设计，整个网站要以国际化为主，以企业形象及行业特色加上动感音乐作片头动画，每个页面配以栏目相关的动画衬托，从而通过良好的网站视觉效果创造一种独特的企业文化。

2. 信息量大的企业站点

很多企业不仅仅需要树立良好的企业形象，还需要建立自己的信息平台。有实力的企业逐渐把网站做成一种以其产品为主的交流平台。一方面，网站的信息量大，结构设计要大气简洁，以保证浏览速度和节奏感；另一方面，它不同于单纯的信息型网站，从内容到形象都应该围绕公司的一切，既要大气又要有特色。图 15-2 所示的是信息量大的网页。

图 15-2 信息量大的网页

3．以产品为主的企业网站

企业网站绝大多数是为了介绍自己的产品，中小型企业尤为如此，如在公司介绍栏目中只有一页文字，而产品栏目则是大量的图片和文字。以产品为主的企业网站可以把主推产品放置在网站的首页。产品资料要分类整理，并附带详细说明，以使客户能够看个明白。如果公司产品比较多，最好采用动态更新的方式添加产品介绍和图片，通过后台来控制前台信息。图 15-3 所示的是以产品为主的企业网站。

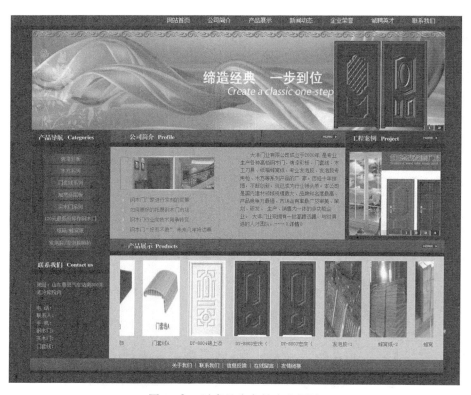

图 15-3　以产品为主的企业网站

15.1.2　企业网站主要功能栏目

企业网站是以企业宣传为主题而构建的网站，域名后缀一般为.com。与一般门户型网站不同，企业网站相对来说信息量比较少。该类型网站页面结构的设计主要是从公司简介、产品展示、服务等几个方面来进行的。

一般企业网站主要包括以下功能。

◉　公司概况：包括公司背景、发展历史、主要业绩、经营理念、经营目标及组织结构等，以让用户对公司的情况有一个概括的了解。

◉　企业新闻动态：可以利用互联网的信息传播优势，构建一个企业新闻发布平台，通过建立一个新闻发布/管理系统，企业信息发布与管理将变得简单、迅速，可以及时向互联网发布本企业的新闻、公告等信息。

⚫ 产品展示：如果企业提供多种产品服务，利用产品展示系统可以对产品进行系统的管理，包括产品的添加与删除、产品类别的添加与删除、特价产品和最新产品、推荐产品的管理、产品的快速搜索等。

⚫ 网上招聘：这也是网络应用的一个重要方面，网上招聘系统可以根据企业自身特点，建立一个企业网络人才库，人才库对外可以进行在线网络即时招聘，对内可以方便管理人员对招聘信息和应聘人员的管理，同时人才库可以为企业储备人才，为日后需要时使用。

⚫ 销售网络：目前用户直接在网站订货的并不多，但网上看货网下购买的现象比较普遍，尤其是价格比较贵重或销售渠道比较少的商品，用户通常喜欢通过网络获取足够信息后在本地的实体商场购买。因此应尽可能详尽地告诉用户在什么地方可以买到他所需要的产品。

⚫ 联系信息：网站上应该提供足够详尽的联系信息，除了公司的地址、电话、传真、邮政编码、E-mail 地址等基本信息之外，最好能详细地列出客户或者业务伙伴可能需要联系的具体部门的联系方式。对于有分支机构的企业，同时还应当有各地分支机构的联系方式，这在为用户提供方便的同时，也起到了对各地业务的支持作用。

⚫ 辅助信息：有时由于企业产品比较少，网页内容显得有些单调，可以通过增加一些辅助信息来弥补这种不足。辅助信息的内容比较广泛，可以是本公司、合作伙伴、经销商或用户的一些相关新闻、趣事，或产品保养/维修常识等。

图 15-4 所示的是本例制作的网站首页，主要包括"企业介绍""图片展示""新闻动态""网上预订""住宿客房""餐饮服务"和"会议会务""景点指南""行车路线""联系我们"等栏目。

图 15-4　网站主页

这个页面在竖直方向分为上中下 3 个部分，其中上下两部分的背景会自动延伸，中间的内容区域分为左右两列，左列为主要栏目导航，右列是网站的公司介绍和图片展示等正文内容。这个页面具有很好的用户体验，例如左侧导航菜单具有鼠标指针经过时发生变化的效果。

15.2　网站内容分析

下面就来具体分析和介绍这个案例的完整开发过程。希望通过这个案例的演示，使读者不但了解一些技术细节，而且能够掌握一套遵从 Web 标准的网页制作流程。

首先要确定一个问题，设计制作一个网站的第一步是什么？设计一个网页的第一步是这个网页的内容。一个网站要想留住更多的用户，最重要的是网站的内容。网站内容是一个网站的灵魂，内容做得好，做到有自己的特色才会脱颖而出。当然，有一点需要注意的是不要为了差异化而差异化，只有满足用户核心需求的差异化才是有效的，否则跟模仿其他网站功能没有实质的区别。

网站的内容是浏览者停留时间的决定要素，内容空泛的网站，访客会匆匆离去。只有内容充实丰富的网站，才能吸引访客细细阅读，深入了解网站的产品和服务，进而产生合作的意向。

在这个网站页面中，首先要有明确的公司名称或网站标志，此外要给访问者方便了解这个网站信息的途径，包括自身介绍、联系方式等内容的链接。接下来，这个网站的主要目的是宣传公司，因此必须有清晰的导航结构。

我们要制作的这个网站要展示哪些内容呢？大致应包括导航栏、企业介绍、新闻动态、图片展示、网上订购、联系信息、住宿客房、餐饮服务、会议会务、景点指南、行车路线。

15.3　HTML 结构设计

在理解了网站的基础上，我们开始搭建网站的内容结构。现在完全不要管 CSS，而是完全从网页的内容出发，根据上面列出的要点，通过 HTML 搭建出网页的内容结构。图 15-5 所示的是搭建的 HTML 在没有使用任何 CSS 设置的情况下使用浏览器观察的效果。

任何一个页面都应该在尽可能保证在不使用 CSS 的情况下，依然保持良好的结构和可读性，这不仅仅对访问者很有帮助，而且有助于网站被百度、Google 等搜索引擎了解和收录，这对于提升网站的访问量是至关重要的。

本网站的页面内容很多，页面整体部分放在一个大的#templatemo_maincontainer 对象中，在这个#templatemo_maincontainer 对象中包括两列的布局方式，左侧的内容放在# templatemo _left_column 对象中，右边的正文部分放在# templatemo_right_column 对象中，底部为#templatemo_footer 对象，在此对象中可放置底部版权信息。

其页面中的 HTML 框架代码如下所示。

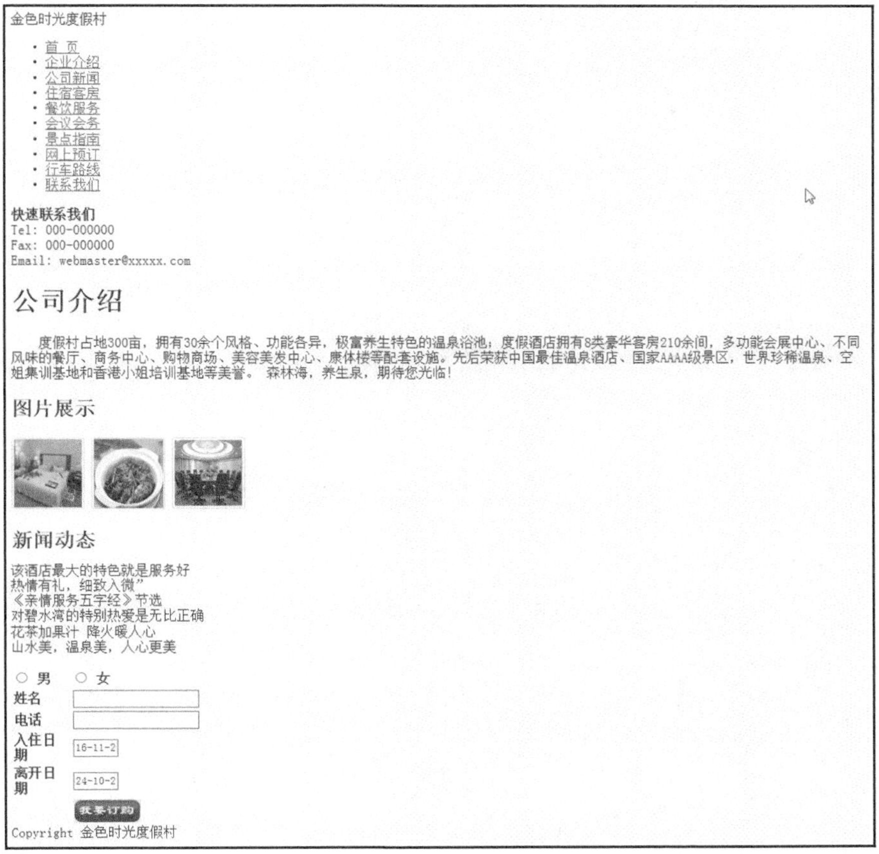

图 15-5 HTML 结构

```
<body>
<Div id="templatemo_maincontainer">
<Div id="templatemo_topsection">
  <Div id="templatemo_title">金色时光度假村</Div>
</Div>
<Div id="templatemo_left_column">
  <Div class="templatemo_menu">
  <ul>
   <li><a href="#">首 页</a></li>
   <li><a href="#">企业介绍</a></li>
   <li><a href="#">公司新闻</a></li>
   <li><a href="#">住宿客房</a></li>
   <li><a href="#">餐饮服务</a></li>
   <li><a href="#">会议会务</a></li>
   <li><a href="#">景点指南</a></li>
   <li><a href="#">网上预订</a></li>
   <li><a href="#">行车路线</a></li>
   <li><a href="#">联系我们</a></li>
  </ul></Div>
```

```
<Div id="templatemo_contact">
  <strong>快速联系我们<br />
  </strong>
Tel: 000-000000<br />
Fax: 000-000000<br />
Email: webmaster@xxxxx.com</Div>
</Div>
<Div id="templatemo_right_column">
  <Div class="innertube">
  <h1>公司介绍</h1>
    <p>度假村占地 300 亩，拥有 30 余个风格、功能各异，极富养生特色的温泉浴池；度假酒店拥有 8 类
豪华客房 210 余间，多功能会展中心、不同风味的餐厅、商务中心、购物商场、美容美发中心、康体楼等配套设
施。先后荣获中国最佳温泉酒店、国家 AAAA 级景区，世界珍稀温泉、空姐集训基地和香港小姐培训基地等美誉。
森林海，养生泉，期待您光临！ <br />
    </p>
  </Div>
  <Div id="templatemo_destination">
    <h2>图片展示</h2>
    <p>
<img src="images/templatemo_photo1.jpg" alt="xxxxx.com" width="85" height="85"/>
<img src="images/templatemo_photo2.jpg" alt="xxxxx.com" width="85" height="85" />
<img src="images/templatemo_photo3.jpg" alt="xxxx.com" width="85" height="85" />
    </p>
<h2>新闻动态</h2>
    <p>该酒店最大的特色就是服务好<br />
       热情有礼，细致入微&rdquo;<br />
       《亲情服务五字经》节选<br />
       对碧水湾的特别热爱是无比正确<br />
       花茶加果汁 降火暖人心<br />
       山水美，温泉美，人心更美<br />
    </p>
  </Div>
  <Div id="templatemo_search">
    <Div class="search_top"></Div>
    <Div class="sarch_mid">
      <form id="form1" name="form1" method="post" action="">
        <table width="247">
          <tr>
            <td width="64">
<input type="radio" name="search" value="radio" id="search_0" />
              <strong>男</strong></td>
            <td width="171"><label>
              <input type="radio" name="search" value="radio" id="search_1" />
              <strong>女</strong>
            </label></td>
          </tr>
          <tr>
```

```
            <td><strong>姓名</strong></td>
            <td><label>
              <input type="text" />
              </label></td>
          </tr>
          <tr>
            <td><strong>电话</strong></td>
            <td><label>
              <input type="text" />
              </label></td>
          </tr>
          <tr>
            <td><strong>入住日期</strong></td>
            <td><label>
            <input name="depart" type="text" id="depart" value="16-11-2015" size="6" />
              </label></td>
          </tr>
          <tr>
          <td><strong>离开日期</strong></td>
            <td><input name="return" type="text" id="return" value="24-10-2015" /></td>
          </tr>
          <tr>
            <td> </td>
            <td><a href="#">
<img src="images/templatemo_search_button.jpg" width="78" height="28" /></a>
</td>
          </tr>
        </table>
        </form>
      </Div>
    <Div class="search_bot"></Div>
  </Div>
</Div>
<Div id="templatemo_bot"></Div>
</Div>
<Div id="templatemo_footer">Copyright  金色时光度假村 </Div>
</body>
```

可以看到这些代码非常简单，使用的都是最基本的 HTML 标记，包含<p>、<ul>、<img>、<li>。<ul>标记在代码中出现了多次，当有若干个项目并列时，<ul>是个很好的选择，很多网页都有<ul>标记，它可以使页面的逻辑关系非常清晰。

15.4 方案设计

首先在设计任何一个网页前，都应该有一个构思的过程，以对网站的功能和内容进行全面的分析。

在具体制作页面之前，可以先设计一个如图
15-6 所示的页面草图。接着对版面布局进行细划和
调整,经过反复细划和调整后确定最终的布局方案。

新建的页面就像一张白纸，没有任何表格、框
架和约定俗成的东西，应尽可能地发挥想象力，将
想到的"内容"画上去。这属于创造阶段，不必讲
究细腻工整，不必考虑细节功能，只用粗陋的线条
勾画出创意的轮廓即可。应尽可能地多画几张草图，
最后选定一个满意的来创作。

接下来的任务就是使用 Photoshop 或 Fireworks
软件来具体设计真正的页面方案了。有经验的网页

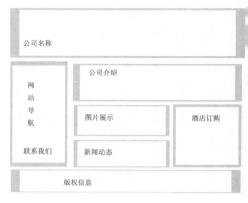

图 15-6　页面草图

设计者，通常会在制作网页之前先设计好网页的整体布局，这样在具体设计过程中设计者将
会胸有成竹，大大节省工作时间。

由于本书篇幅有限，因此关于如何使用 Photoshop 设计制作完整的页面方案就不再详细
介绍了。如果读者对 Photoshop 软件不熟悉，可以参考专门的 Photoshop 书籍，掌握一些
Photoshop 软件的基本使用方法。

如图 15-7 所示的就是在 Photoshop 中设计的页面方案。这一步的核心任务是美术设计，
通俗地说就是让页面更美观、更漂亮。

图 15-7　在 Photoshop 中设计的页面方案

15.5 定义整体样式

在网页设计中，我们通常需要统一网页的整体风格，统一的风格大部分涉及网页中的文字属性、网页背景色以及链接文字属性等等。如果我们应用 CSS 来控制这些属性，会大大提高网页的设计速度，使网页总体效果更加统一。

建立文件后，首先要对整个页面的共有属性进行一些设置，例如对字体、margin、padding、背景颜色等属性进行设置。

```
body{
    margin:0;
    padding:0;
    line-height: 1.5em;
    background: #782609 url(images/templatemo_body_bg.jpg) repeat-x;
    font-size: 11px;
    font-family: 宋体;
}
```

上面的代码中在 body 中设置了外边距 margin、内边距 padding 都为 0，将行高 line-height 设为 1.5em，将字号设置为 11px，并且设置字体为宋体。

在 body 中使用 background 设置了水平背景图像 templatemo_body_bg.jpg，这个图像可以很方便地在设计方案图中获得。如果使用 Photoshop 软件，可以切出一个竖条，可以切割的很细，以减小文件的大小。在 CSS 中，repeat-x 使这个背景图像水平方向平铺就可以产生宽度自动延伸的背景效果了，如图 15-8 所示。

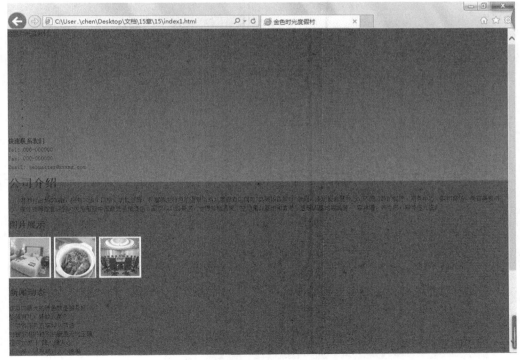

图 15-8　背景图像平铺

下面定义网页中的链接文字的样式，下面的 CSS 代码定义了网页中的链接文字在各种状态下的颜色和样式，以及网页中的 h1、h2、h3 标题文字的字号、粗细、颜色、字体等样式。

```
    a:link, a:visited { color: #621c03; text-decoration: none; font-weight: bold;}
/*链接文字样式*/
    a:active, a:hover{color: #621c03; text-decoration: none; font-weight: bold; } /*
链接文字样式*/
    h1 {
        font-size: 18px;        /* 设置标题1字号 */
        color: #782609;        /* 设置标题1字体颜色 */
        font-weight: bold;    /* 设置标题1加粗 */
        background: url(images/templatemo_h1.jpg) no-repeat;  /* 设置标题1背景图像 */
        height: 27px;          /* 设置标题1行高 */
        padding-top: 40px;    /* 设置标题1顶部内边距 */
        padding-left: 70px;    /* 设置标题1左侧内边距*/
    }
    h2 {
        font-size: 13px;      /* 设置标题2字号 */
        font-weight: bold;    /* 设置标题2加粗 */
        color: #fff;          /* 设置标题2字体颜色 */
        height: 22px;        /* 设置标题2行高 */
        padding-top: 3px;    /* 设置标题2顶部内边距 */
        padding-left: 5px;    /* 设置标题2左侧内边距 */
        background: url(images/templatemo_h2.jpg) no-repeat;  /* 设置标题2背景图像*/
    }
```

设置好链接文字样式和 h1、h2 标题文字样式后的效果如图 15-9 所示。

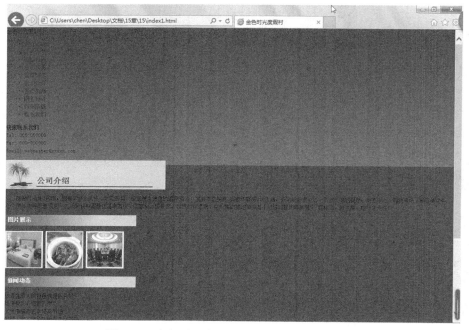

图 15-9 定义网页中的链接文字及标题文字样式

15.6 制作页面顶部

下面对页面顶部进行设计，这里的页头部分比较简单，只有一个公司名称，如图15-10所示。

图15-10　页面头部

15.6.1　页面顶部的结构

首先，在页面中插入一个包含整个页面的 Div，然后在这个 Div 内再插入顶部 Div 和公司名称。

```
<Div id="templatemo_maincontainer">
<Div id="templatemo_topsection">
 <Div id="templatemo_title">金色时光度假村</Div>
</Div>
</Div>
```

这里将整个头部部分放入到一个 Div 中，为该 Div 设置名称"templatemo_topsection"，将公司名称放入一个 Div 中，为该 Div 设置名称"templatemo_title"。

15.6.2　定义页面顶部的样式

制作完页顶部分的结构后，就可以定义页头部分的样式了。首先来定义外部容器 templatemo_maincontainer 的整体样式。

```
#templatemo_maincontainer{
    width: 900px;  /* 定义外部容器的宽度 */
    margin: 0 auto;  /*上下边距0，浏览器自动适应屏幕居中*/
    float: left;    /* 浮动左对齐 */
    background: url(images/templatemo_content_bg.jpg) repeat-y;  /* 设置背景图片*/
}
```

这里的代码定义了外部容器的宽度为 900px，上下边距为 0，居中对齐，并且设置了背景图片。定义完外部容器样式后的效果如图15-11所示。

接下来定义头部部分的样式，其代码如下所示。

```
#templatemo_topsection{
    background: url(images/templatemo_header.jpg) no-repeat;  /* 设置背景图片不重复 */
    height: 283px;  /* 设置高度 */
}
#templatemo_title{
    margin: 0;           /* 设置外边距 */
    padding-top: 150px;  /* 设置顶部内边距 */
```

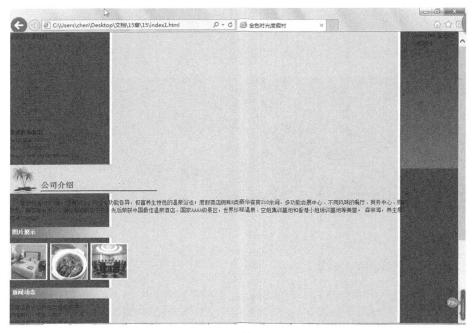

图 15-11　定义外部容器样式

```
    padding-left: 50px;    /* 设置左侧内边距 */
    color: #FFFFFF;        /* 设置文字颜色 */
    font-size: 24px;       /* 设置文字字号 */
    font-weight: bold;     /* 设置文字加粗 */
}
```

这里的代码定义了 templatemo_topsection 的高度和背景图片，并定义了 templatemo_title 内的文字颜色、字号、加粗、外边距和内边距等，在浏览器中浏览设置头部样式后的效果如图 15-12 所示。

图 15-12　设置头部样式后的效果

15.7 制作左侧导航

左侧部分是网站的导航部分，如图 15-13 所示。这部分增加了鼠标指针经过时改变颜色的效果，在鼠标指针经过导航栏的时候，相应的菜单项会发生变化。

15.7.1 制作左侧导航部分的结构

网页左侧有一个漂亮的竖排导航菜单，将横排文字转换为竖排格式，方便美观，其实现方法也非常简单。下面制作其基本 HTML 结构。

首先将左侧导航和联系我们都放在"templatemo_left_column"中，在这个 Div 内再插入下面的导航部分结构代码。

图 15-13　左侧导航

```
<Div id="templatemo_left_column">
<Div class="templatemo_menu">
 <ul>
  <li><a href="#">首 页</a></li>
  <li><a href="#">企业介绍</a></li>
  <li><a href="#">公司新闻</a></li>
  <li><a href="#">住宿客房</a></li>
  <li><a href="#">餐饮服务</a></li>
  <li><a href="#">会议会务</a></li>
  <li><a href="#">景点指南</a></li>
  <li><a href="#">网上预订</a></li>
  <li><a href="#">行车路线</a></li>
  <li><a href="#">联系我们</a></li>
 </ul>
</Div>
</Div>
```

这里主要使用无序列表来制作的导航菜单，ul 是 CSS 布局中使用得很广泛的一种元素，主要用来描述列表型内容，每个<ul></ul>表示其中的内容为一个列表块，块中的每一条列表数据用<li></li>来描述。

15.7.2 定义左侧导航的样式

下面使用 CSS 来定义左侧导航的样式。首先来定义外部容器 templatemo_left_column 的样式。

```
#templatemo_left_column {
    float: left;
    width: 229px;
}
```

这里设置宽度为 229px，浮动方式为左对齐，从而使下一个对象贴紧该对象的右边，最终具有了向左浮动的特性。

接着定义列表项的样式，包括宽度、高度、列表样式、背景图片、字号、加粗等，其代码如下所示。

```
.templatemo_menu {
    margin-top: 40px;      /* 设置顶部外边距 */
    width: 188px;          /* 设置宽度 */
}
.templatemo_menu li{
    list-style: none;      /* 设置列表样式 */
    height: 30px;          /* 设置列表高度 */
    display: block;        /* 以块状对象显示 */
    background: url(images/templatemo_menu_bg.jpg) no-repeat;  /* 设置背景颜色 */
    font-weight: bold;     /* 设置加粗 */
    font-size: 12px;       /* 设置字号 */
    padding-left: 30px;    /* 设置左侧内边距 */
    padding-top: 7px;      /* 设置顶部内边距 */
}
.templatemo_menu a {
    color: #fff;           /* 设置链接文字颜色 */
    text-decoration: none; /* 设置文字下划线 */
}
.templatemo_menu a:hover {
    color: #f08661;  /* 设置鼠标经过的颜色 */
}
```

display 属性是 CSS 中对象显示模式的一个属性，主要用于改变对象的显示方式。display: block 是这里的重点，它使得 a 链接对象的显示方式由一段文本改为一个块状对象，它和 Div 的特性相同。这样就可以使用 CSS 的外边距、内边距、边框等属性给 a 链接标签加上一系列的样式了。图 15-14 所示的是定义完导航后的样式效果。

图 15-14　定义完导航后的样式效果

15.8 制作联系我们部分

网站上应该提供足够详尽的联系信息，包括公司的地址、电话、传真、邮政编码、E-mail 地址等基本信息，如图 15-15 所示。

图 15-15　联系我们

15.8.1　联系我们部分的结构

联系我们部分主要放置公司的联系信息，包括电话、传真、E-mail 等文字，插入在一个 Div 中，其 html 结构如下。

```
<Div id="templatemo_contact">
    <strong>快速联系我们<br />
    </strong>
Tel: 000-000000<br />
Fax: 000-000000<br />
Email: webmaster@xxxxx.com</Div>
```

15.8.2　定义联系我们内容的样式

下面定义"联系我们"的样式，定义 templatemo_contact 容器的宽度为 200px、高度为 96px，定义背景图片、文字颜色、字体等。在浏览器中的浏览效果如图 15-16 所示。

图 15-16　定义联系我们样式

```
#templatemo_contact {
    width: 200px;      /* 设置宽度 */
    height: 96px;      /* 设置高度 */
```

```
    background: url(images/templatemo_contact.jpg) no-repeat;  /* 设置背景 */
    color: #fff;          /* 设置文字颜色 */
    padding-left: 29px;       /* 设置左侧内边距 */
    padding-top: 15px;        /* 设置顶部内边距 */
    font-family: "宋体";   /* 设置字体 */
}
```

15.9　制作企业介绍部分

公司介绍部分主要是公司的介绍文字信息，通过这部分浏览者可以大致了解公司的基本信息。

15.9.1　制作企业介绍部分结构

公司介绍部分主要是文字信息，制作比较简单，主要包括一个<h1>的标题信息和正文文字，并插入在一个 Div 中，这部分都放置在 templatemo_right_column 内，其 html 结构如下。

```
<Div id="templatemo_right_column">
  <Div class="innertube">
    <h1>公司介绍</h1>
    <p>度假村占地 300 亩，拥有 30 余个风格、功能各异，极富养生特色的温泉浴池；度假酒店拥有 8 类
豪华客房 210 余间，多功能会展中心、不同风味的餐厅、商务中心、购物商场、美容美发中心、康体楼等配套设
施。先后荣获中国最佳温泉酒店、国家 AAAA 级景区，世界珍稀温泉、空姐集训基地和香港小姐培训基地等美誉。
森林海，养生泉，期待您光临！  <br />
    </p>
  </Div>
</Div>
```

15.9.2　定义企业介绍部分的样式

下面定义"公司介绍"部分的样式，由于右侧的部分都在 templatemo_right_column 内，首先来定义 templatemo_right_column 的样式。

```
#templatemo_right_column {
    float: right;      /* 设置浮动右对齐 */
    width: 651px;    /* 设置宽度 */
    padding-right: 20px;  /* 设置右侧内边距 */
}
```

这里定义了 templatemo_right_column 靠右浮动、宽度为 651px、右侧内边距是 20px，在浏览器中浏览，此时的效果如图 15-17 所示，可以看到正文部分的内容都靠右对齐了。

接下来定义公司介绍部分的样式，其 CSS 代码如下，定义后的效果如图 15-18 所示。

```
.innertube{
    margin: 40px;  /* 设置外边距 */
    margin-top: 0;
    margin-bottom: 10px;
    text-align: justify;  /* 设置两端对齐 */
    border-bottom: dotted 1px #782609;  /* 设置下边框的样式 */
}
```

图 15-17　定义样式

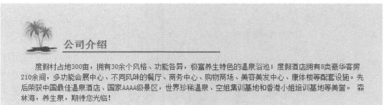

图 15-18　定义企业介绍部分样式

15.10　制作图片展示和新闻动态

图片展示和新闻动态部分主要展示一些图片和公司的新闻文字信息。

15.10.1　制作页面结构

这部分的页面制作主要是插入 3 幅图片和一些新闻文字信息，这些内容主要放在templatemo_destination 中，具体代码如下。

```
<Div id="templatemo_destination">
    <h2>图片展示</h2>
 <p>
<img src="images/templatemo_photo1.jpg" alt="xxxxx.com" width="85" height="85" />
<img src="images/templatemo_photo2.jpg" alt="xxxxx.com" width="85" height="85"/>
<img src="images/templatemo_photo3.jpg" alt="xxxx.com" width="85" height="85" />
</p>
<h2>新闻动态</h2>
    <p>该酒店最大的特色就是服务好<br />
        热情有礼，细致入微&rdquo;<br />
        《亲情服务五字经》节选<br />
```

```
        对碧水湾的特别热爱是无比正确<br />
        花茶加果汁 降火暖人心<br />
        山水美，温泉美，人心更美<br />
    </p>
</Div>
```

15.10.2　定义页面样式

下面定义这部分的样式，其 CSS 代码如下。

```
#templatemo_destination {
    float: left;   /* 设置浮动左对齐 */
    padding: 10px 10px 0px 40px; /* 设置内边距 */
    width: 280px;           /* 设置宽度 */
    border-right: dotted 1px #782609;    /* 设置右边框的样式 */
}
```

这里定义了 templatemo_destination 容器的浮动为左对齐、宽度为 280px，并且设置了右边框的样式，以区别右边的内容部分。效果如图 15-19 所示。

图 15-19　定义样式后的效果

15.11　制作订购部分

在酒店订购部分，浏览者可以填写自己的姓名、电话、入住日期、离开日期等，然后提交自己的订购信息。

15.11.1　制作页面结构

这部分主要是插入一个订购表单，这部分内容都在 templatemo_search 内，其基本结构代码如下所示。

```
<Div id="templatemo_search">
    <Div class="search_top"></Div>
```

```
    <Div class="sarch_mid">
      <form id="form1" name="form1" method="post" action="">
       <table width="247">
        <tr>
         <td width="64"><input type="radio" name="search" value="radio" id=
"search_0" />
            <strong>男</strong></td>
          <td width="171"><label>
            <input type="radio" name="search" value="radio" id="search_1" />
            <strong>女</strong>
          </label></td>
        </tr>
        <tr>
          <td><strong>姓名</strong></td>
          <td><label>
          <input type="text" />
          </label></td>
        </tr>
        <tr>
          <td><strong>电话</strong></td>
          <td><label>
           <input type="text" />
          </label></td>
        </tr>
        <tr>
          <td><strong>入住日期</strong></td>
          <td><label>
            <input name="depart" type="text" id="depart" value="16-11-2015" size=
"6" />
            </label></td>
        </tr>
       <tr>
       <td><strong>离开日期</strong></td>
          <td><input name="return" type="text" id="return" value="24-10-2015" size=
"6" /></td>
        </tr>
        <tr>
          <td> </td>
          <td><a href="#"><img src="images/templatemo_search_button.jpg" width=
"78" height="28" border="0" /></a></td>
        </tr>
       </table>
       </form>
      </Div>
     <Div class="search_bot"></Div>
    </Div>
```

15.11.2　定义样式

下面定义表单元素的 CSS 样式，CSS 代码如下，主要是定义表单的外观样式，在浏览器中的浏览效果如图 15-20 所示。

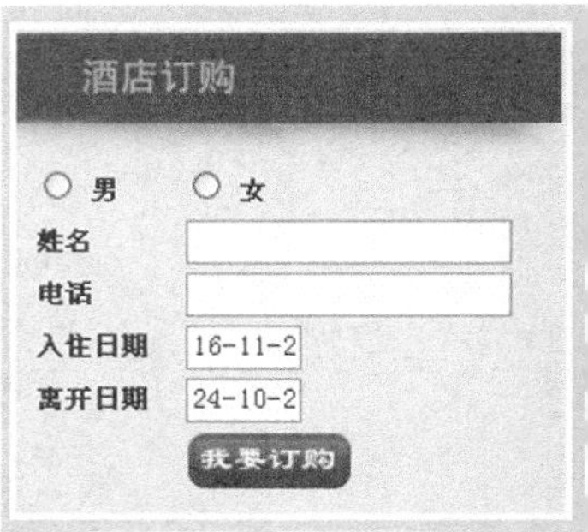

```
#templatemo_search {
    float: right;  /* 设置浮动右对齐 */
    padding: 0px 30px 0px 0px;  /* 设置内边距 */
    width: 262px;  /* 设置宽度 */
    background: url(images/templatemo_form-bg.jpg)
repeat-y; /* 设置背景图片 */
}
.search_top {
    background: url(images/templatemo_search.jpg) no-repeat; /* 设置背景图片 */
    width: 262px;  /* 设置宽度 */
    height: 76px;  /* 设置高度 */
}
.sarch_mid {
    margin: 0px;  /* 设置外边距 */
    padding-left: 10px;  /* 设置左侧内边距 */
    padding-top: 0px;  /* 设置顶部内边距 */
}
.search_bot {
    background: url(images/templatemo_search_bot.jpg) no-repeat; /* 设置背景图片 */
    height: 11px;  /* 设置高度 */
}
#templatemo_bot {
    float: left;  /* 设置浮动左对齐 */
    height: 22px;  /* 设置高度 */
    width: 877px;  /* 设置宽度 */
    background: url(images/templatemo_footer.jpg) no-repeat;  /* 设置背景图片 */
}
```

图 15-20　定义样式

15.12　制作底部部分

底部版权部分内容比较简单，主要是网站的版权信息文字，主要放置在 templatemo_footer 内，其结构如下。

```
<Div id="templatemo_footer">Copyright 金色时光度假村</Div>
```

下面定义底部版权部分的 CSS 样式，其 CSS 代码如下，在浏览器中的浏览效果如图 15-21 所示。

图 15-21　底部版权部分

```
#templatemo_footer{
    float: left;  /* 设置浮动左对齐 */
```

```
    width: 100%;    /* 设置宽度 */
    padding-top: 16px;    /* 设置顶部内边距 */
    height: 31px;    /* 设置高度 */
    color: #fff;    /* 设置文字颜色 */
    text-align: center;    /* 设置居中对齐 */
    background: url(images/templatemo_footer_bg.jpg) repeat-x; /* 设置背景图片 */
}
#templatemo_footer a {
    color: #fff;    /* 设置文字颜色 */
    font-weight: bold;    /* 设置加粗 */
}
```

15.13　网站的上传

网站制作好以后，接下来最重要的工作就是上传网站。只有将网页上传到远程服务器上，才能让浏览者浏览。设计者可以利用 Dreamweaver 软件自带的上传功能，也可以利用专门的 FTP 软件上传网站。

LeapFtp 是一款功能强大的 FTP 软件，具有友好的用户界面、稳定的传输速度、连接更加方便等优点。它支持断点续传功能，可以下载或上传整个目录，也可直接删除整个目录。

（1）下载并安装最新 LeapFtp 软件，运行 LeapFtp，执行【站点】|【站点管理器】命令，如图 15-22 所示。

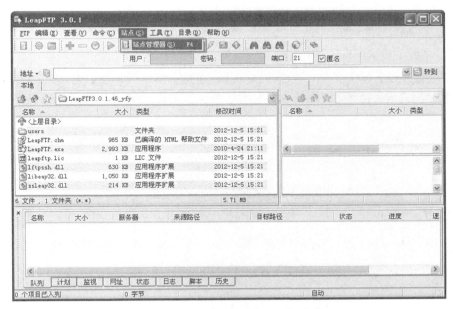

图 15-22　选择【站点管理器】命令

（2）弹出【站点管理器】对话框，在对话框中执行【站点】|【新建】|【站点】命令，如图 15-23 所示。

（3）在弹出的窗口中输入你喜欢的站点名称，如图 15-24 所示。

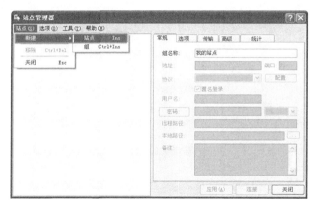

图 15-23 选择【新建】|【站点】命令

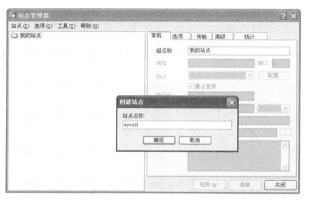

图 15-24 输入站点名称

（4）单击【确定】按钮后，出现如图 15-25 所示的界面。在【地址】文本框中输入站点地址，将【匿名】前的选钩去掉，在【用户名】文本框中输入 FTP 用户名，在【密码】文本框中输入 FTP 密码。

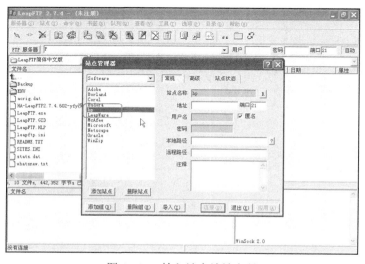

图 15-25 输入站点地址密码

（5）单击【连接】按钮，直接进入连接状态，左框为本地目录，可以通过下拉菜单选择要上传文件的目录，选择要上传的文件后，单击鼠标右键在弹出的菜单中选择【上传】命令，如图 15-26 所示。

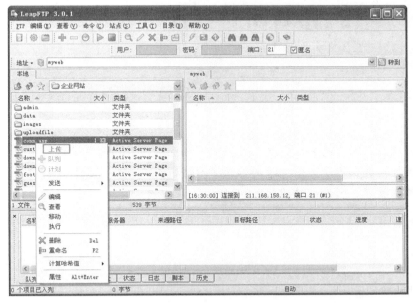

图 15-26　选择【上传】命令

（6）这时在队列栏里会显示正在上传及未上传的文件，当文件上传完成后，在右侧的远程目录栏里就可以看到已上传的文件了，如图 15-27 所示。

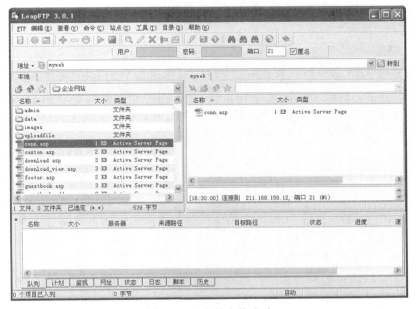

图 15-27　文件上传成功

第16章

移动网站设计

目前，移动互联网飞速发展，越来越多的网站和应用开始向移动设备上迁移。移动网站设计越来越流行，现在几乎每个主流网站或者网络服务提供商都会有手机应用版。因此从业人员迫切需要学习移动网页设计的相关知识。

学习目标

☐ 移动网站设计概述
☐ 移动网页具体制作
☐ 网站的推广

16.1 移动网站设计概述

当前，通过移动设备访问网站是一种很常见的行为。2014 年通过手机上网的用户有望达到 14 亿。

16.1.1 什么是移动网站设计

最新数据显示，2014 年第二季度中国手机市场销量为 11212 万台，环比增长 1.46%，同比增长 24.4%。其中，智能手机销量为 10298 万台，占整体手机市场的 91.9%。而在 2012 年第二季度，智能手机市场占比仅为 57.4%，与功能手机各分得半壁江山，它一统江山仅仅用了两年时间。

随着移动通信技术的高速发展和通信终端的智能化，手机上网的便捷性优势逐渐得以显现，手机将最终成为人们接触网络的最重要渠道之一。此外，许多企业也已经意识到移动平台良好的前景。甚至，手机在购物上的应用也不再局限于现在普遍的网站形式。在接下来的几年内，移动 Web 将成为主流，它将对各个企业产生重大的影响。根据统计数据分析，智能手机已经成为手机销售的主流。预计在 2014 年，移动互联网的使用量将超过传统网站端流量。

如果你看一看目前互联网的格局，就不难发现，很多公司在打造自己的网站时都纷纷采用了移动优先的策略。

任何事物都有好有坏，移动网站也不例外，移动网站有哪些优缺点呢？

1．优点

移动网站的优点就在于移动性。任何人都可以通过手机来上网，其状态可以是在坐公交车、火车或者在商场里，用户可以随时查找网站的相关信息。

2．劣势

移动网站的劣势主要体现在两个方面：屏幕小，装载时间长。基于这两点，需要思考如何在一个小空间设计一个能吸引人注意力的网页，同时还能提供用户需要的信息。

16.1.2 移动网站设计的原则

智能的快速发展给用户带来了很大的便利。用户使用 Android、iPhone 和其他移动设备能够很容易接入互联网。由于人数在不断增长，所以网站设计师和开发者要及时了解移动网站设计的原则。

1．初始分析

分析用户的关注点非常重要。首先，分析网站中哪些页面是主要的，那些页面的访问量最大，这将有助于设计移动网站中的网页分布。其次，一定要查找用户正在使用的关键字，因为用户往往通过它们到达你的网站。这些分析结果将对移动开发起到重要的作用。

2．让简单性贯穿始终

无论你使用什么设备，相对计算机桌面平台来说，所有的移动硬件都不是按照某些标准来制造的。简单性是至关重要的，它可以决定你是留住了你的移动访问者，还是完全失去了这个市场。

巨大的图片、视频和过宽的页面内容会让访问者望而却步。他们希望可以在干扰较少的情况下，尽快地找到他们需要的信息。通常，对于一个优秀的移动界面的布局来说，一个单一的列就已经足够了。标志和重要导航链接应该放在页面的最顶部，因为这是最经常访问的区域，如图 16-1 所示。

3．用户特征

和计算机用户比起来，移动用户必然会有不同的需求。因此在开发和设计移动网站时，必须置身处地的为用户着想。要多分析访问你的移动 Web 应用的用户是由什么样的人群组成。

4．不过度依赖 JavaScript

不同的移动设备都有不同的浏览器，如果设计移动网站应用是面向绝大部分的移动设备的浏览器的话，由于移动设备的浏览器不能很好的支持 JavaScript，所以不能过度依赖 JavaScript 开发移动网站。因为目前来说，尽管 HTML5 已经

图 16-1　标志和重要导航链接
应该放在页面的最顶部

开始使用，但还存在不少移动浏览器对 JavaScript 的支持不是太好，如果在未来几年内，Android 和 Blackberry 等系统有完美支持 JavaScript 的可能性，那么这个问题就能得到解决。

5．避免弹出下拉菜单

当设计移动网站时，一定要尽量避免使用下拉菜单。虽然在桌面计算机应用中，下拉菜单是十分常见和好用的，但在移动应用中，则需要用户不断地移动，而且容易出错。因此，如果能避免使用下拉菜单，还是应该避免过多的下拉菜单存在，特别是当下拉菜单内容列表过多时，会使加载耗费不少时间，影响性能和用户体验。

6．压缩 JavaScript 和 CSS 代码，优化下载速度

正如前面提到的，不要依赖 JavaScript。如果必须使用 JavaScript，那么建议将 JavaScript 和 CSS 代码进行压缩。

7．水平和垂直布局

很多移动网站既支持水平布局又支持垂直布局。这两种布局在 IPhone 和 Android 平台上运用的很好，但不是对所有的智能手机都适用，如图 16-2 和图 16-3 所示。

图 16-2　垂直布局

图 16-3　水平布局

8．了解移动设备功能

开发移动网站的一个很好的方法是了解移动设备最流行的功能。然后，可以将这些功能融合到你开发的网站中，这将会是网站的一个亮点。

9．提供常规网站链接

移动网站所包含的信息是非常有限的，如果想容纳更多的信息，可以在移动网站主页上提供一些常规网站的链接，如图 16-4 所示。

10．网站的速度

在设计移动网站时，最重要考虑的其中一条就是速度，网站速度必须足够快。如果想做到这一点，就要尽量避免使用 JavaScript 和 Flash。

16.1.3　怎样开始移动网页设计

对于很多人来说，移动端网站设计是一个崭新的机会。但是，如果你过去是计算机桌面端的网站设计师，如何将经验转换到移动网站端呢？

首先，要决定是单独做手机版网站还是做传统的计算机端网站，也可以两个都做。然后，决定内容的布局以及什么内容。另外，由于通过手机浏览网页用户通常没有很长的等待时间，所以要确保下载时间短。

图 16-4　常规网站链接

1．屏幕尺寸

一定要记住不是在计算机桌面上做设计，页面是要在更小的手机屏幕上显示，另外智能手机的用户可以纵横向翻转屏幕，所以可以使用百分比来看网站是否适用于不同尺寸的手机屏幕。

2．网站测试

移动网站的测试主要是测试其在智能手机和非智能手机上网站的外观、导航以及加载是什么情况，有时甚至在不同的手机浏览器中，其效果都会有所不同。尽可能在更多的手机设备上进行测试，这样才能保证更多的用户有着很好的体验。

3．组织架构

当你开始组织移动端页面的内容和操作时，一些可靠的信息架构准则：比如清晰的标签、平衡的宽度和深度，这些仍旧十分重要。

4．内容优于导航

这是一条常规理论，在移动端内容优先于导航，如图 16-5 所示，用户都想快速响应需求而不是只看你的网站架构脉络。

太多的移动网页体验开始时的对话都是一大堆的导航列表，而不是内容信息。移动端用户时间很宝贵，下载也需要流量的金钱消耗，所以让他们马上获得想要的信息才是关键。

图 16-5　内容优于导航

16.2　移动网站设计的注意事项

下面是移动网站设计的几点注意事项。

1．布局

清晰的布局结构是网站的基本要求，功能布局层次鲜明，使得新用户能够在短时间内找到需要的信息。

由于网页本身和外在的因素影响，用手机浏览网页可能会是一件比较耗时的事情。所以记住，让网站设计得方便用户。比如，把所有想让手机用户看到的最重要的信息放到页面顶部，最大限度的避免在界面的左右两侧放置导航，因为为了方便浏览，我们更多需要把页面内容设计成单一的分栏形式。也应该减少表格的使用，如果一定要加入表格，也不应超过两列，同时避免行与列的融合。图 16-6 所示的是移动网站合理的布局。

2．内容

保持图标的简约以及文字的可读尺寸，切忌因为过于追求特效与视觉美感，而忽略最基本的可读性，并且要让用户快速地识别并轻松地找到想要的信息。要确定好最终要在移动界面上展示的内容，合理地规划菜单和文本，避免由此造成的不合理缩放变化。至于所呈现文本的版式，可以考虑用标题来控制字体大小。图 16-7 所示的是易读的文字内容。

图 16-6　移动网站合理的布局

图 16-7　易读的文字内容

3．编码

在制作移动网站中对于编码应该没有什么特殊的需求，使用 XML 或者 XHTML 编码就很方便，也可以用 HTML 和 CSS 编码。标题标签、描述 meta 标签、头部标签和文件名应该用目标关键词精心地制作，以使优化内容可用性的最大化。

4．图片

正常情况下，大多数手机载入的图片对它们来说都非常繁重，所以在相关地方使用的图片要尽可能的小。事实上，在移动网站上使用大量图片是无益的，所以不建议大量使用图片。原因如下。

- ⬤ 移动用户使用的网络连接通常比较缓慢，它们很难下载大量的图片，如果图片很大，也需要很长的时间来加载。所以，应尽量避免使用图片。
- ⬤ 每个图片都需要一个新的 HTTP 链接，这个链接会使网页的加载速度更慢。
- ⬤ 在开发过程中，由于设备的分辨率不同，图片的尺寸大小就会不同，所以添加大量图片会增加额外的工作量。

如果真的需要在网站上使用图像，一定要使用 JPEG、GIF 格式的，因为这些格式的图片很小。另外确保你的图片被压缩过，以免图片在页面中变得很大。

5．页面大小

为一个移动网站指定风格时，保持所有的东西简洁，尽量追求小页面是非常有必要的。如果可能的话，页面的大小尽量小于20KB。要知道，用户在移动网络上的数据费用是以 KB 为单位收取的。

6．网页链接

一个好的移动网站设计要有清晰的按钮和链接，如图 16-8 所示。因为一部分手机并没有返回的硬按键，因此要尝试提供这样一个摆脱当前死角页面的功能按钮。另外，要确认所有的页面都能连接到其他的页面。设计师需要为用户提供方便的按钮和列表，以让用户可以根据自己的需要来快速选择。在移动设备中，所有的一切都会很小，链接也不例外，同时你又要确保它可以被用户容易、准确地点击，可以在链接上用大一些的字体，当链接被选中时，除了为之加上下画线和改变颜色外，最好也同时改变它的背景颜色，这样可以方便移动设备用户确认他们点击的链接内容。也可以使用大的按钮，如图 16-9 所示的【加入购物车】按钮。

图 16-8　清晰的按钮和链接

图 16-9　【加入购物车】按钮

16.3　制作网站页面

制作手机网页最好先准备三样东西：网页设计图、Dreamweaver 软件和 Opera 浏览器。网页设计图就是网页未来的模样，必不可少；用 Xhtml MP 语言进行手机网页制作和普通网页制作方法一样，使用 Dreamweaver 即可；而 Opera 则对手机网页有很好的支持，可以明确指出网页中的错误。有了这三样，就可以开始网站页面的制作了。

16.3.1　网页 HTML 整体结构

在理解具体设计制作网站页面之前，先看一下网站的内容结构。图 16-10 所示的是搭建的 HTML 的整体结构。页面 Div 分成了 header、about、anli、shejishi、contact 和 footer 几部分，分别用来显示顶部图片、公司介绍、工程案例、设计师、联系我们等。

图 16-10　HTML 结构

其页面中的 HTML 框架代码如下所示。

```
<!doctype html public "-//wapforum//dtd xhtml mobile 1.0//en"
"http://www.wapforum.org/DTD/xhtml-mobile10.dtd">
<html>
<head>
<title>瑞新装饰有限公司</title>
<meta http-equiv="Content-Type" content="text/html; charset=utf-8" />
</head>
<body>
  <Div class="bg">
    <Div class="header">
      <Div class="logo">
          <a href="index.html"><img src="./images/logo.png" alt=""/></a>
      </Div>
      <Div class="drp-dwn">
      <select
onchange="window.location=this.options[this.selectedIndex].value">
          <option value="#home">首页</option>
          <option value="#about">关于我们</option>
          <option value="#gal">工程案例</option>
          <option value="#test">设计师</option>
          <option value="#contact">联系我们</option>
        </select>
      </Div>
      <Div class="clear"></Div>
    </Div>
  </Div>
      <Div id="about" class="about">
          <Div class="col-md-5 about-left">
            <p>瑞新装饰<span>-您满意的选择</span></p>
            </Div>
            <Div class="col-md-7 about-right">
            <h3>瑞新装饰一站式体验馆是一家专业从事住宅，别墅，商业空间，写字楼的设
计与施工的装饰公司。拥有专业的设计师和敬业守职的管理人员以及一支技术 精湛 工种齐全的专业南方施工队
伍。 以出精品创品牌为目标努力使每一个工程都成为样板房… <br />
    在装修装饰行业取得了不错的业绩和良好的社会口碑。公司以个性化的设计理念,优质的服务,精湛的施工
工艺，赢得了广大业主的认可和赞誉。 "信誉第一、质量第一、服务第一"是我们永远遵循的宗旨。尊重传统、
推崇时尚、锐意创新、志在超前是我们经久不变的理念。</h3>
            </Div>
            <Div class="clearfix"> </Div>
          </Div>
        <Div id="gal" class="anli">
            <Div class="head">
            <h3>工程案例</h3>
            </Div>
            <Div class="anli-grids">
```

```
            <Div class="anli-grids-row1">
            <Div class="col-md-4 anli-grid1">
            <img src="./images/g1.jpg" width="185" height="140" class="port-
pic" />

            </Div>
            <Div class="clearfix"> </Div>
            <p class="place">碧桂园 / 三室一厅，8 万全包</p>
            </Div>
            <Div class="anli-grids-row1">
            <Div class="col-md-6 anli-grid1">
            <img src="./images/g3.jpg" width="185" height="140" class="port-
pic" />

                    </Div>
              <Div class="clearfix"> </Div>
                <p class="place">城市人家 /复式 180 平，15 万</p>
            </Div>
            <Div class="anli-grids-row1">
                <Div class="col-md-4 anli-grid1">
                    <img class="port-pic" src="./images/g2.jpg" />
                </Div>
              <Div class="clearfix"> </Div>
                <p class="place">银杏山庄 / 大堂，50 万</p>
            </Div>
            </Div>
            <a class="view-anli-btn" href="#">返回首页</a>
        </Div>
        <Div id="test" class="shejishi">
                <Div class="head c-head">
                    <h3>设计师<span> </span></h3>
                </Div>
                <Div class="shejishi-grids text-center">
                    <Div class="col-md-4 shejishi-grid">
            <a href="#"><img class="t-pic" src="./images/t1.jpg" title=
"name" /></a>
                    <h5><a href="#">王海霞</a></h5>
                    <p>设计理念：干练、大气，少即是多，做温馨的家。</p>
                    </Div>
            <Div class="col-md-4 shejishi-grid">
            <a href="#"><img class="t-pic" src="./images/t2.jpg" title=
"name" /></a>
            <h5><a href="#">徐秀军</a></h5>
            <p>设计理念：空间,结构,工艺,材料,线条,色彩……一切的一切都可以在创意的设
计中演绎着她的生命力! </p>
                    </Div>
                <Div class="col-md-4 shejishi-grid">
            <a        href="#"><img        class="t-pic        src="./images/t3.jpg"
```

```
title="name" /></a>
                      <h5><a href="#">王力</a></h5>
                 <p>设计理念：擅长户型分析和房屋功能结构的剖析，倡导绝对空间最大化。在别墅和大
户型设计上把握自如、独具匠心。</p>
                      </Div>
                      <Div class="clearfix"> </Div>
                 </Div>
          </Div>
          <Div id="contact" class="contact">
                 <Div class="head">
                         <h3>联系我们<span> </span></h3>
                 </Div>
                 <Div class="contact-grids">
                      <Div class="col-md-6 contact-left">
                           <a href="#">Hello@mxxx.com</a><br />
                           <p>8 800 678 78 78</p>
                           <p>8 800 678 78 78</p><br />
                      </Div>
                      <Div class="col-md-6 contact-right">
                 <form>
   <input type="text" value="姓名" onfocus="this.value = '';" onblur="if (this.value
== '')
   {this.value = 'Name';}">
   <input type="text" value="Email" onfocus="this.value = '';" onblur="if (this.value
== '')
   {this.value = 'Email';}">
   <textarea onfocus="if(this.value == 'Message ') this.value='';" onblur="if(this.
value == '')
   this.value='Message *;">详细内容</textarea>
          <input type="submit" value="联系我们" />
   </form>
          </Div>
                      <Div class="clearfix"> </Div>
                      </Div>
          </Div>
          <Div class="footer text-center">
               <a href="#"> <img src="./images/logo.png" title="miami" /></a>
          </Div>
</body>
```

16.3.2　新建手机网页

新建手机网页的方法和新建普通网页只有一个地方不同，就是在打开 Dreamweaver 后，在新建网页弹出窗口的【文档类型】处选择"Xhtml Mobile 1.0"，然后单击确定，如图 16-11 所示，它定义了网页的解析标准。

新建网页后，页面中出现了代码，如图 16-12 所示，网页源代码如下。

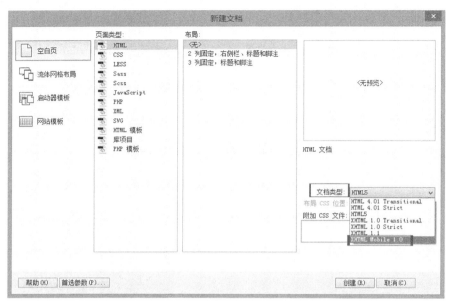

图 16-11 选择文档类型 "Xhtml Mobile 1.0"

图 16-12 网页源代码

```
<!doctype html public "-//wapforum//dtd xhtml mobile 1.0//en"
"http://www.wapforum.org/dtd/xhtml-mobile10.dtd">
<html xmlns="http://www.w3.org/1999/xhtml">
<head>
<meta http-equiv="content-type" content="text/html; charset=utf-8" />
<title>无标题文档</title>
</head>
<body>
</body>
</html>
```

手机网页是以 wml 为文件结尾的, 可以先将手机网页保存成 html 格式文件, 待制作完成后再另存为 wml 文件。

16.3.3 新建 CSS 样式表

建立了 HTML 文件后，还要新建 CSS 样式表文件。启动 Dreamweaver，在新建网页弹出窗口的【页面类型】处选择 "CSS"，如图 16-13 所示。

图 16-13 新建 CSS

单击【创建】按钮，即可创建 CSS 文件。在文件中首先要对整个页面的共有属性进行一些设置，例如对字体、字号、背景颜色等属性进行设置，如图 16-14 所示，其代码如下。

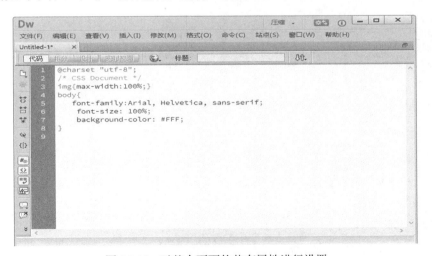

图 16-14 对整个页面的共有属性进行设置

```
img{max-width:100%;}  /* 设置图片 100% 显示宽度 */
body{
```

```
    font-family:Arial, Helvetica, sans-serif;  /* 设置字体 */
    font-size: 100%;                           /* 设置字号 */
    background-color: #FFF;                    /* 设置背景颜色*/
}
```

16.3.4　制作 header 部分

下面制作页面 header 部分。这里的 header 部分比较简单，主要是背景图片和下拉菜单导航，如图 16-15 所示。

图 16-15　页面 header 部分

首先，在页面中插入一个包含整个页面的名称为 bg 的 Div，在这个 Div 内再插入 logo 和网站导航列表选项，header 部分的 HTML 页面代码如下。

```
<Div class="bg">
    <Div class="header">
      <Div class="logo">
            <a href="index.html"><img src="./images/logo.png" alt=""/></a>
      </Div>
      <Div class="drp-dwn">
       <select
onchange="window.location=this.options[this.selectedIndex].value">
          <option value="#home">首页</option>
          <option value="#about">关于我们</option>
          <option value="#gal">工程案例</option>
          <option value="#test">设计师</option>
          <option value="#contact">联系我们</option>
       </select>
      </Div>
      <Div class="clear"></Div>
    </Div>
</Div>
```

下面定义 header 部分的样式，主要是定义 header 部分的背景图片和 logo 的浮动方式，其 CSS 代码如下。

```
.header{
    padding:10px;  /* 设置 header 部分内边距 */
}
.bg{
    background: url(../images/bg.jpg) no-repeat 0px 0px; /* 设置 header 部分背景 */
    min-height:120px;
```

```
    background-size: 100% 100%;  /* 设置背景图片的宽和高 */
}
.logo{
    float:left;            /* 设置logo左浮动 */
    margin-top: 2px;
}
```

下面定义下拉菜单导航的样式，设置下拉菜单为右浮动，其 CSS 代码如下。

```
.drp-dwn{
float:right;           /* 设置导航菜单右浮动 */
}
.drp-dwn select {
    padding: 4px;    /* 设置内边距 */
    outline: none;
    display: block!important;
    width: 80%;       /* 设置宽度 */
    border: none;
    background: #FFF   /* 设置背景颜色 */
    color: #000;          /* 设置颜色 */
    cursor: pointer;      /* 设置鼠标样式 */
    font-size: 0.8125em;  /* 设置字号 */
    float: right;         /* 设置右浮动 */
    margin-top:10px;    * 设置上部外边距 */
}
```

16.3.5 制作 about 部分

下面制作页面 about 部分，这部分主要是公司介绍的文字信息，如图 16-16 所示。

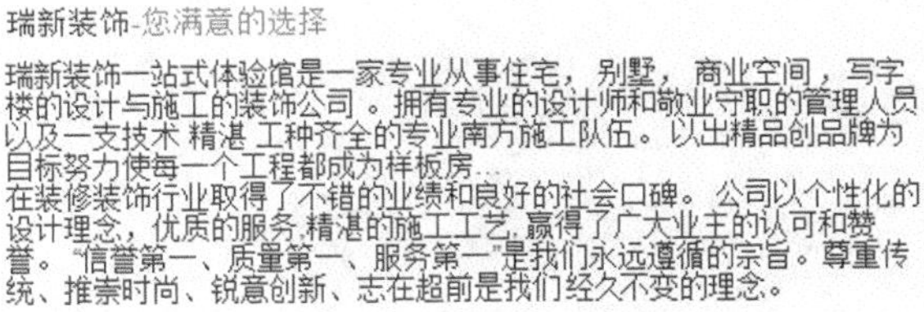

图 16-16 about 部分

```
<Div id="about" class="about">
    <Div class="col-md-5 about-left">
    <p>瑞新装饰<span>-您满意的选择</span></p>
    </Div>
    <Div class="col-md-7 about-right">
    <h3>瑞新装饰一站式体验馆是一家专业从事住宅，别墅，商业空间，写字楼的设计与施工的装饰公司。拥有专业的设计师和敬业守职的管理人员以及一支技术精湛工种齐全的专业南方施工队伍。以出精品创品牌为目标努力使每一个工程都成为样板房… <br />
    在装修装饰行业取得了不错的业绩和良好的社会口碑。公司以个性化的设计理念，优质的服务,精湛的施工工艺,赢得了广大业主的认可和赞誉。"信誉第一、质量第一、服务第一"是我们永远遵循的宗旨。尊重传统、推崇时尚、锐意创新、志在超前是我们经久不变的理念。</h3>
```

```
</Div>
</Div>
```

下面定义 about 部分的样式。about 的样式分成两部分，一部分是标题的样式，一部分是正文内容的样式，其 CSS 代码如下。

```
.about{
    padding:20px 10px;  /* 设置 about 的内边距 */
}
.about-left p{   /* 设置标题的样式 */
    font-size: 0.95em;
    text-transform: uppercase;
    color: #000;
    margin-bottom: 10px;
    font-weight: 400;
}
.about-left p span{
    color:#00AAEF;
}
.about-right h3, .about-right span {      /* 设置正文的样式 */
    font-weight: 500;
    color: #000;
    font-size:0.85em;
    margin-bottom: 5px;
}
.about-right span{
    margin-top:1em;
    display:block;
}
.about-right p,.about-right li{
    color: #222222;
    font-size: 0.8125em;
    font-weight: 500;
    line-height: 1.5em;
}
```

16.3.6　制作工程案例部分

下面制作页面工程案例部分，主要是工程案例的图片和简单文字介绍，如图 16-17 所示。其 HTML 结构代码如下。

```
<Div id="gal" class="anli">
    <Div class="head">
    <h3>工程案例 <span> </span></h3>
    </Div>
    <Div class="anli-grids">
        <Div class="anli-grids-row1">
        <Div class="col-md-4 anli-grid1">
        <img src="./images/g1.jpg" width="185" height="140" class="port-pic" />
```

```
            </Div>
            <Div class="clearfix"> </Div>
            <p class="place">碧桂园 / 三室一厅，8 万全包</p>
            </Div>
            <Div class="anli-grids-row1">
            <Div class="col-md-6 anli-grid1">
            <img src="./images/g3.jpg" width="185" height="140"
class="port-pic" />
            </Div>
                <Div class="clearfix"> </Div>
                    <pclass="place">城市人家 /复式 180 平,15 万</p>
                    </Div>
                <Div class="anli-grids-row1">
                <Div class="col-md-4 anli-grid1">
                        <img class="port-pic" src="./images/g2.
jpg" />
                            </Div>
                        <Div class="clearfix"> </Div>
                            <p class="place">银杏山庄 / 大堂，50
万</p>
                        </Div>
                    </Div>
                    <a class="view-anli-btn" href="#">返回首页
</a>
            </Div>
```

图 16-17　工程案例部分

下面定义工程案例部分的图片和文字样式，其 CSS 代码如下。

```
.anli{background:#eeeeee;  /* 设置背景颜色 */
padding:20px 10px;  /* 设置内边距 */}
.head h3{    color: #000;    /* 设置 h3 内的字体颜色 */
font-size: 1.1em;  /* 设置字号 */
font-weight: 400;  /* 设置自字加粗 */
width:33.3%;   /* 设置宽度 */
margin: 0 auto;   /* 设置外边距 */}
.head span{width:100px;
height:7px;
display: block;
background: url(../images/head-border.png) no-repeat 0px 0px;
margin-top: 0.15em;
background-size:80%;}
.anli-grids{padding: 15px 0 0 0;  /* 设置内边距 */
text-align: center;     /* 设置文本居住对齐 */}
```

接着定义【返回首页】按钮的样式，其 CSS 代码如下。

```
.view-anli-btn{
background: #00aaef;  /* 设置背景颜色 */
    color: #FFF;             /* 设置颜色 */
    text-transform: uppercase;  /* 定义文本的大小写状态 */
```

```
    padding: 0.8125em 0em;   /* 定义内边距 */
    width:40%;               /* 定义宽度 */
    display: block;          /* 定义该元素显示为一个块级元素*/
    margin: 0 auto;    /* 定义外边距*/
    text-align: center;      /* 定义文本居中对齐 */
    margin-top: 10px;  /* 定义上外边距 */
    font-size: 0.75em;       /* 定义字号 */
    -webkit-appearance: none;}
.view-anli-btn:hover{
background:#000;         /* 定义背景颜色 */
    color:#fff;             /* 定义颜色 */
    text-decoration:none;}   /* 定义无下画线 */
```

16.3.7　制作设计师部分

下面制作页面设计师部分，主要是设计师的图像和简单文字介绍，如图 16-18 所示。其 HTML 结构代码如下。

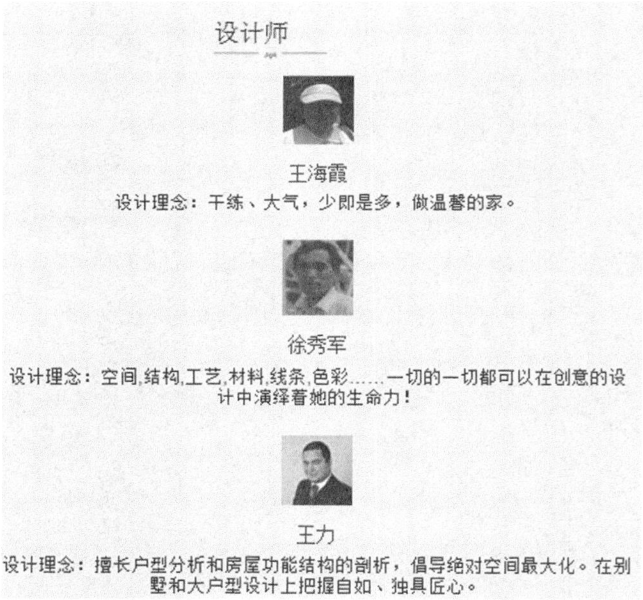

图 16-18　设计师部分

```
<Div id="test" class="shejishi">
    <Div class="head c-head">
    <h3>设计师<span> </span></h3>
    </Div>
        <Div class="shejishi-grids text-center">
        <Div class="col-md-4 shejishi-grid">
        <a href="#"><img class="t-pic" src="./images/t1.jpg" title="name" /></a>
            <h5><a href="#">王海霞</a></h5>
            <p>设计理念：干练、大气，少即是多，做温馨的家。</p>
```

```
        </Div>
        <Div class="col-md-4 shejishi-grid">
        <a href="#"><img class="t-pic" src="./images/t2.jpg" title="name" /></a>
        <h5><a href="#">徐秀军</a></h5>
        <p>设计理念：空间，结构，工艺,材料，线条，色彩……一切的一切都可以在创意的设计中演
绎着她的生命力！</p>
        </Div>
        <Div class="col-md-4 shejishi-grid">
        <a href="#"><img class="t-pic" src="./images/t3.jpg" title="name" /></a>
        <h5><a href="#">王力</a></h5>
        <p>设计理念：擅长户型分析和房屋功能结构的剖析，倡导绝对空间最大化。在别墅和大户型设
计上把握自如、独具匠心。</p>
        </Div>
        <Div class="clearfix"> </Div>
        </Div>
        </Div>
```

下面定义设计师部分的样式，其 CSS 代码如下所示。

```css
.shejishi{
    background:#eeeeee;  /* 定义背景颜色 */
    padding:20px 10px;  /* 定义内边距 */
}
.shejishi-grid{
    margin-bottom: 20px;   /* 定义下外边距 */
}
.shejishi-grid h5{
    margin:0.5em 0 0 0;       /* 定义外边距 */
}
.shejishi-grid h5 a{
    color: #222;         /* 定义颜色 */
    font-size: 0.85em;    /* 定义字号 */
}
.shejishi-grid h5 a:hover{
    text-decoration:none;  /* 定义文本下划线 */
    color:#00AAEF;    /* 定义文本颜色 */
}
.shejishi-grid span{
    color:#696973;    /* 定义文本颜色 */
    font-style:italic;   /* 定义文本字体 */
    font-size: 0.8125em;  /* 定义文本字号 */
}
.shejishi-grid p{
    color: #000;        /* 定义文本颜色 */
    font-size:0.8125em;    /* 定义文本字号 */
    margin: 0.5em auto;      /* 定义外边距*/
}
.shejishi-grids{
```

```
    padding-top:10px;    /* 定义上内边距 */
    text-align: center;    /* 定义文本居中对齐 */
}
```

16.3.8　制作联系我们部分

下面制作页面联系我们部分，主要是联系电话的文字信息和提交表单，如图 16-19 所示，其 HTML 结构代码如下。

图 16-19　联系我们部分

```
<Div id="contact" class="contact">
    <Div class="head">
    <h3>联系我们<span> </span></h3>
</Div>
<Div class="contact-grids">
<Div class="col-md-6 contact-left">
<a href="#">Hello@mxxx.com</a><br />
<p>8 800 678 78 78</p>
<p>8 800 678 78 78</p><br />
</Div>
<Div class="col-md-6 contact-right">
<form>
<input type="text" value="姓名" onfocus="this.value = '';" onblur="if (this.
value == '')
   {this.value = 'Name';}">
    <input type="text" value="Email" onfocus="this.value = '';" onblur="if (this.
value == '')
   {this.value = 'Email';}">
    <textarea onfocus="if(this.value == 'Message ') this.value='';" onblur="if
(this.value == '')
   this.value='Message *';">详细内容</textarea>
        <input type="submit" value="联系我们" />
```

```
        </form>
        </Div>
    <Div class="clearfix"> </Div>
</Div>
  </Div>
```

下面定义联系我们部分的样式，其 CSS 代码如下。

```
.contact{    padding:20px 10px;}  /* 定义内边距 */
.contact-left a,.contact-left p,.contact-left p label{
    color:#000;            /* 定义颜色 */
    font-size:0.8125em;      /* 定义字号 */
    display: block;}
.contact-left a:hover{
    color:#00AAEF;        /* 定义颜色 */
    text-decoration:none; }  /* 定义文本不显示下划线 */
.contact-left p label{
    display: block;
    font-weight: normal;    /* 定义文本加粗 */
    font-size: 1em; }       /* 定义字号 */
.contact-right input[type="text"],.contact-right textarea{
    background:#EEEEEE;     /* 定义背景颜色 */
    color:#696969;          /* 定义颜色 */
    width:89%;      /* 定义宽度 */
    padding:0.5em;   /* 定义内边距 */
    margin:5px 0;     /* 定义外边距 */
    border:1px solid #eeeeee;   /* 定义边框样式和颜色 */
    font-weight:600;            /* 定义边字体加粗 */
    text-transform:uppercase;   /*定义文本的大小写状态 */
    outline:none;            /* 定义轮廓不会出现 */
    -webkit-appearance: none;
    font-size:12px;    /* 定义字号 */
    font-family:Arial, Helvetica, sans-serif;}  /* 定义字体 */
.contact-right input[type="submit"]{
    background: #00AAEF;   /* 定义背景颜色 */
    color: #FFF;            /* 定义颜色 */
    border: 1px solid #00AAEF;   /* 定义边框样式和颜色 */
    text-transform: uppercase;   /*定义文本的大小写状态 */
    width:97%;             /* 定义宽度 */
    padding:0.5em;          /* 定义内边距 */
    margin: 10px 0;          /* 定义外边距 */
    font-size:12px;          /* 定义字号 */
    -webkit-appearance: none;
    cursor: pointer;}         /* 定义鼠标样式 */
.contact-right input[type="submit"]:hover{
    background:#000000;        /* 定义背景颜色 */
    border: 1px solid #000;}    /* 定义边框样式和颜色 */
.contact-right textarea{
```

```
    min-height:70px;              /* 定义高度 */
    resize:none;}                 /* 定义元素不允许调整大小 */
.contact-grids{ padding-top:10px;}  /* 定义上内边距 */
```

16.3.9　制作底部部分

下面制作页面底部部分，主要是一背景图片，如图 16-20 所示，其 HTML 结构代码如下。

图 16-20　底部部分

```
    <Div class="footer text-center">
    </Div>
```

下面定义底部的样式，底部主要是背景图片，其 CSS 代码如下。

```
.footer{
    background: url(../images/footer-bg.jpg) no-repeat 0px 0px;  /* 定义背景图片 */
    min-height:125px;       /* 定义背景图片高度 */
    background-size: cover;}
.footer a img{   /* 定义背景图片上外边距 */
    margin-top:5%;}
```

16.4　维护网站

一个好的网站，仅仅经过一次制作是不可能完美的，由于市场环境在不断地变化，网站的内容也需要随之调整，给人常新的感觉，网站才会更加吸引访问者，而且给访问者留下很好的印象。这就要求对站点进行长期不间断地维护和更新。

网站维护一般包含以下内容。

（1）内容的更新：包括产品信息的更新，企业新闻动态更新和其他动态内容的更新。采用动态数据库可以随时更新发布新内容，而不必做网页和上传服务器等麻烦工作。静态页面不便于维护，必须手动重复制作网页文档，制作完成后还需要上传到远程服务器。一般对于数量比较多的静态页面建议采用模板制作。

（2）网站风格的更新：包括版面、配色等各种方面。改版后的网站可以给客户焕然一新的感觉。一般改版的周期要长些。如果更新的频率高、客户对网站也满意的话，改版可以延长到几个月甚至半年。一般一个网站建设完成以后，它代表了公司的形象和风格。随着时间的推移，很多客户对这种形象已经形成了定势。如果经常改版，会让客户感觉不适应，特别是那种风格彻底改变的"改版"。当然如果你对公司网站有更好的设计方案，可以考虑改版，毕竟长期沿用一种版面会让人感觉陈旧、厌烦。

（3）网站重要页面设计制作：如重大事件页面、突发事件及相关周年庆祝等活动页面的设计制作。

（4）网站系统维护服务：如 E-mail 账号维护服务、域名维护续费服务、网站空间维护、与 IDC 进行联系、DNS 设置、域名解析服务等。

16.5　网站的推广

网站推广的目的在于让尽可能多的潜在用户了解并访问网站，通过网站获得有关产品和服务等信息，为最终形成购买决策提供支持。常用的网站推广方法包括登录搜索引擎、交换广告条、meta 标签的使用、直接跟客户宣传、传统方式、借助网络广告、登录网址导航站点和 BBS 宣传等。

16.5.1　登录搜索引擎

注册到搜索引擎，这是极为方便的一种宣传网站的方法。目前比较有名的搜索引擎主要有搜狐（http://www.sohu.com）、新浪（http://www.sina.com.cn）、雅虎（http://www.yahoo.com）、百度（http://www.baidu.com）、3721（http://www.3721.com）等。如图 16-21 所示为搜索引擎。

注册时应尽量详尽地填写网站中的一些主要信息，特别是一些关键词，应尽量写得通俗化、大众化一些。如"公司资料"最好写成"公司简介"。注册分类的时候尽量分得细一些。有些网站只在"公司"这一大类里注册了，那么，浏览者只有查找"公司"时能搜索到该网站，如果一个客户本来要查找的是公司所生产的产品，如果只注册了"公司"大类，客户怎么知道公司生产的是什么产品呢。

图 16-21　搜索引擎

16.5.2 交换广告条

友情链接可以给网站带来稳定的客流，这也是一种常规的推广方式，另外它还有利于网站在搜索引擎中的排名。这些链接可以是文字形式，可以是 88×31Logo 形式的，可以是 468×60Banner 形式的，还可以是图文并茂或各种不规则形式的。如图 16-22 所示的友情链接网页中既有文字形式的链接，也有图片形式的链接。

图 16-22 友情链接推广

16.5.3 登录网址导航站点

对于一个访问流量不大、知名度不高的网站来说，导航网站能带来的流量远远超过搜索引擎以及其他方法。这里列出两个流量比较大的导航网站，265 网站 http://www.265.com 和网址之家 http://www.hao123.com。如图 16-23 所示为导航网站 265。

图 16-23 导航网站 265

16.5.4　通过 BBS 宣传

在论坛上经常看到很多用户在签名处都留下了他们的网址，这也是网站推广的一种方法。将有关的网站推广信息发布在其他潜在用户可能访问的网站论坛上，利用用户在这些网站获取信息的机会实现网站推广的目的。如图 16-24 所示为使用论坛推广网站。

图 16-24　使用论坛推广网站

16.5.5　聊天工具推广网站

目前网络上比较常用的几种即时聊天工具有腾讯 QQ、MSN、阿里旺旺、百度 HI、新浪 UC 等。就目前来说，以上五种的客户群是网络中份额比较大的，特别是 QQ，下面介绍 QQ 的推广方法。

1. 个性签名法

大家都知道，QQ 的个性签名是一个展示你自己的风格的地方，在你和别人交流时，对方会时不时的看下你的签名，如果在签名挡里写下你的网站或者是写下代表你网站主题的话语，那么就可能会引导对方来看下你的站。这里提醒注意两点：一是签名的书写，二是签名的更新。如图 16-25 所示为利用 QQ 个性签名推广网站。

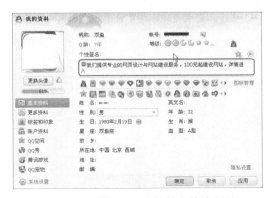

图 16-25　利用 QQ 个性签名推广网站

2．空间心语

QQ 空间是个博客平台，在这里你可以写下网站相关信息，它的一个好处是，系统会自动的将你空间的内容展示给你的好友，如果你写的有足够的吸引力的话，那么你想不让好友知道你的站都难。利用 QQ 空间提高流量，或者去别人的空间不断地留言使访客来到你的空间。

3．QQ 群

QQ 群就是一个主体性很强的群体，大部分的群成员都有共同的爱好或者是有共同关注的群体。比如说加一些和你的网站主题相关的群。在和大家的交流中体现你的网站，可以说是与推与娱。

4．QQ 空间游戏

玩 QQ 空间游戏的肯定都知道现在很火爆的偷菜、农场、好友买卖、车位游戏吧，在你玩的时候将你的网站的主题融入其中，可以让你的好友无形中来到你的站。

16.5.6　使用博客推广

博客在发布自己的生活经历、工作经历和某些热门话题的评论等信息的同时，还可附带宣传网站信息等。特别是作者是在某领域有一定影响力的人物，所发布的文章更容易引起关注，从而吸引大量潜在顾客浏览，最终通过个人博客文章内容为读者提供了解企业的机会。用博客来推广企业网站的首要条件是拥有具有良好的写作能力。如图 16-26 所示是通过博客推广网站。

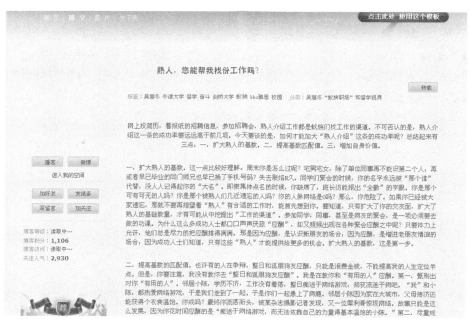

图 16-26　通过博客推广网站

现在做博客的网站很多，虽不可能把各家的博客都利用起来，但也需要多注册几个博客进行推广。没时间的话可以少选几个，但是新浪和百度的是不能少的。新浪博客的浏览量最大，许多明星都在上面开博，人气很高。百度是全球最大的中文搜索引擎，大部分人上网都习惯用百度搜索东西。

博客内容不要只写关于自己的事，多写点时事、娱乐、热点评论，这样会很受欢迎。利用博客推广自己的网站要巧妙，尽量别生硬的做广告，最好是软文广告。博客的题目要尽量吸引人，内容要和你的网站内容尽量相一致。博文题目是可以写夸大点的，可以利用更加热门的枢纽词。博文的内容必须吸引人，可以留下悬念，让想看的朋友去点击你的网站。

如何在博文里奇妙放入广告，这个是必须要有技能的，不能把文章写好后，结尾留个你的网址，这样人家看完文章后，就没有必要再打开你的网站。所以，可以留一半，另外一半就放你的网站上，让想看的朋友点击进入你的网站来阅读。当然了，超文本链接广告也是很不错的。可以有效应用超文本链接导入你的网站，那么网友在看的时候，也有可能点击进入你的网站的。

最后博客内容要写的精彩，大家看了一次以后也许下次还会来。写好博客以后，有空多去别人博客转转，只要你点进去，你的头像就会在他的博客里显示，出于对陌生拜访者的好奇，大部分的博主都会来你的博客看看。

16.5.7 使用传统方式推广

传统的推广方式常见的有以下几种方法。

（1）直接跟客户宣传。一个稍具规模的公司一般都有业务部、市场部或客户服务部。可以通过业务员跟客户打交道的时候直接将公司网站的网址告诉给客户，或者直接给客户发E-mail 等。宣传途径很多，可以根据自身的特点选择其中的一些较为便捷有效的方法。

（2）传统媒体广告。众说周知，通常传统媒体广告的宣传，是目前最为行之有效且最有影响力的推广方式。

问题 1　上下 margin 重合

margin 是个有点特殊的样式，相邻的 margin-left 和 margin-right 是不会重合的，但相邻的 margin-top 和 margin-bottom 会产生重合。不管是 IE 浏览器还是 Firefox 浏览器都存在这个问题。HTML 代码如下。

```
<Div class="myDiv"></Div>
```

CSS 代码如下。

```
.topDiv{
    width:100px;
    height:100px;
    border:2px solid #000;
    margin-bottom:25px;
     background:#F60}
.bottomDiv{
    width:100px;
    height:100px;
    border:1px solid #000;
    margin-top:50px;
     background:#F60}
```

上面的代码中对上方的 Div 设置了 25px 的下边距，对下方的 Div 设置了 50px 的上边距。为了便于观察，这里将 Div 的高度都设为 100px。浏览器中的预览结果如图附录-1 所示。

图附录-1

可以看到上下 Div 之间的距离并不是 25px+50px=75px 的距离，而是拉开了半个 Div 高度(50px)的距离。解决方法：统一使用下方 Div 的 margin-top 或者上方 Div 的 margin-bottom，不要混合使用。

问题 2 margin 加倍的问题

在 IE6 下，如果<Div>或者<li>等使用 float 后，再设置 margin 属性时，就会发现宽度加倍了。这是一个 IE6 都存在的 bug。解决方案是在这个 Div 里面加上 display:inline;，举例如下。

```
<Div style="background:#CC0; width:300px; height:300px;">
    <Div style="float:left; margin:20px; background-color:#fff; width:100px;
height:200px;line-height:200px;">margin 加倍</Div>
    <ul>
      <li style="float:left;display:inline;width:300px;height:50px;
border-bottom:1px solid #CC0;"><li>
    </ul>
</Div>
```

由于 IE6 的退出，更多的人选择了更高的版本。可是作为网页制作和网站开发人员，不得不去考虑少部分用户的使用。所以解决 IE6 下的显示问题是不可避免的问题。

问题 3 浮动 IE 产生的双倍距离

block 元素的特点：总是在新行上开始，高度、宽度、行高、边距都可以控制（块元素）。Inline 元素的特点：和其他元素在同一行上，不可控制（内嵌元素）。

```
#box{
float:left; width100px;
margin:0 0 0 100px; //这种情况之下 IE 会产生 200px 的距离
display:inline; //使浮动忽略
}
这里细说一下 block 与 inline 两个元素。
#box{
display:block; //可以将内嵌元素模拟为块元素
display:inline; //实现同一行排列的效果
diplay:table;
```

问题 4 超链接访问后 hover 样式不出现

有时候同时设置了 a:visited 和 a:hover 样式，但一旦超链接访问后，hover 的样式就不再出现，这是怎么回事呢？这是因为将样式顺序放错了，调整为先 a:visited 再 a:hover 即可。关于 a 标签的四种状态的排序问题，有个简单好记的原则，叫做 love hate 原则，即 l(link)ov(visited)e h(hover)at (active)e。

问题 5 IE6 对 png 的透明度支持问题

png 格式因为其优秀的压缩算法和对透明度的完美支持，成为 Web 中最流行的图片格式之一。但它存在一个众所周知的头疼问题，即 IE6 下对 png 的透明度支持并不好。本该是透明的地方，在 IE6 下会显示为浅蓝色。

可以使用 IE 下私有的滤镜功能来解决此问题，格式如下：filter:progid:DXImageTransform.Microsoft.AlphaImageLoader(src='png 图片路径',sizingMethod='crop')。

问题 6 行内元素上下 margin 及 padding 不拉开元素间距

行内元素的 margin 和 padding 属性很奇怪，水平方向的 padding-left、padding-right、margin-left、margin-right 都产生边距效果，但竖直方向的 padding-top、padding-bottom、margin-top、margin-bottom 却不会产生边距效果。举例如下。

HTML 代码如下。

```
<Div>块级元素</Div>
<span>行内元素</span>
```

CSS 代码如下。

```
Div{background:gray;padding:20px;}
span{background:green;padding:20px;margin:20px;}
```

在浏览器中的效果如图附录-2 所示。可见竖直方向的 padding、margin 虽然增大了行内元素的面积，但并没有和相邻元素拉开距离，导致了元素重叠。

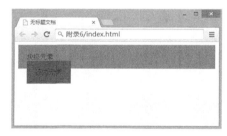

图附录-2

解决方法：

将行内元素 display 设置为 block 即可，修改后的 CSS 代码如下，效果如图附录-3 所示。

```
span{background:green;padding:20px;margin:20px;display:block;}
```

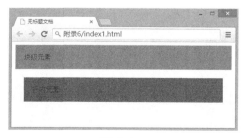

图附录-3

问题 7　浮动背景

解决浮动背景问题，可在<head>与</head>之间相应的位置输入以下代码。

```
<style type="text/css">
<!--
body { background-image: url(image/bg.gif); background-attachment: fixed}
-->
</style>
```

问题 8　如何正确对齐文本

有时，我们需要对一段文本的左右、上下的边距（指文本至浏览器的距离）加以指定以使文本正确对齐，CSS（层叠样式表）提供这样的功能。

在<head>与</head>之间相应的位置输入以下代码即可。

```
<style>
<!--.dq { margin-left: 68px; margin-right: 70px; margin-top: 69px; margin-bottom:
71px }
-->
</style>
```

问题 9　超链接访问过后 hover 样式就不出现的问题

解决超链接访问过后 hover 样式就不出现的问题，可在<head>与</head>之间相应的位置输入以下代码。

```
<style type="text/css">
<!--
a:link {
color:red
}
a:hover {
color:blue
}
a:visited {
color:green
}
a:active {
color:orange
}
-->
</style>
```

问题 10　list-style-image 无法准确定位的问题

解决 list-style-image 无法准确定位的问题，可在<head>与</head>之间相应的位置输入以下代码。

```
<style type="text/css">
<!--
li {
list-style:url("http://gluu5.163.com//E/11/ 6.gif");
}
li a {
position:relative;
top:-5px;
font:12px/25px 宋体;
}
-->
</style>
```

解决的办法一般是用 li 的背景模拟，这里采用相对定位的方法也可以解决。

问题 11 如何垂直居中文本

让文本垂直居中，可在<head>与</head>之间相应的位置输入以下代码。

```
<style type="text/css">
<!--
Div {
height:50px;
line-height:50px;
border:1px solid #996600
}
-->
</style>
```

问题 12 为什么无法定义 1px 左右高度的容器

IE6 下这个问题是因为默认的行高造成的，解决的方法也有很多，如 overflow:hidden | zoom:0.08 | line-height:1px。

无法定义 1px 左右高度的容器时，可运行如下代码。

```
<style type="text/css">
<!--
Div {
background:red;
}
-->
</style>
```

问题 13 怎样使一个层垂直居中于浏览器中

使一个层垂直居中于浏览器中，可在<head>与</head>之间相应的位置输入以下代码。

```
<style type="text/css">
```

```
<!--
Div {
position:absolute;
top:70%;
left:50%;
margin:-150px 0 0 -150px;
width:200px;
height:200px;
border:1px solid #0066ff;
}
-->
</style>
```

问题 14　能给某部分内容加边框吗

给某部分内容加边框，可在<head>与</head>之间相应的位置输入以下代码。

```
<style type="text/css">
<!--
.style1 { border: solid; border-width: thin 0px 0px medium; border-color: #9900cc
black black #cc9900}
-->
</style>
```

问题 15　如何去掉下画线

去掉下画线可在<head>与</head>之间相应的位置输入以下代码。

```
<style>
<!--
a {text-decoration: none}
-->
</style>
```

问题 16　如何垂直居中文本

让垂直居中文本，可在<head>与</head>之间相应的位置输入以下代码。

```
<style type="text/css">
<!--
Div {
height:20px;
line-height:20px;
border:1px solid #ff00ff
}
-->
</style>
<Div >垂直居中的文本</Div>
```

问题 17　如何让 Div 横向排列

让 Div 横向排列，可在<head>与</head>之间相应的位置输入以下代码。

```
<style type="text/css">
<!--
Div {
float:left;
width:200px;
height:100px;
border:1px solid blue
}
-->
</style>
<Div>Div 横向排列</Div>
<Div> Div 横向排列</Div>
<Div> Div 横向排列</Div>
```

问题 18　怎样设置滚动条颜色

设置滚动条的颜色，可在<head>与</head>之间相应的位置输入以下代码。

```
<style type="text/css">
<!--
html {
scrollbar-face-color:#f6f6f6;
scrollbar-highlight-color:#fff000;
scrollbar-shadow-color:#ee00ee;
scrollbar-3dlight-color:#ee222e;
scrollbar-arrow-color:#ccc000;
scrollbar-track-color:#ddeecc;
scrollbar-darkshadow-color:#fffddd;
}
-->
</style>
```

问题 19　字体大小定义不同

对字体大小 small 的定义不同，Firefox 中为 13px，而 IE 中为 16px，差别挺大。
解决方法：使用指定的字体大小，如 14px。

问题 20　innerText 在 IE 中能正常工作，但在 FireFox 中却不行

解决此问题需用 textContent。解决方法如下。

```
if(navigator.appName.indexOf("Explorer")  >  -1){
    document.getElementById('element').innerText  =  "my  text";
```

```
}   else{
    document.getElementById('element').textContent = "my text";
}
```

问题 21 ul 和 ol 列表缩进问题

消除 ul、ol 等列表的缩进时，样式应写成如下形式。

```
list-style:none;margin:0px;padding:0px;
```

经验证，在 IE 中，设置 margin:0px 可以去除列表的上下左右缩进、空白以及列表编号或圆点，设置 padding 对样式没有影响；在 Firefox 中，设置 margin:0px 仅仅可以去除上下的空白，设置 padding:0px 后仅仅可以去掉左右缩进，还必须设置 list- style:none 才能去除列表编号或圆点。也就是说，在 IE 中仅仅设置 margin:0px 即可达到最终效果，而在 Firefox 中必须同时设置 margin:0px、padding:0px 以及 list-style:none 三项才能达到最终效果。

问题 22 IE 与宽度和高度的问题

IE 支持 min，但实际上它把正常的 width 和 height 当作有 min 的情况来使。这样问题就大了，如果只用宽度和高度，正常的浏览器里这两个值就不会变，如果只用 min-width 和 min-height 的话，IE 下面根本等于没有设置宽度和高度。

比如要设置背景图片，这个宽度是比较重要的。要解决这个问题，可以采用如下形式。

```
#box{ width: 80px; height: 35px;}
html>body #box{ width: auto; height: auto; min-width: 80px; min-height: 35px;}
```

问题 23 Div 浮动，IE 文本产生 3px 的 bug

左边对象浮动，右边采用外补丁的左边距来定位，右边对象内的文本会离左边有 3px 的间距。

```
#box{ float:left; width:800px;}
#left{ float:left; width:50%;}
#right{ width:50%;}
*html #left{ margin-right:-3px; //这句是关键}
<Div id="box">
<Div id="left"></Div>
<Div id="right"></Div>
</Div>
```

图书在版编目（CIP）数据

Div+CSS网页样式与布局从入门到精通 / 刘西杰，夏晨著. -- 北京 ： 人民邮电出版社，2015.1（2021.1重印）
ISBN 978-7-115-38061-6

Ⅰ．①D… Ⅱ．①刘… ②夏… Ⅲ．①网页制作工具
Ⅳ．①TP393.092

中国版本图书馆CIP数据核字(2014)第307794号

◆ 著　　　刘西杰　夏　晨
　　责任编辑　赵　轩
　　责任印制　张佳莹　彭志环

◆ 人民邮电出版社出版发行　　北京市丰台区成寿寺路 11 号
　　邮编 100164　电子邮件 315@ptpress.com.cn
　　网址 http://www.ptpress.com.cn
　　固安县铭成印刷有限公司印刷

◆ 开本：787×1092　1/16
　　印张：24.5
　　字数：593 千字　　　　　　　 2015 年 1 月第 1 版
　　印数：12 601 — 13 400 册　　 2021 年 1 月河北第 16 次印刷

定价：59.00 元

读者服务热线：**(010) 81055410**　印装质量热线：**(010) 81055316**
反盗版热线：**(010) 81055315**
广告经营许可证：**京东市监广登字20170147号**